普通高等学校"十三五"省级规划教材

流 体 力 学

主　编　曾亿山　郭永存

副主编　张立祥　高文智

参　编　夏永胜　燕　浩

合肥工业大学出版社

内 容 简 介

本书共分为 11 章,前 4 章讲解连续介质概念、物理性质、静力学、运动学、动力学等流体力学基础知识,第 5 章～第 8 章论述管中流动、边界层理论、孔口出流和缝隙流动等流体力学理论在机械系统中的应用,第 9 章介绍气体的一元流动,第 10 章介绍流体的相似法则,第 11 章介绍计算流体力学相关入门知识。本书在阐述流体力学基本概念及理论时,注意系统、简洁和深入浅出。为帮助读者更好地理解和掌握流体力学基本知识,本书每章中都配有例题和习题,每章后面还附有小结。

本书为安徽省高等学校"十三五"省级规划教材(见安徽省教育厅皖教秘高〔2018〕43 号文件)。

本书可以作为机械类专业基础课教材,也可以作为相关专业的研究生参考用书。

图书在版编目(CIP)数据

流体力学/曾亿山,郭永存主编. —合肥:合肥工业大学出版社,2021.8
ISBN 978 - 7 - 5650 - 5223 - 1

Ⅰ.流… Ⅱ.①曾…②郭… Ⅲ.流体力学—高等学校—教材 Ⅳ.O35

中国版本图书馆 CIP 数据核字(2021)第 140205 号

流 体 力 学
LIUTI LIXUE

主编 曾亿山 郭永存	责任编辑 刘 露 童晨晨	策划编辑 汤礼广

出　版	合肥工业大学出版社	版　次	2021 年 8 月第 1 版
地　址	合肥市屯溪路 193 号	印　次	2021 年 8 月第 1 次印刷
邮　编	230009	开　本	787 毫米×1092 毫米　1/16
电　话	理工图书出版中心:0551 - 62903004	印　张	15.5
	营销与储运管理中心:0551 - 62903198	字　数	339 千字
网　址	www.hfutpress.com.cn	印　刷	安徽联众印刷有限公司
E-mail	hfutpress@163.com	发　行	全国新华书店

ISBN 978 - 7 - 5650 - 5223 - 1　　　　　　　　定价:49.00 元

如果有影响阅读的印装质量问题,请与出版社营销与储运管理中心联系调换。

前　　言

　　流体力学是高等学校机械工程学科本科学生必修的专业基础课程,主要研究包括液体和气体在内的流体在静止和运动时的力学规律及其与固体壁面间的相互作用。

　　目前流体力学教材主要有四类,即力学类专业的流体力学、机械类专业的流体力学或工程流体力学、水利工程类专业的流体力学、液压专业方向的液压流体力学,但它们或太偏理论,或太偏专业,均不太符合"厚基础、宽口径、善创新、高素质"的现代人才培养原则。在编写本书过程中,编者参考了以上四种形式的多种版本的国内外流体力学教材,同时根据少学时(尤其是机械类专业 32 学时)的教学要求,重点介绍流体介质的基本性质、流体流动的基本规律。全书以流体静力学、流体运动学和流体动力学方程为基础,结合流体力学相似理论,以培养和提高读者解决工程实际问题的能力。此外,随着数值模拟方法在生产研究中的广泛应用,本书还简要介绍了计算流体力学的入门知识。(注:凡书中带"＊"号的章节属非基本内容,在教学中教师可以精简,或让学生自修。)

　　全书由合肥工业大学曾亿山教授和安徽理工大学郭永存教授担任主编,一些具有丰富教学经验和科研成果的教师参与了本书的编写工作。其中,郭永存编写第 1章;曾亿山编写第 2 章、第 5 章、第 8 章和第 9 章;夏永胜编写第 3 章和第 4 章;张立祥编写第 7 章;高文智、燕浩编写第 6 章、第 10 章和第 11 章;张立祥、高文智和燕浩给各章选加了思考与练习题。曾亿山、高文智对全书内容进行了统稿和审核。

　　在本书的编写过程中,安徽理工大学许贤良教授和邓海顺教授,合肥工业大学胡小春教授等提出了众多宝贵意见和建议;另外,研究生李文新、宋志雄、丁伟杰、赵晨、赵鹏飞参加了本书的文字和图表的整理工作。在此,对以上同志表示衷心感谢。

　　由于编者水平有限,书中难免存在错误和不妥之处,请同行和广大读者批评指正。

曾亿山

2021 年 5 月于斛兵塘畔

目　　录

第 1 章 绪 论

本章学习目的和任务

(1) 掌握流体的主要物理性质。

(2) 理解流体微团及质点的概念、连续介质模型及建立的条件。

(3) 通过学习,将日常生活中感受到的流体力学性质上升到理论,初步建立有关流体的基本概念。

本章重点

黏性,牛顿内摩擦定律,质量力,表面力,连续介质概念。

本章难点

牛顿内摩擦定律的具体应用。

1.1 流体力学的发展

流体是人类较早利用的自然资源之一,公元前人类就有发明和利用水车、风车的记录。后来,随着城市里上下水道的建立、农田水利的兴修、船舶的发明和制造等,人们利用流体的技术进一步提高,这就使得流体力学理论的研究成为必要。

最早研究流体力学理论的是数学家和理论物理学家,他们通过努力,取得了大批成果,构成了流体力学的数学体系,形成了相对独立的专业。

流体力学理论及其应用的发展过程大致如下:

流体力学理论的萌芽始于 2200 年前希腊学者阿基米德写的《论浮体》,这是对静止时的液体力学性质做出的第一次科学总结。

流体力学的发展主要是从牛顿时代开始的。1687 年牛顿在名著《自然哲学的数学原理》中讨论了流体的阻力、波浪运动等内容,使流体力学开始成为力学中的一个独立分支。此后,流体力学的发展主要经历了以下三个阶段。

(1) 伯努利提出的流体运动的能量估计及欧拉提出的流体运动的解析方法,为研究流体运动的规律奠定了理论基础,从而在此基础上形成了一门属于数学的古典水动力学(或古典流体力学)。

（2）在古典水动力学的基础上,纳维和斯托克斯提出了著名的实际黏性流体的基本运动方程——N-S方程,从而为流体力学的长远发展奠定了理论基础,但其所用数学理论具有复杂性,所用理想流体模型具有局限性,因此不能很好地解决工程问题,故形成了以实验方法来制定经验公式的实验流体力学。又由于有些经验公式缺乏理论基础,因此实验流体力学的应用范围狭窄,且无法继续发展。

（3）从19世纪末起,人们将理论分析方法和实验分析方法相结合,以解决实际问题,同时古典流体力学和实验流体力学的内容也不断更新变化,如提出了相似理论和量纲分析、边界层理论和湍流理论等,在此基础上,最终形成了理论与实验并重的研究实际流体模型的现代流体力学。20世纪60年代以后,由于计算机的发展与普及,计算流体力学得到了迅速发展,流体力学内涵不断地得到充实与提高。

在国外,发生的主要流体力学事件有:

• 1738年瑞士数学家伯努利在名著《流体动力学》中提出了伯努利方程。

• 1755年欧拉在名著《流体运动的一般原理》中提出理想流体概念,并建立了理想流体基本方程和连续方程,从而提出了流体运动的解析方法,同时提出了速度势的概念。

• 1781年拉格朗日首先引进了流函数的概念。

• 1826年法国工程师纳维,1845年英国数学家、物理学家斯托克斯先后提出了著名的N-S方程。

• 1876年雷诺发现了流体流动的两种流态:层流和湍流。

• 1858年亥姆霍兹指出了理想流体中旋涡的许多基本性质及旋涡运动理论,并于1887年提出了脱体绕流理论。

• 19世纪末,相似理论的提出让实验和理论分析得以结合。

• 1904年普朗特提出了边界层理论。

在我国,对流体应用和研究的历史也十分悠久:

• 史料记载4000多年前大禹治水,提出了顺水之性,即治水需引导和疏通的理念。

• 秦朝在公元前256—公元前210年修建了我国历史上的三大水利工程(都江堰、郑国渠、灵渠)。

• 610年隋朝开通了南北大运河。

• 隋朝工匠李春于605—617年修建了赵州石拱桥,赵州石拱桥拱背的4个小拱,既可减轻主拱的负载,又可宣泄洪水。

• 古代还发明了计时工具"铜壶滴漏"。

• 清朝雍正年间,何梦瑶在《算迪》一书中提出"流量等于过水断面面积乘以断面平均流速"的计算方法。

1.2　流体质点与连续介质概念

从微观结构上来看,流体分子自然有一定的形状,因而分子与分子之间必然存在着某些间隙。根据阿伏伽德罗（Avogadro）定律推算,在标准状况（$t=0℃$,$p=101325Pa$）下,每

$1cm^3$ 中有 2.7×10^{19} 个气体分子,每 $1cm^3$ 中的液体分子数目为 3×10^{24} 个。由此可见分子间的间隙虽然很小,但毕竟是存在的。这是分子物理学研究物质属性及流体物理性质的出发点,否则无从解释物理性质中的许多现象(如体积压缩及质量离散分布等)。但是对于研究宏观规律的流体力学来说,一般不需要探讨分子的微观结构,因而必须对流体的物理实体加以模型化,使之更适于研究大量分子的统计平均特性,更利于找出流体运动或平衡的宏观规律。连续介质的概念可以理解为流体占据空间的所有各点由连续分布的介质点组成。

　　流体的质点是一个很重要的概念,它在宏观上是充分小的,即质点的体积 $\Delta V \to 0$,而在微观上又是充分大的,即每一质点又含有数以亿计的分子。这些分子的宏观物理量是相同的。

　　流体质点具有下述四层含义:

　　(1)流体质点的宏观尺寸很小,甚至可以小到用肉眼无法观察、工程仪器无法测量的程度,用数学用语来说就是流体质点所占据的宏观体积极限为零,简记为 $\lim \Delta V \to 0$。

　　(2)流体质点的微观尺寸足够大。这种宏观上尺寸为零的流体用微观仪器度量必然又很可观,也就是说流体质点的微观体积必然大于流体分子尺寸的数量级,这样在流体质点内任何时刻都包含足够多的流体分子,个别分子的行为不会影响质点总体的统计平均特性。

　　(3)流体质点是包含足够多分子在内的一个物理实体,因而在任何时刻都应该具有一定的宏观物理量。例如,流体质点具有质量、密度、温度、压强、流速、动量、动能、内能等宏观物理量。

　　(4)流体质点的形状可以任意划定,因而质点和质点之间可以完全没有空隙。流体所在的空间中,质点紧密毗邻、连绵不断、无所不在,于是也就引出了上述连续介质的概念。

　　连续介质概念的提出来自数学上的需求,并且实验证明基于连续介质假设而建立起来的流体力学理论是正确的。以研究流体质点或微团而得出流体运动的一般规律,是流体力学的基础研究方法。

1.3　流体力学的研究对象和任务

　　在流体力学的发展史上,曾经出现过理论流体力学和工程流体力学这两门性质相近的学科。它们都是研究流体(包括液体和气体)平衡、运动规律及其应用的科学,但在研究内容和方法上却又稍有差异。前者偏重数理分析,是连续介质力学的一个组成部分,属于基础科学范畴;后者着眼于工程应用,是工程力学的一个组成部分,属于应用科学范畴。

　　从内容上来说,学科之间的分工可能越来越细,但从方法上来说,随着计算机的推广和应用,原来存在于理论流体力学和工程流体力学之间的差异已逐步消失。因此,现在是综合运用一切理论、实验和计算手段来促进流体力学发展及应用的时期。

　　在机械类专业教学计划中,流体力学是一门技术基础课,它的任务是为学生学习后续课程及从事专业工作奠定初步的流体力学理论及应用的基础。

　　机械制造行业中涉及流体力学知识的例子有很多。例如,水轮机、燃气轮机、蒸汽轮机、喷气发动机、液体燃料火箭、内燃机等都是以流体能量作为原动力的动力机械;机床、汽车、拖拉机、坦克、飞机、船舶、工程机械、矿山机械等所广泛采用的液压传动、液力传动和气压传动都是以流体作为工作介质的传动机械;水压机、油压机、水泵、油泵、风扇、通风机、压风机等都是以流体为对象的工作机械。流体机械的工作原理、性能研究、使用方法和试验都是以流体力学作为理论基础的。

　　机械工程中还有许多设备和技术与流体力学相关。例如,测试计量中的测压计、流量计、水力测功计、水力制动器、气动测量仪;锻造中的离心浇注、水力清砂、水力振捣;铸造中的锻压设备,焊接中的喷枪气流、金属流动;机床中的冷却通风、润滑密封、减震加载、静压支承、动压支承、射流原件、气动夹具;燃烧室中的燃料雾化、吹氧、燃烧反应;发动机中的燃料供给系统、冷却系统、润滑系统、增压系统;车间中的供气供油、旋风除尘、机械手、自动生产线;等等。

　　另外,流体力学在其他领域中的应用也十分广泛。例如,航空航海、天文气象、地球物理、水利水电、热能制冷、土建环保、石油化工、气液输送、燃烧爆炸、冶金采矿、生物海洋、军工核能等领域。

　　可见,流体力学是一门既古老又新兴的学科,存在着极为广阔的研究天地,掌握流体力学基础知识非常重要。

1.4　流体力学的研究方法

1.4.1　理论研究方法

　　流体力学的理论研究方法是通过对流体物理性质和流动特性进行科学抽象(近似),分析问题的主次因素,提出适当的假定,抽象出理论模型(如连续介质、理想流体、不可压缩流体等)。对这样的理论模型,根据运动的普遍规律,建立控制流体运动的闭合方程组,将原来的具体流动问题转化为数学问题,在相应的边界条件和初始条件下求解。理论研究方法的关键在于提出理论模型,运用数学工具寻求流体运动的通解,达到揭示流体运动规律的目的。但由于数学上的困难,许多实际流动问题还难以精确求解。

　　理论方法中,流体力学引用的主要定理有:

1. 质量守恒定律

$$\frac{\mathrm{d}m}{\mathrm{d}t} = 0 \tag{1-4-1}$$

2. 动量守恒定律

$$\sum \boldsymbol{F} = \frac{\mathrm{d}(m\boldsymbol{u})}{\mathrm{d}t} \tag{1-4-2}$$

3. 牛顿第二运动定律

$$F = ma \tag{1-4-3}$$

4. 机械能转化与守恒定律

$$动能 + 压能 + 位能 + 能量损失 = 常数 \tag{1-4-4}$$

由于使用纯理论研究方法在数学求解上存在一定的困难,因此可采用数理分析法求解,即以总流分析方法与代数方程为主的求解方法。

1.4.2　实验研究方法

流体力学是一门理论和实践紧密结合的基础学科,它的许多实用公式和系数都是由实验得来的。实验研究方法就是将实际流动问题概括为相似的实验模型,在实验中观察现象、测定数据,进而按照一定方法推测实际结果。所以,时至今日,工程中的许多问题,即使能用现代理论分析与数值计算求解,最终也要借助实验检验修正。

1. 实验研究基础理论(详见第 10 章的流体相似法则)

相似理论、量纲分析(因次分析),如原型和模型之间的 Re 相似或 Fr 相似。

2. 实验研究形式

原型观测、系统实验和模型试验。

1.4.3　数值研究方法

数值方法是在计算机应用的基础上,根据理论分析与实验观测拟定计算方案,采用各种离散化方法(有限差分法、有限元法等),建立各种数值模型,通过编制程序输入数据,用计算机进行数值计算和数值实验,得到在时间和空间上由许多数字组成的集合体,最终获得定量描述流场的数值解。近二三十年来,这一方法得到很大发展,已形成专门学科 —— 计算流体力学(CFD)。

具体地,计算流体力学是以计算机为工具,应用各种离散化的数学方法,对流体力学的各类问题进行数值实验、计算机模拟和分析研究,以解决各种工程与科学研究问题。计算流体力学常常与传热学、燃烧学、反应动力学等相结合,运用数值方法求解非线性联立的质量、能量、组分、动量和自定义的标量的微分方程组,以便从计算结果中预测出流动、传热、传导、燃烧等过程的细节。在实际的应用中,流体力学计算还常常与结构分析、电磁分析结合在一起分析处理复杂系统,如应用于航空航天、船舶、能源、石油化工、机械制造、汽车、生物技术、水处理、火灾安全、冶金、环保等众多领域。从高层建筑结构通风到微电机散热,从发动机、风扇、涡轮、燃烧室等旋转机械到整机外流气动分析都运用到了计算流体力学。本书第 11 章简要介绍了计算流体力学的入门知识。

总之,流体力学的理论研究方法、实验研究方法和数值研究方法各有所长,也各有所短,需要相辅相成才有利于推进流体力学的发展。

随着电子计算技术在流体力学领域中的应用,流体力学中传统的研究和计算方法已发生了改变,这不但进一步消除了理论流体力学和工程流体力学之间的差别,而且使流体力学逐渐成为一个运用理论、实践和计算技术的综合性学科。

随着工程技术的飞速发展,高科技在各领域不断出现并得到应用,工程技术对流体力学的要求也日趋提高。由于科学技术问题趋向于专业化、专门化,流体力学必须分离出更多独立的学科分支,目前的电磁流体力学、两相流体力学、流变流体力学、高超声速流体力学、计算流体力学和生物流体力学等就是由此产生的。可以预料,不久的将来人们将会看到更具专门化的流体力学的分支产生。

1.5　流体的主要物理性质

决定流体平衡和运动状态变化规律的内因是流体的物理性质。流体的主要物理性质有下述几种。

1.5.1　流动性

液体与固体的不同之处在于其各个质点之间的内聚力极小,易于流动,不能自由地保持固定的形状,只能随着容器形状的变化而变化,这个特性叫作流动性。

1.5.2　惯性

惯性是物体反抗外力作用而维持其原有状态的性质。惯性的大小取决于物体的质量,质量越大,惯性越大。测量物体惯性的量,叫作这个物体的质量。流体同其他物体一样,也是一种物质,具有质量。流体的密度、相对密度和惯性是流体的重要属性,是流体物质性的表达形式。

流体单位体积内所具有的质量,叫作流体的密度,用 ρ 表示,它表示流体密集的程度。对于非均质流体,取包围空间某点的体积为 ΔV,设其所含流体的质量为 Δm,则比值 $\dfrac{\Delta m}{\Delta V}$ 为 ΔV 中的平均密度。若令 $\Delta V \to 0$,即当 ΔV 向该点收缩趋近于零时为该点的密度,即

$$\rho = \lim_{\Delta V \to 0} \frac{\Delta m}{\Delta V} \qquad (1-5-1)$$

对于空间各处质量分布均匀的均质流体,其密度为

$$\rho = \frac{\Delta m}{\Delta V} \qquad (1-5-2)$$

式中:ρ——流体的密度(kg/m^3);

$m, \Delta m$——流体的质量(kg);

ΔV——流体的体积(m^3)。

通常将单位质量流体所占据的空间体积称为比体积，以符号 v 标记。显然，流体的比体积和密度互为倒数，对于均质流体有

$$v = \frac{1}{\rho} \tag{1-5-3}$$

单位体积流体的重量即流体的重度，用 γ 来表示。对于均质流体，其重度为

$$\gamma = \frac{G}{V} \tag{1-5-4}$$

式中：γ—— 流体的重度（N/m³）。

在地球重力场的条件下，流体的密度和重度的关系为

$$\gamma = \rho g \tag{1-5-5}$$

常温下水的密度和重度一般采用：$\rho_w = 1000 \text{kg/m}^3$，$\gamma_w = 9800 \text{N/m}^3$。

实验证明，流体的密度和重度均与压力和温度有关，但在通常状态下液体是处于大气压力之下的，并且温度的变化范围不大，所以，液体的密度和重度在此情况下可以看成是不变的。

1.5.3 黏性

黏性是流体的又一重要特性。它是指发生相对运动时，流体内部呈现内摩擦力而阻止剪切变形发生的一种特性，是流体的固有属性。从微观上说，流体之所以有黏性，是由于流体是由分子构成的，而分子间有引力，发生相对运动必须克服分子间的阻力 —— 内摩擦力或黏滞力，而流体发生相对运动会产生剪切变形。内摩擦力又称为剪切应力。静止的流体因为没有发生相对运动而不表现出黏性。

黏性的大小用黏度表示。在机械系统中所用的油液主要是根据黏度来选择的。

1. 牛顿内摩擦定律

图 1-1 为平行平板实验示意图。在平行平板间充满流体，力 F 作用于上平板使之产生匀速运动（速度为 u_0），附着在此板上的薄层流体质点也以速度 u_0 随着板运动。下板固定不动，附着于下板的薄层流体质点的速度为零。假设流体做分层运动，没有不规则的流体运动及脉动加入其中。则由下板到上板之间有许多流体层，各层流体由于质点间的内摩擦力的作用，其速度会沿 y 方向产生变化，其变化规律如图 1-1 所示。其速度由零逐渐增加，最上一层的速度为 u_0。上层流体流动较快，下

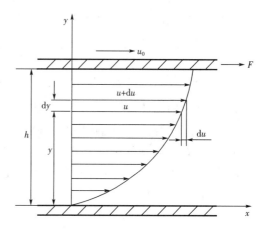

图 1-1 平行平板实验示意图

层流动较慢。上面流体层中的质点与下面流体层中的质点在接触面上发生相对滑动。快层对慢层的作用力与运动同方向,带动慢层加速;慢层对快层也有一作用力,与运动方向相反,阻滞快层的运动。这一对作用力,就是流体的内摩擦力,其大小等于 F,与 u_0 和平板面积 A 成正比,与平板间距离 h 成反比,即 $F \propto A\dfrac{\mathrm{d}u}{\mathrm{d}y}$。若乘以比例系数 μ,则有

$$F = \pm \mu A \frac{\mathrm{d}u}{\mathrm{d}y} \tag{1-5-6}$$

$$\tau = \frac{F}{A} = \pm \mu \frac{\mathrm{d}u}{\mathrm{d}y} \tag{1-5-7}$$

式中:F—— 内摩擦力(N);

$\quad\tau$—— 单位面积上的内摩擦力或切应力(N/m²);

$\quad A$—— 流体层的接触面积(m²);

$\quad\mu$—— 与流体性质有关的比例系数,称为动力黏性系数,或称为动力黏度;

$\quad\dfrac{\mathrm{d}u}{\mathrm{d}y}$—— 速度梯度,即速度在垂直于该速度方向上的变化率(s^{-1})。

当 $\dfrac{\mathrm{d}u}{\mathrm{d}y} > 0$ 时,式中取"+"号;当 $\dfrac{\mathrm{d}u}{\mathrm{d}y} < 0$ 时,式中取"−"号,以保持切应力永为正值。

式(1-5-6)、式(1-5-7)是1687年牛顿(Newton)提出的著名的一维黏性定律,称为牛顿内摩擦定律或黏性定律。这个定律表明了流体做层状运动时,其内摩擦力的变化规律。运动中内摩擦力按此规律变化的流体,称为牛顿流体,如水、酒精、汽油和一般气体等分子结构简单的流体都是牛顿流体;否则,称为非牛顿流体,如泥浆、有机胶体、油漆、高分子溶液等。

牛顿内摩擦定律只能应用于层流运动,而非层流流场中的切应力规律将在第5章湍流理论中讨论。

2. 黏度

由式(1-5-7)可得动力黏性系数 μ,即

$$\mu = \frac{\tau}{\left|\dfrac{\mathrm{d}u}{\mathrm{d}y}\right|} \tag{1-5-8}$$

它反应流体的黏性,具有动力学问题的量纲,表示当速度梯度为1时单位面积上摩擦力的大小。μ 越大,τ 越大。μ 值由实验测定。

动力黏性系数 μ 国际单位为 Pa·s(N·s/m²)。

在工程计算中亦以 ν 表示运动黏性系数或运动黏度,其计算公式为

$$\nu = \frac{\mu}{\rho} \tag{1-5-9}$$

式中:ν—— 流体的动力黏度与流体密度的比值(m²/s)。

液压油的牌号多用运动黏性系数表示。一种机械油的牌号数就是以这种油在50℃时

的运动黏性系数平均值标注的。号数越大,黏性就越大。例如 30 号机械油,就是指这种油在 50℃ 时的运动黏性系数平均值为 $30 \times 10^{-6}\,\mathrm{m}^2/\mathrm{s}$。

在工程计算中,都使用动力黏度和运动黏度,但它们都难以被直接测量。

流体黏度的测定方法有两种。一种是直接测定法,借助黏性流动理论中的某一基本公式,测量该公式中除黏度外的所有参数,从而直接求出黏度。直接测定法的黏度计有转筒式、毛细管式、落球式等,这种黏度计的测试手段比较复杂,使用不太方便。另外一种是间接测定法。在这种方法中首先利用仪器测定经过某一标准孔口流出一定量流体所需的时间(因为黏度大的流得慢,黏度小的流得快),然后再利用仪器所特有的经验公式间接算出流体的黏度。这种方法所用的仪器简单、操作方便,故多被工业界采用。工程中常用恩氏黏度计测定液体的黏度,测出的黏度称为恩氏黏度。恩氏黏度的定义是试验液体在某一温度下,在自重作用下,从直径为 2.8mm 的测定管中流出 $200\mathrm{cm}^3$ 试验液体所需的时间 T_1 与在 20℃ 时流出相同体积蒸馏水所需时间 T_2 之比。恩氏黏度计如图1-2所示。容器1中盛足够量的水,借恒温加热器2及搅拌器3使容器4中的待测液体稳定在某一待测温度下,其温度 t 用温度计5读出。拔开柱塞6,令事先装入的定量待测液体自直径为 2.8mm 的标准白金孔口流入量杯7中,测出待测液体在温度 t 下流出 $200\mathrm{cm}^3$ 待测液体所需的时间 T_1,再将待测液体换成 20℃ 的蒸馏水,测得流出 $200\mathrm{cm}^3$ 蒸馏水所

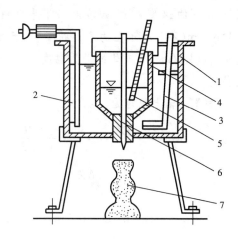

1,4— 容器;2— 恒温加热器;3— 搅拌器;
5— 温度计;6— 柱塞;7— 量杯。
图 1-2　恩氏黏度计

需的时间 $T_2 = 51\mathrm{s}$,于是 T_1 与 T_2 的比值称为待测流体在温度 t 下的恩氏黏度,以符号 $°E_t$ 表示,下标 t 表示测定流体的温度,即

$$°E_t = \frac{T_1}{T_2} \qquad (1-5-10)$$

然后利用恩氏黏度计的经验公式

$$\nu = \left(7.31°E_t - \frac{6.31}{°E_t}\right) \times 10^{-6}\,\mathrm{m}^2/\mathrm{s} = 7.31°E_t - \frac{6.31}{°E_t}(\mathrm{mm}^2/\mathrm{s}) \qquad (1-5-11)$$

即可求出流体在温度 t 下的运动黏度。

【例题 1-1】　如图 1-3 所示,轴置于轴套中。以 $F = 90\mathrm{N}$ 的力由左端推动轴,使轴向右移动,轴移动的速度为 $v = 0.122\mathrm{m/s}$,轴的直径为 $d = 75\mathrm{mm}$,其他尺寸如图所示,求轴与轴套间

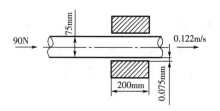

图 1-3　轴与轴套

流体的动力黏性系数 μ。

【解】   因轴与轴套间的径向间隙很小,故设间隙内流体的速度呈线性分布,则

$$\mu=\frac{Fh}{Av}=\frac{90\times0.000075}{3.1416\times0.075\times0.2\times0.122}=1.174(\text{Pa}\cdot\text{s})$$

【例题 1-2】   图 1-4 中有两个同心圆筒,外筒
内径 $D=100\text{mm}$,内筒外壁与外筒内壁在半径方向
上的间隙 $\delta=0.05\text{mm}$。筒长 $l=200\text{mm}$,间隙内充
满了某种黏度的液体。当内筒不转,且外筒以 $n=$
120r/min 的速度等速旋转时,测得需扭矩 $M=$
$1.44\text{N}\cdot\text{m}$(不计轴承上的摩擦扭矩)。已知液体密
度 $\rho=900\text{kg/m}^3$,求液体的动力黏度、运动黏度和恩
氏黏度。

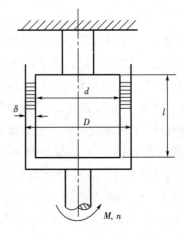

【解】   轴上扭矩为

$$M=F\cdot\frac{D}{2}=\mu\cdot A\cdot\frac{v}{\delta}\cdot\frac{D}{2}$$

或 $$\mu=\frac{2M\delta}{AvD}$$

图 1-4   两个同心圆筒

式中:$\delta=0.5\times10^{-4}\text{m},D=0.1\text{m},l=0.2\text{m}$;

$$A=\pi Dl=\pi\times0.1\times0.2=0.0628\text{m}^2;$$

$$v=\pi Dn=\pi\times0.1\times120/60=0.628\text{m/s}。$$

代入上式,得

$$\mu=\frac{2M\delta}{AvD}=\frac{2\times1.44\times0.5\times10^{-4}}{0.0628\times0.628\times0.1}=3.65\times10^{-2}(\text{Pa}\cdot\text{s})$$

$$\nu=\frac{\mu}{\rho}=0.4\times10^{-4}(\text{m}^2/\text{s})=40(\text{cst})$$

根据式(1-5-11)求 $°E_t$(取正根),得

$$\text{恩氏黏度}=\frac{1}{14.62}(\nu\times10^6+\sqrt{\nu^2\times10^{12}+184})=\frac{1}{14.62}(40+\sqrt{1600+184})=5.6$$

可见,图 1-4 表示了一种黏度的测量原理。

【例题 1-3】 如图 1-5 所示,动力黏度为 $0.2\text{Pa}\cdot\text{s}$
的油充满在厚度 $\delta=0.2\text{mm}$ 的缝隙中,求转轴的力矩
和发热量。已知:转轴旋转速度 $n=90\text{r/min},\alpha=45°$,
$a=45\text{mm},b=60\text{mm}$。

【解】   因为缝隙厚度很小,缝隙间速度分布可以

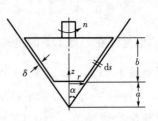

图 1-5   锥形旋塞转动

近似为线性,故

$$\frac{\mathrm{d}u}{\mathrm{d}y} = \frac{u}{\delta} = \frac{2\pi n r}{\delta}$$

切应力

$$\tau = \mu \frac{\mathrm{d}u}{\mathrm{d}y} = \frac{\mu 2\pi n r}{\delta}$$

取微元面

$$\mathrm{d}A = 2\pi r \mathrm{d}s = \frac{2\pi r \mathrm{d}z}{\cos\alpha}$$

则微元面上的黏性力

$$\mathrm{d}F = \tau \mathrm{d}A = \frac{\mu 2\pi n r}{\delta} \frac{2\pi r \mathrm{d}z}{\cos\alpha} = \frac{4\pi^2 \mu n}{\delta \cos\alpha} r^2 \mathrm{d}z$$

从而转轴力矩

$$\mathrm{d}M = r\mathrm{d}F = \frac{4\pi^2 \mu n}{\delta \cos\alpha} r^3 \mathrm{d}z$$

将 $r = z\tan\alpha$ 代入上式,并积分

$$M = \frac{4\pi^2 \mu n \tan^3\alpha}{\delta \cos\alpha} \int_a^{a+b} z^3 \mathrm{d}z = \frac{4\pi^2 \mu n \tan^3\alpha}{\delta \cos\alpha} \frac{(a+b)^4 - a^4}{4}$$

$$= \frac{4\pi^2 \times 0.2 \times (90 \div 60)\tan^3 45°}{(0.2 \times 10^{-3})\cos 45°} \times \frac{[(45+60) \times 10^{-3}]^4 - (45 \times 10^{-3})^4}{4}$$

$$\approx 2.46(\mathrm{N \cdot m})$$

转轴摩擦产生的热量

$$Q = 2\pi nM = 2\pi \times (90/60) \times 2.46 \approx 23.2(\mathrm{W})$$

【例题 1 - 4】　　如图 1 - 6 所示,在两块相距 20mm 的平板间,充满了动力黏度为 0.065(N·s)/m^2 的油,如果以 1m/s 的速度拉动距离平板 5mm 处、面积为 0.5m^2 的薄板,求需要的拉力。

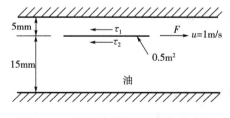

图 1 - 6　平板间薄板受力情况示意图

【解】　　平板间速度分布可以近似为线性,故其间的切应力可用式 $\tau \approx \mu \frac{u}{\delta}$ 计算。

$$\tau_1 \approx 0.065 \times 1/0.005 = 13(\mathrm{N/m}^2)$$

$$\tau_2 \approx 0.065 \times 1/0.015 \approx 4.33 (\text{N/m}^2)$$

$$F = (\tau_1 + \tau_2)A = (13 + 4.33) \times 0.5 = 8.665 (\text{N})$$

3. 温度、压力对黏性系数的影响

流体的黏性随温度的变化而变化称为黏温特性,流体的黏性随压力的变化而变化称为黏压特性。

温度对流体的黏度影响很大。温度升高时液体的黏度降低,流动性增加;气体则相反,温度升高时,它的黏度增加。这是因为液体的黏度主要是由分子间的内聚力造成的。温度升高,分子间的内聚力减小,黏度就会降低。而产生气体黏性的主要原因则是气体内部分子的运动,它使得速度不同的相邻气体层之间发生质量和动量的变换。温度升高使气体分子运动速度加大,速度不同的相邻气体之间的质量和动量交换随之加剧,所以,温度升高,气体的黏度将增大。

液体的动力黏度一般随温度的升高而变小,有如下公式

$$\mu_T = \mu_0 \mathrm{e}^{-\lambda(T-T_0)} \tag{1-5-12}$$

式中:μ_T—— 温度为 T 时的动力黏度,$20\text{℃} < T \leqslant 80\text{℃}$;

μ_0—— 温度为 T_0 时的动力黏度;

λ—— 黏滞系数。

压力增加,流体的黏度也增加。实验证明,只要压力不是特别高,压力对动力黏度的影响很小,并且与压力变化基本呈线性关系,此时一般只考虑温度对动力黏度的影响。但当压力很高时,黏度便急剧增加,如当压力由 0 升高到 150MPa 时,矿物油的黏度将增加 17 倍。而对于运动黏度,因为它和密度有关,所以对于可压缩流体来说,运动黏度与压力是密切相关的。在考虑到压缩性时,更多的是用动力黏度而不用运动黏度。

运动黏度与压力的关系可用下面的经验公式表示

$$\nu_p = \nu_0 \cdot \mathrm{e}^{bp} \tag{1-5-13}$$

式中:ν_p—— 压力为 p 时的运动黏度(m^2/s);

ν_0—— 压力为 0 时的运动黏度(m^2/s);

e——2.718;

p—— 压力(Pa);

b—— 系数,对于一般液压传动用油 b 为 $2 \times 10^{-9} \sim 3 \times 10^{-9}$。

当压力为 $0 \sim 50\text{MPa}$ 时,可以认为 ν 与 p 按直线关系变化,并用下式计算液体的黏度

$$\nu_p = \nu_0(1 + 3 \times 10^{-9} p) \tag{1-5-14}$$

当压力在 5MPa 以下时,$3 \times 10^{-9} p < 0.015$,因此压力引起的黏度变化可以忽略不计。

各种流体的动力黏度和运动黏度与温度的关系可查阅有关资料。表 1-1 为标准大气压下 20℃ 时常见流体的物性常数。

表 1-1　标准大气压下 20℃ 时常见流体的物性常数

流体种类	密度 ρ/ $(kg \cdot m^{-3})$	动力黏度 μ/ $(N \cdot s \cdot m^{-2})$	运动黏度 ν/ $(m^2 \cdot s^{-1})$	$d(\ln\mu)/dT$/ K^{-1}
液体				
水	998.2	1.00×10^{-3}	1.00×10^{-6}	-2.84×10^{-2}
正辛烷	702	5.42×10^{-4}	7.72×10^{-7}	-1.26×10^{-2}
乙醇	789	1.20×10^{-3}	1.52×10^{-6}	-1.95×10^{-2}
甲醇	792	5.84×10^{-4}	7.37×10^{-7}	-1.57×10^{-2}
苯	879	6.52×10^{-4}	7.42×10^{-7}	-1.57×10^{-2}
乙烯基己二醇	1110	1.99×10^{-2}	1.79×10^{-5}	-6.03×10^{-2}
丙三醇	1260	1.49	1.18×10^{-3}	-9.23×10^{-2}
水银	13550	1.55×10^{-3}	1.14×10^{-7}	-3.71×10^{-3}
理想气体				
空气	1.204	1.82×10^{-5}	1.51×10^{-5}	2.56×10^{-3}
氢气	0.08382	8.83×10^{-6}	1.05×10^{-4}	3.95×10^{-3}
氦气	0.1664	1.95×10^{-5}	1.17×10^{-4}	2.15×10^{-3}
水蒸气	0.7498	9.57×10^{-6}	1.28×10^{-5}	3.67×10^{-3}
一氧化碳	1.165	1.76×10^{-5}	1.51×10^{-5}	2.62×10^{-3}
氮气	1.165	1.76×10^{-5}	1.51×10^{-5}	2.50×10^{-3}
氧气	1.330	2.03×10^{-5}	1.53×10^{-5}	2.56×10^{-3}
氩气	1.660	2.25×10^{-5}	1.36×10^{-5}	2.68×10^{-3}
二氧化碳	1.830	1.47×10^{-5}	8.03×10^{-6}	3.07×10^{-3}

4. 理想流体与实际流体

理想流体是流体力学中的一个重要假设模型。假定不存在黏性，即其黏度为 0 的流体为理想流体或无黏性流体。

理想流体在运动时不仅内部不存在摩擦力，而且在它与固体接触的边界上也不存在摩擦力。理想流体虽然事实上并不存在，但这种理论模型却有重大的理论和实际价值。因为在有些问题（例如边界层以外的流动区域）中黏性并不起重要作用，忽略黏性可以较容易地分析其力学关系，所得结果与实际并无太大出入。有些问题中虽然流体黏性不可忽视，但作为由浅入深的一种手段，我们也可以先讨论理想流体的运动规律，然后再考虑有黏性影响时的修正方法，这样问题就容易解决了。因为黏性影响非常复杂，研究流体运动时，如果将实际因素通盘考虑在内,则问题有时难以解决。理想流体的运动则简单得多,所得结果显然与实际存在很大差别,但作为定性分析仍然有可供参考之处。

理想流体运动学和动力学立论严谨,范围广泛,这些理论对于分析实际问题都有重大作用,不可因为没有理想流体而忽视理想流体理论的重要性,这种思想对于学过理论力学并熟知刚体概念的读者来说是不难理解的。理想流体也是类似于刚体的一种科学抽象概念。

所以,流体力学的研究方法:将实际流体假想为理想流体,找出它的运动规律后,再考虑黏性的影响,修正后用于实际流体。

1.5.4　压缩性和膨胀性

1. 压缩性

在温度不变的情况下,流体的体积随压强的增大而变小的性质称为压缩性。流体压缩性的大小可用压缩系数 β_p 表示。它表示温度不变而流体增加 1 个单位压力时,流体体积的相对缩小量(如图 1-7 所示),即在温度 T 等于常数时,液体的压强为 p_1,体积为 V_1;当压强增大为 $p_2 = p_1 + \Delta p$ 时,体积由 V_1 减少到 V_2,且 $V_2 = V_1 - \Delta V$。ΔV 大小正比于 V_1 和 Δp,即 $\Delta V = \beta_p V_1 \Delta p$。考虑到 Δp 增大而 ΔV 减小,并取 $V_1 = V$,则有

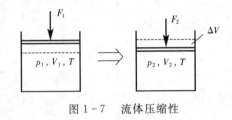

图 1-7　流体压缩性

$$\beta_p = \lim_{\Delta V \to 0}\left(-\frac{\Delta V}{V \Delta p}\right) = -\frac{1}{V}\frac{\mathrm{d}V}{\mathrm{d}p} \qquad (1-5-15)$$

式中:ΔV—— 流体在压强增大 Δp 时的体积减小量,$\Delta V = V_1 - V_2$,V_1、V_2 分别是压强为 p_1、p_2 时流体的体积;

　　　Δp—— 压强增量,$\Delta p = p_2 - p_1$,p_1、p_2 分别是流体体积为 V_1、V_2 时的压力。

在后面可以看到,流体的体积不但与压强有关,而且与温度有关,强调 V_1 到 V_2 为等温条件是必要的。β_p 的大小表示流体被压缩的难易程度。对于不可压缩流体 $\beta_p = 0$。处于压缩状态下的流体产生一种向外膨胀的力,这种力可以被看成是一种弹性力。流体弹性力的大小用体积弹性系数或体积弹性模数表示。体积弹性模数是体积压缩系数的倒数,用 $K = \frac{1}{\beta_p}$ 来度量。

$$K = \frac{1}{\beta_p} = \lim_{\Delta V \to 0}\left(-\frac{V \Delta p}{\Delta V}\right) = -V\frac{\mathrm{d}p}{\mathrm{d}V} = \rho\frac{\mathrm{d}p}{\mathrm{d}\rho} \qquad (1-5-16)$$

当压强增加 Δp 时,流体的体积总是缩小的,即 ΔV 为负值,为保持 K 或 β_p 为正值,所以在 V 之前加一负号。

液体的体积压缩系数是非常小的。例如压强为 $1 \sim 50\mathrm{MPa}$,温度为 $0 \sim 20℃$ 时,水的体积压缩系数不超过 $1/20000$,因此,在实际工程中,经常把液体当作是不可压缩的。当压力和温度在整个流动过程中变化很小(如通风系统)时,也可将气体按不可压缩流体处理,如

矿井通风系统。这种假定可使许多分析计算简化,但在一些特殊情况下,如研究液体的振动、冲击时,则要考虑液体的压缩性。

在通常情况下,水的 K 值可取 $2 \times 10^9 \, N/m^2$,常用矿物油的 K 值取 $(1.4 \sim 2) \times 10^9 \, N/m^2$。

【例题 1-5】　设某圆形油缸中充满油液,其体积弹性系数 $K = 2 \times 10^9 \, N/m^2$,若油缸的内径 $d = 1cm$,在一个大气压下油液的体积 $V = 200 \, mL$,当油缸内的油压为 200 个大气压力时,油缸中的活塞前进了多少距离?

【解】　根据式(1-5-16)求得油液需要减少的体积 $\Delta V = V \dfrac{\Delta p}{K}$。

故油缸中的活塞前进的距离为

$$l = \frac{4\Delta V}{\pi d^2} = \frac{4V\Delta p}{\pi d^2 K} = \frac{4 \times 200 \times 10^{-6} \times 200 \times 10^5}{3.14 \times 0.01^2 \times 2 \times 10^9} = 2.55 \, (cm)$$

2. 膨胀性

在压强不变的情况下,流体体积随温度升高而变化的性质,叫作流体的膨胀性,通常也称为热膨胀性。膨胀性的大小用体积膨胀系数 β_t 来度量。β_t 表示在压强不变的情况下,流体的温度每增高一个单位时,其体积的相对增大量(如图1-8所示),即

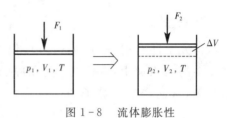

图 1-8　流体膨胀性

$$\beta_t = \lim_{\Delta V \to 0} \frac{1}{V} \frac{\Delta V}{\Delta T} = \frac{1}{V} \frac{dV}{dT} \qquad (1-5-17)$$

式中:ΔT—— 温度升高量,$\Delta T = T_2 - T_1 > 0$,单位为 K 或 ℃;

　　　ΔV—— 体积增大量,$\Delta V = V_2 - V_1 > 0$,单位为 m^3。

对于水,在大气压力下,当温度的变化为 0 ~ 10℃ 时,其体积膨胀系数的平均值 $\beta_t = 14 \times 10^{-6} \, L/℃$;当温度的变化为 10 ~ 20℃ 时,其平均值 $\beta_t = 150 \times 10^{-6} \, L/℃$;当温度的变化为 20 ~ 50℃ 时,其平均值 $\beta_t = 422 \times 10^{-6} \, L/℃$。一般润滑油、液压油的 β_t 值可近似地取 $(8.5 \sim 9.0) \times 10^{-6} \, L/℃$。由此可见 β_t 是一个很小的数。因为很小,所以在一般工程问题中,β_t 可以忽略不计。

易流动性是液体和气体区别于固体的基本宏观表现,而不可压缩性(严格地讲应为少压缩性)则是液体区别于气体的基本宏观表现。在工程上,液体的 β_t 很小,一般不考虑其膨胀性;气体的 β_t 很大,当压力和温度变化时,密度明显改变,必须考虑膨胀性,其间的关系可用理想气体状态方程式来描述。

由于液体的易流动性和不可压缩性或少压缩性,它才可以作为液压传动的介质迅速和正确地传递力和运动。但是,液体有了易流动性,也就不可避免地带来了渗漏和泄漏问题,在液压系统中必须采用各种密封装置以防止漏油。密封装置又带来了摩擦阻力,造成能量损失。由于流体的少压缩性,在运动状态变换时,往往产生较大的液压冲击,影响元件的使

用寿命和系统的可靠性。这就促使我们采取适当的措施,减少冲击以便使液压元件和液压系统有较高的效能和良好的工作条件。

【例题 1 - 6】 在一密闭的油筒中盛满液压油,若液压油体积 $V = 5000 \text{cm}^3$,液压油体积膨胀系数 $\beta_t = 9 \times 10^{-4}$ L/℃,试求温度从 -20℃ 升到 $+20$℃ 时液压油体积的增大量。

【解】 根据式(1 - 5 - 17)可以求出液压油的体积增大量为

$$\Delta V = \beta_t V \Delta T = 9 \times 10^{-4} \times 5000 \times 40 = 180(\text{cm}^3)$$

显然这一数值也是可观的,在较大容积内封闭的液压油,由于体积膨胀的关系很可能使液压油路或油筒本身破裂,为了避免这种危险,必须安装特殊的热保险阀门。所以是否要考虑液压油的热膨胀影响也要视具体情况而定。

1.5.5　表面张力、润湿现象及毛细现象

1. 表面张力

液体分子间有内聚力(吸引力),但在液体与气体交界的自由面上,各个方向上的内聚力不能达到平衡,从而产生了分子的内压力。在这个内压力的作用下,液体表面层中的分子有尽量挤入液体内部的趋势,因而液体要尽可能地缩小它的表面面积。在宏观上,液体表面就好像是拉紧的弹性膜,这是由于沿着表面存在着使表面有收缩倾向的张力,我们把这种力叫作液体的表面张力(如图 1 - 9 所示)。

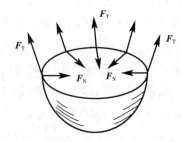

图 1 - 9　液体的表面张力

这种张力不仅产生在液体与气体接触的周围面上,而且产生在与固体接触的表面上(如图 1 - 10 所示),或一种液体与另一种液体的接触面上。它的大小 F_T 可用表面张力系数 σ 来表示,单位为 N/m。表面张力的大小为

$$F_T = \sigma l \qquad\qquad (1 - 5 - 18)$$

式中:σ —— 表面张力系数,它是液体接触面边界单位长度上的表面张力(N/m);

　　l —— 液体接触面边界长度(m)。

表面张力 F_T 的方向与所取的单位长度相垂直,它的单位是 N。

表面张力系数的大小与液体的性质、温度和与其接触的介质有关。温度越高,表面张力系数越小。气体与液体间,或是与互不掺混的液体间,在分界面附近的分子,都受到两种介质的分子力作用。这两种相邻介质的特性,决定着分界面张力的大小及分界面的不同形状,如空气中的露珠、水中的气泡、水银表面的水银膜。水的表面张力在结冰点和沸腾点之间的变化为 $0.0589 \sim 0.0757 \text{N/m}$。液体在不同温度时与空气接触的表面张力值请查有关手册。

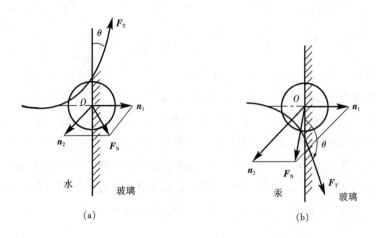

图 1-10 液体与固体接触处的分子力与表面张力

【例题 1-7】 高速水流的压强很低,水容易汽化成气泡,对水工建筑物产生气蚀。拟将小气泡合并在一起,减少气泡的危害。现将 10 个半径 $R_1 = 0.1\text{mm}$ 的气泡合成一个较大的气泡。已知气泡周围的水压强 $p_0 = 6000\text{Pa}$,水的表面张力系数 $\sigma = 0.072\text{N/m}$。试求合成后的气泡半径 R。

【解】 小泡和大泡满足的表面张力应力分别是

$$p_1 - p_0 = \frac{2\sigma}{R_1}, \quad p - p_0 = \frac{2\sigma}{R}$$

设大、小气泡的密度和体积分别为 ρ、V 和 ρ_1、V_1。大气泡的质量等于小气泡的质量和,即

$$\frac{p}{p_1} = \frac{\rho T}{\rho_1 T_1} = 10 \frac{TV_1}{T_1 V}$$

合成过程是一个等温过程,即 $T = T_1$。球的体积为 $V = 4/3\pi R^3$,因此

$$\left(p_0 + \frac{2\sigma}{R}\right)R^3 = 10\left(p_0 + \frac{2\sigma}{R_1}\right)R_1^3$$

令 $x = R/R_1$,将已知数据代入上式,化简得

$$x^3 + 0.24x^2 - 12.4 = 0$$

上式为高次方程,可用迭代法求解,例如

$$x = \sqrt[3]{12.4 - 0.24x_0^2}$$

以 $x_0 = 2$ 作为初值,三次迭代后得 $x = 2.2372846$,误差小于 10^{-5},因此,合成后的气泡半径为

$$R = rR_1 = 0.2237\text{mm}$$

还可以算得大、小气泡的压强分布为

$$p = 6643\text{Pa}, \quad p_1 = 7440\text{Pa}$$

2. 润湿现象

液体和固体相接触时,有些液体能够润湿固体,有些液体却不能润湿固体。如果液体分子与固体分子之间的相互吸引力(附着力)大于液体分子之间的相互吸引力(内聚力),就产生液体能润湿固体的现象;反之,就产生液体不能润湿固体的现象。

由图 1-10 和图 1-11 可知,对于能润湿固体的液体,在液体和固体接触处,液体表面的切面和固体表面所成的角(浸湿角 θ)是锐角;而对于不能润湿固体的液体,浸湿角 θ 是钝角。水与玻璃的浸湿角约为 8.5°,水银与玻璃的浸湿角约为 140°。

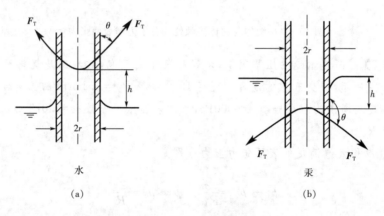

图 1-11 毛细管现象

在圆柱形的管子里,能润湿固体的液体表面呈凹形,如图 1-11(a) 所示;不能润湿固体的液体表面呈凸形,如图 1-11(b) 所示。

3. 毛细现象

毛细现象就是液体和固体相接触时,液体沿壁面上升或下降的现象。将毛细管(横断面很小的细管)插入液体内,管内、外液面会产生高度差。如果液体能润湿管壁,则管内液面升高;如果液体不能润湿管壁,则管内液面下降(如图 1-11 所示)。毛细管越细,液面差则越大,即毛细高度越高;反之,毛细管直径越大,毛细高度越矮。

管内上升的毛细高度,由表面张力形成的提升力与重力相平衡,可得

$$2\pi r\sigma\cos\theta = \pi r^2 h\rho g$$

$$h = \frac{2\sigma\cos\theta}{\rho g r}$$

$$(1-5-19)$$

式中:σ —— 表面张力系数;

$\quad\ \theta$ —— 浸湿角;

$\quad\ \rho$ —— 液体密度;

$\quad\ r$ —— 管内半径;

h —— 毛细高度。

式(1-5-19)可以用来计算管内液体上升或下降的毛细高度。

在测量压力和测量液位时,由于存在毛细现象,将会产生一定的误差,因此对测管的管径有一定的要求。对于单管差压计,当用作精密测量时,如果介质为水,则管的内径不得小于 15mm;如果介质为水银,则管的内径不得小于 20mm。对于一般的 U 形差压计,由于受体积的限制,管内径不宜做得太大,通常为 8mm。

表面张力的影响在绝大多数的工程应用中可以忽略,但是,涉及毛细上升的问题时,表面张力非常重要,如在土壤含水区的大多数植物如果离开了毛细作用将变得枯萎。当用细管测量流体物性,如测量压力时,则必须注意表面张力对读数的影响。表面张力在液体射流、液滴与气泡的形成、多孔介质内的流动等方面也很重要。比如分析液滴的形成是喷墨打印机设计中最关键的考虑因素,也是最复杂的问题。

【例题 1-8】　测压管用玻璃管制成。水的表面张力系数 $\sigma = 0.0728\text{N/m}$,接触角 $\theta = 8°$,如果要求毛细水柱高度不超过 5mm,玻璃管的内径应为多少?

【解】由于

$$h = \frac{4\sigma\cos\theta}{\rho g d} \leqslant 5 \times 10^{-3}(\text{m})$$

因此

$$d = \frac{4\sigma\cos\theta}{\rho g h} \geqslant 5.88 \times 10^{-3}(\text{m})$$

本 章 小 结

(1) 流体力学是研究流体的宏观运动(流体微团运动、流体质点的静止和运动)的规律及其应用的科学。流体质点是体积充分小而分子数充分多的连续介质。要认真理解连续介质。

(2) 流体力学的研究方法是将实际流体假想为理想流体,得到规律后,修正再用于实际流体。

(3) 流体物理特性中较重要的是流体的黏性和可压缩性。研究流体黏性的主要理论是牛顿黏性定律 $\tau = \pm\mu\dfrac{\mathrm{d}\mu}{\mathrm{d}y}$ 以及动力黏度、运动黏度、黏温特性和黏压特性。描述流体可压缩性的重要公式为 $\beta_p = -\dfrac{1}{V}\dfrac{\mathrm{d}V}{\mathrm{d}p}$ 以及 $K = \dfrac{1}{\beta_p} = -V\dfrac{\mathrm{d}p}{\mathrm{d}V} = \rho\dfrac{\mathrm{d}p}{\mathrm{d}\rho}$。

(4) 液体表面或不互溶液体的界面处,由于分子间黏附力作用,在液膜表面产生了向内的平衡吸引力,即液体表面张力。表面张力和重力相平衡,可以得到细管内液体上升或下降的毛细高度 $h = \dfrac{2\sigma\cos\theta}{\rho g r}$。

思考与练习

1-1 流体的基本特性是什么？

1-2 黏度的表示方法有哪几种？黏度与温度、压力的关系是怎样的？

1-3 动力黏滞系数和运动黏滞系数的区别与联系是什么？

1-4 什么是流体的连续介质模型？为何要提出连续介质概念？

1-5 流体的黏性阻力与固体的摩擦力有何本质区别？

1-6 如何理解流体的表面张力、润湿现象及毛细现象？

1-7 已知水的密度 $\rho = 997.0\text{kg/m}^3$，运动黏度 $\nu = 0.893 \times 10^{-6}\text{m}^2/\text{s}$，求它的动力黏度 μ。

1-8 有一金属套在自重下沿垂直轴下滑，轴与套间充满 $\nu = 0.3\text{cm}^2/\text{s}$、$\rho = 850\text{kg/m}^3$ 的油液，套的内径 $D = 102\text{mm}$，轴的外径 $d = 100\text{mm}$，套长 $l = 250\text{mm}$，套重 10kg，试求套筒自由下落时的最大速度。

1-9 一块可动平板与另一块不动平板同时浸某种液体中，它们之间的距离为 0.5mm，可动平板若以 0.25m/s 的速度移动，为了维持这个速度需要单位面积上的作用力为 2N/m^2，求这两块平板间流体的动力黏度 μ。

1-10 如图所示，上下两个平行的圆盘直径均为 d，间隙厚度为 δ，间隙中的液体动力黏度系数为 μ，若下盘固定不动，上盘以角速度 ω 旋转，求所需力矩 M 的表达式。

1-11 如图所示，水流在平板上运动，靠近板壁附近的流速呈抛物线形分布，E 点为抛物线端点，E 点处 $\mathrm{d}u/\mathrm{d}y = 0$，水的运动黏度 $\nu = 1.0 \times 10^{-6}\text{m}^2/\text{s}$，试求 y 为 0cm、2cm、4cm 处的切应力。（提示：设流速分布 $u = Ay^2 + By + C$，利用给定的条件确定待定常数 A、B、C）

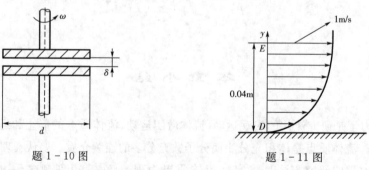

题 1-10 图   题 1-11 图

1-12 相距 0.13mm 的两块同轴心圆板，直径为 20mm，中间充以黏性系数为 $0.14\text{N} \cdot \text{s/m}^2$ 的油液。如一块板以 $n = 420\text{r/min}$ 相对于另一块平板转动，又如忽略边缘影响，板内流体做圆周方向单向运动，求保持转动所需的扭矩。

1-13 某流体在圆筒形容器中。当压强为 $2 \times 10^6\text{N/m}^2$ 时，体积为 995cm^2；当压强为 $1 \times 10^6\text{N/m}^2$ 时，体积为 1000cm^2。求此流体的压缩系数 β_p。

1-14 证明常比热完全气体的等温及等熵体积弹性模数分别为 $E_T = p$，$E_S = \gamma P$，式中 γ 为比热比。问不可压缩流体的体积弹性模数为多少？

1-15 当压强增量为 50000N/m^2 时，某种液体的密度增长为 0.02%，求此液体的体积弹性模数 K。

1-16 内径为 10mm 的开口玻璃管插入温度为 20℃ 的水中，已知水与玻璃的接触角 $\alpha = 10°$，求水在管中上升的高度。

1-17 大气中有股圆柱形水柱射流，直径为 4mm，如水与大气的表面张力系数 $\sigma = 0.073\text{N/m}$，问水柱中水压比大气压大多少？

第 2 章　　流体静力学

本章学习目的和任务

(1) 理解和掌握流体静压强及其特性。

(2) 了解流体平衡微分方程式,理解其物理意义。

(3) 掌握流体的绝对平衡和相对平衡。

(4) 掌握流体静压强的分布规律及点压强的计算(利用等压面);掌握流体静压强的测量和表示方法。

(5) 通过分析流体静力学方程,使读者建立起水头的概念,为学习流体动力学打下基础。

(6) 通过实例分析,说明流体对固体壁面作用力的计算方法。

(7) 熟练掌握作用于平面壁和曲面壁上流体总压力的计算方法。

本章重点

静压强及其特性,点压强的计算,静压强分布图,压力体图,作用于平面上的流体总压力,作用于曲面上的流体总压力。

本章难点

复杂情况点压强的计算(利用等压面),压力体图,作用于曲面上的流体总压力。

流体静力学讨论平衡流体的力学规律及其实际应用。流体的平衡有两种状态:第一种是流体对地球处于相对静止状态,无相对运动,如水库、蓄水池;第二种是流体对地球有相对运动,而对容器没有相对运动,即相对静止。前者称为重力场中的流体平衡,后者称为流体的相对平衡。其实这只是按习惯认为地球是固定的而划分的,如果将地球也视为运动容器,则所有的平衡都是相对于坐标系的相对平衡。

平衡流体之间没有相对运动,因而在平衡状态下流体不显示出黏性,故不考虑黏性的影响和作用。流体静力学中的一切原理都适用于实际流体。理论分析与实验结果完全一致。流体静力学是流体力学中独立完整而又严格符合实际的一部分内容,这里的理论不需要进行实验修正。

在一般情况下,液体可以被看成是既不可压缩也不会膨胀的物质,在讨论中可认为密度为常量。

当气体的密度可视为常量时,本章所得结论也可以用来分析和解决气体的平衡问题。

2.1　流体静压强及其特性

2.1.1　流体静压强

在均质的静止流体中任取一隔离体,假想将此隔离体用一平面 AB 切成 I、II 两部分,并取走 I 部分,如图 2-1 所示。去掉 I 后,在 AB 面上必须加上原来 I 部分流体对 II 部分的作用力,以保持其平衡状态。

仿照材料力学方法,设作用在 m 点周围微小面积 ΔA 上的合力为 ΔF,根据压强的定义,其平均压强为

$$\overline{p} = \frac{\Delta F}{\Delta A} \qquad (2-1-1)$$

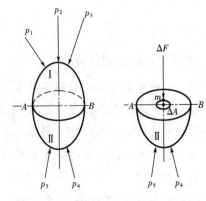

图 2-1　静止液体中的分离体

当面积 ΔA 无限缩小到点 m 时,则得

$$p = \lim_{\Delta A \to 0} \frac{\Delta F}{\Delta A} \qquad (2-1-2)$$

式中:p 为静止流体中的应力,称为静止流体中的压强,简称为流体静压强。它是外部流体作用在流体内部 m 点上而产生的压力。流体静压强物理意义是作用在单位面积上的力。由式(2-1-2)可以看出 p 的单位为 N/m^2,简称为 Pa。

2.1.2　流体静压强的特性

在 $O-xyz$ 直角坐标系中,流体静压强 p 可用 x、y、z 方向的分量 p_x、p_y、p_z 来表示。流体静压强有如下两个重要特性。

第一特性:流体静压强的方向必然重合于受力面的内法线方向。

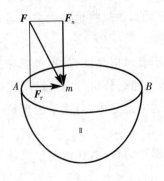

图 2-2　流体静压强的方向

对此采用反证法证明:如图 2-2 中,I 部分对 II 部分某点 m 的流体应力 p 不是内向垂直于作用面的,则可把 p 分解为两个分量,一个是切向分量 p_τ,与作用面相切;另一个是法向分量 p_n,与作用面垂直。切向分量显然就是切应力。在讨论流体的黏性时,从牛顿内摩擦定律 $\tau = \pm \mu \dfrac{du}{dy}$ 可以看出,静止流体内部是不出现切应力的,因而在静止的流体中切应力分量是不存在的,即 $p_\tau = 0$。若 $p_\tau \neq 0$,则液体平衡遭到破坏,这表明流体存在相对运动,与静止或平衡的约束

条件相矛盾。所以，流体静压强 p 只可能内向垂直于作用面。

第二特性：平衡流体中任意点的静压强值只能由该点的坐标决定，而与该压强的作用方向无关，即沿各个方向作用于同一点的压强是等值的，即 $p_x = p_y = p_z = p_0$。证明如下：

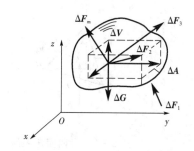

图 2-3　平衡流体上的作用力示意图

设想从平衡流体中取出体积为 ΔV 的任意微团（如图 2-3 所示）作为隔离体。作用在流体微团上的力可分为质量（体积）力和表面力两类。

质量力 $\Delta \boldsymbol{F}_m$ 包括重力 $m\boldsymbol{g}$ 和流体加速运动时的惯性力 $m\boldsymbol{a}$，是与流体微团质量大小成正比并且集中作用在微团质量中心上的力，可表示为

$$\Delta \boldsymbol{F}_m = \Delta m \cdot \boldsymbol{a}_m = \Delta m (f_x \boldsymbol{i} + f_y \boldsymbol{j} + f_z \boldsymbol{k}) \tag{2-1-3}$$

如果微团趋向无限小，有限增量符号 Δ 改为微分符号 d，则

$$\mathrm{d}\boldsymbol{F}_m = \mathrm{d}m \cdot \boldsymbol{a}_m = \mathrm{d}m (f_x \boldsymbol{i} + f_y \boldsymbol{j} + f_z \boldsymbol{k}) \tag{2-1-4}$$

式中：$\mathrm{d}\boldsymbol{F}_m$—— 作用在流体质点上的质量力。

单位质量（$m = 1$ kg）力 $\boldsymbol{F}_m = m\boldsymbol{a}_m = \boldsymbol{a}_m$ 在 x、y、z 向的轴上的投影 f_x、f_y、f_z 称为单位质量力在 x、y、z 轴上的分力，或简称为单位质量分力。特别地，当单位质量（$m = 1$）的重力 $\boldsymbol{G} = m\boldsymbol{g} = \boldsymbol{g}$，即 f_x、f_y、f_z 为 $\boldsymbol{g}$ 在 x、y、z 方向的分量，对于正规直角坐标系，$f_x = f_y = 0$，$f_z = \pm g$；若坐标 z 不是指向或离开地球中心的，则 $f_x \neq 0$，$f_y \neq 0$，$f_z \neq \pm g$。

表面力是相邻流体（或固体）作用于此流体微团各个表面上的力，其大小与表面面积有关，而且分布作用在流体表面上。这是由于流体微团在流体内部不是孤立存在的，它与相邻微团（或固体）在相互之间的接触表面上应该有力的相互作用。这种力起源于微团内部的分子运动。定义流体微团或质点时虽然不考虑其中的个别分子，但分子总体的平均统计作用是不能忽略的。因此，取出图 2-3 所示的流体微团作为隔离体时，必须相应地将周围流体或固体对它的作用以力的形式加于隔离体微团表面上，这样才能维持微团原来的状态。

表面力包括压力（法向应力）p、剪力 τ 和表面张力 σ。压力 p 和剪力 τ 又称为应力，表面张力主要用于讨论毛细管现象。对于静止的流体仅存在重力和静压力，对于做等加速直线运动或匀速旋转运动的流体 —— 相对平衡的流体，则存在惯性力。根据达兰贝尔（D. Alembert）原理，加上一个假想的由牵连运动而形成的惯性力，可将相对平衡流体以绝对平衡状态来处理，可列入静力学范畴讨论。

如图 2-4 所示，取微四面体 $MABC$，记 $\triangle ABC$、$\triangle MBC$、$\triangle MAC$、$\triangle MAB$ 的面积分别为 S、S_x、S_y、S_z。由于所取的是一个微元四面体，同一微元面上各点的压强均可用该面上的平均压强表示，四个面上的压强依次为 p、p_x、p_y、p_z。四面体的三条边长 $MA = \mathrm{d}x$，$MB = \mathrm{d}y$，$MC = \mathrm{d}z$。取 $\triangle ABC$ 的高 CD，连接 MD，则 $\triangle CMD$ 为直角三角形。$\triangle ABC$ 上的压强为 p（参看图 2-5），法线方向为 n，则作用力

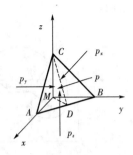
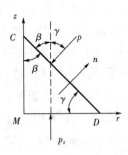

图 2 - 4   微四面体平衡   图 2 - 5   正向压力平衡

$$F_n = pS = \frac{1}{2} p \cdot AB \cdot CD$$

F_n 在 z 向的分量 F_{nz} 为

$$F_{nz} = F_n \cos\gamma = \frac{p}{2} AB \cdot CD \cos\gamma = \frac{p}{2} AB \cdot MD = pS_z$$

压强 p_z 在 z 方向的作用力 F_z 为

$$F_z = \frac{p_z}{2} MA \cdot MB = \frac{p_z}{2} AB \cdot MD = p_z S_z$$

由于静止流体沿 z 轴合力为零,则有

$$p_z S_z - pS_z = 0 \Rightarrow p_z = p$$

同样可以证明
$$p = p_x, p = p_y \Rightarrow p_x = p_y = p_z = p$$

当微四面体充分小时,则一点的压强,即静止流体的任一点的压强在各方向等值。这表明:平衡流体中各点的压强 p 只是位置坐标(x,y,z) 的连续函数,与作用方向无关。即

$$p = f(x,y,z) \tag{2-1-5}$$

p 的全微分或某点附近的压强增量 $\mathrm{d}p$ 为

$$\mathrm{d}p = \frac{\partial p}{\partial x}\mathrm{d}x + \frac{\partial p}{\partial y}\mathrm{d}y + \frac{\partial p}{\partial z}\mathrm{d}z = \mathrm{grad}\,p \cdot \mathrm{d}\boldsymbol{r} = \nabla p \cdot \mathrm{d}\boldsymbol{r} \tag{2-1-6}$$

式中:∇p——压强梯度,$\mathrm{grad}\,p = \nabla p = \frac{\partial p}{\partial x}\boldsymbol{i} + \frac{\partial p}{\partial y}\boldsymbol{j} + \frac{\partial p}{\partial z}\boldsymbol{k}$;

$\mathrm{d}\boldsymbol{r}$——矢径增量,$\mathrm{d}\boldsymbol{r} = \mathrm{d}x\boldsymbol{i} + \mathrm{d}y\boldsymbol{j} + \mathrm{d}z\boldsymbol{k}$。

2.2   流体的平衡微分方程及其积分

2.2.1   流体平衡微分方程

设想在平衡流体中选定坐标为(x,y,z),取包含压强为 $p(x,y,z)$ 的以点 M 为中心的微六面体 $ABCD$-$A_1B_1C_1D_1$,如图 2-6 所示。体积 $\mathrm{d}V = \mathrm{d}x\mathrm{d}y\mathrm{d}z$,密度为 ρ,质量 $\mathrm{d}m = \rho\mathrm{d}V$。

该六面体流体微团在质量力 $\mathrm{d}\boldsymbol{F}_m$ 和表面力 $\mathrm{d}F_x$、$\mathrm{d}F'_x$…… 的作用下,处于平衡状态。

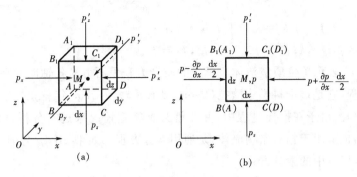

图 2-6　微六面体平衡

质量力:$\mathrm{d}\boldsymbol{F}_m = \rho\mathrm{d}x\mathrm{d}y\mathrm{d}z\boldsymbol{a}_m$ 在各轴上的投影为

$$\mathrm{d}F_{mx} = \rho\mathrm{d}x\mathrm{d}y\mathrm{d}zf_x = \rho f_x\mathrm{d}V \tag{2-2-1}$$

$$\mathrm{d}F_{my} = \rho\mathrm{d}x\mathrm{d}y\mathrm{d}zf_y = \rho f_y\mathrm{d}V \tag{2-2-2}$$

$$\mathrm{d}F_{mz} = \rho\mathrm{d}x\mathrm{d}y\mathrm{d}zf_z = \rho f_z\mathrm{d}V \tag{2-2-3}$$

表面力:平面 ABB_1A_1 压强为 p_x,对应面 DCC_1D_1 压强为 p'_x,按泰勒公式展开,舍弃二阶以上无限小量,则有

$$p_x = p - \frac{\partial p}{\partial x}\frac{\mathrm{d}x}{2}, \quad p'_x = p + \frac{\partial p}{\partial x}\frac{\mathrm{d}x}{2} \tag{2-2-4}$$

则 x 方向的表面力大小

$$\mathrm{d}F_x = (p_x - p'_x)\mathrm{d}y\mathrm{d}z = -\frac{\partial p}{\partial x}\mathrm{d}V \tag{2-2-5}$$

由于 x 方向静力平衡,故有

$$\rho f_x\mathrm{d}V - \frac{\partial p}{\partial x}\mathrm{d}V = 0 \Rightarrow f_x - \frac{1}{\rho}\frac{\partial p}{\partial x} = 0 \tag{2-2-6}$$

同样,对 y 方向和 z 方向做分析,有类似结论,故流体平衡微分方程为

$$\begin{cases} f_x - \dfrac{1}{\rho}\dfrac{\partial p}{\partial x} = 0 \\[2mm] f_y - \dfrac{1}{\rho}\dfrac{\partial p}{\partial y} = 0 \\[2mm] f_z - \dfrac{1}{\rho}\dfrac{\partial p}{\partial z} = 0 \end{cases} \tag{2-2-7}$$

或简化为

$$f_i - \frac{1}{\rho}\frac{\partial p}{\partial i} = 0 \qquad (i=1,2,3) \tag{2-2-8}$$

或记矢量形式

$$\boldsymbol{F}_m - \frac{1}{\rho}\nabla p = \boldsymbol{F}_m - \frac{1}{\rho}\mathrm{grad}p = 0 \qquad (2-2-9)$$

式中:$\boldsymbol{F}_m = f_x\boldsymbol{i} + f_y\boldsymbol{j} + f_z\boldsymbol{k} = f_1\boldsymbol{i}_1 + f_2\boldsymbol{i}_2 + f_3\boldsymbol{i}_3$;

$\boldsymbol{i}_1 = \boldsymbol{i}, \boldsymbol{i}_2 = \boldsymbol{j}, \boldsymbol{i}_3 = \boldsymbol{k}; f_1 = f_x, f_2 = f_y, f_3 = f_z$。

式(2-2-7)表示单位质量流体所承受的质量力和表面力沿各轴向的平衡关系,称为流体平衡微分方程,它是瑞士科学家欧拉(Leonard Euler)在 1755 年首先提出的,故也称为欧拉平衡微分方程。由于在推导过程中,并非就某种特定情况来进行分析,因此它既适用于绝对平衡流体,也适用于相对平衡流体,是通用微分方程。如果 $\mathrm{grad}p$ 为圆柱或球面坐标形式,则为相应坐标系中的微分方程。

2.2.2　平衡微分方程的积分形式

对式(2-2-7)中各项分别乘以 $\mathrm{d}x$、$\mathrm{d}y$、$\mathrm{d}z$,再将它们相加,并稍加整理,则有

$$\frac{\partial p}{\partial x}\mathrm{d}x + \frac{\partial p}{\partial y}\mathrm{d}y + \frac{\partial p}{\partial z}\mathrm{d}z = \rho(f_x\mathrm{d}x + f_y\mathrm{d}y + f_z\mathrm{d}z) \qquad (2-2-10)$$

由式(2-1-6)可知,式(2-2-10)左侧为 $p(x,y,z)$ 的全微分 $\mathrm{d}p$,即

$$\mathrm{d}p = \rho(f_x\mathrm{d}x + f_y\mathrm{d}y + f_z\mathrm{d}z) \qquad (2-2-11)$$

此式称为欧拉平衡方程式的综合形式,也叫作压强微分公式。

压强微分公式的左端是压强的全微分,积分后得到一点上的静压强 p。而平衡流体中一点上的流体静压强应该由其坐标唯一地确定,因此式(2-2-11)的右端必须也是一个坐标函数的全微分,这样才能保证积分结果的唯一性。

不难看到,如果单位质量分力与某一个坐标函数 $W = W(x,y,z)$ 具有式(2-2-12)的关系,即 W 对某一个坐标的偏导数的负值等于该坐标方向上的质量分力。

$$f_x = -\frac{\partial W}{\partial x}, \quad f_y = -\frac{\partial W}{\partial y}, \quad f_z = -\frac{\partial W}{\partial z} \qquad (2-2-12)$$

则式(2-2-11)可写成

$$\mathrm{d}p = -\rho\left(\frac{\partial W}{\partial x}\mathrm{d}x + \frac{\partial W}{\partial y}\mathrm{d}y + \frac{\partial W}{\partial z}\mathrm{d}z\right) = -\rho\mathrm{d}W \qquad (2-2-13)$$

由上可知,$W(x,y,z)$ 是描述质量力的标量函数,称为质量力的势函数。由势函数决定的力称为有势力。重力作用的空间称为重力场,为有势场。上式右边规定为负号,表明质量力正功等于质量力势的减少。

由此可以看到,在有势的质量力作用下,流体中任何一点上的流体静压强可以由坐标唯一地确定,这样流体才能保持平衡状态,因而结论是只有在有势的质量力作用下流体才能平衡。

如果单位质量力与时间变量有关,那就找不到纯坐标变量的质量力的势函数,因而压强也就不能由坐标唯一地确定,这种情况下的流体当然不能保持平衡状态。

质量力的势函数通常可以根据平衡流体所受的单位质量分力用积分方法加以确定。

根据积分式(2-2-13),则有

$$p = -\rho W + C \tag{2-2-14}$$

式中:C—— 积分常数,由边界条件决定。

若某点(x_0, y_0, z_0)势函数为W_0时压强为p_0,则$C = p_0 + \rho W_0$,则式(2-2-14)可重新表示为

$$p = p_0 + \rho(W_0 - W) \tag{2-2-15}$$

式中:p_0—— 点(x_0, y_0, z_0)处压强;

　W_0—— 点(x_0, y_0, z_0)处势函数。

2.2.3　等压面

流体中压强相等的点所组成的面称为等压面。换句话说,凡是处于同一等压面内的各点,其压强应该是相等的。即在等压面内各点的压强应该是一个常数,$p = C, \mathrm{d}p = 0$。根据式(2-2-11),得等压面的微分方程式为

$$\mathrm{d}p = \rho(f_x \mathrm{d}x + f_y \mathrm{d}y + f_z \mathrm{d}z) = 0 \tag{2-2-16}$$

在平衡流体中,$\rho =$ 常数,上式变为

$$f_x \mathrm{d}x + f_y \mathrm{d}y + f_z \mathrm{d}z = 0 \tag{2-2-17}$$

$$\mathrm{d}\boldsymbol{a}_m \cdot \mathrm{d}\boldsymbol{r} = 0 \tag{2-2-18}$$

讨论:

(1)因为f_x、f_y、f_z为单位质量力$\boldsymbol{a}_m$在各轴上的投影,而$\mathrm{d}x$、$\mathrm{d}y$、$\mathrm{d}z$为等压面上微元长度在各轴上的投影,则$f_x \mathrm{d}x + f_y \mathrm{d}y + f_z \mathrm{d}z$是单位质量力$\boldsymbol{a}_m$在等压面内移动微元长度$\mathrm{d}\boldsymbol{r}$所做的功。一般地,单位质量力$\boldsymbol{a}_m$不为零,微元移动长度$\mathrm{d}\boldsymbol{r}$也不为零,而式(2-2-18)所表示的意义是其功为零,则必须$\boldsymbol{a}_m$垂直于$\mathrm{d}\boldsymbol{r}$才有这样的结果,这样可得到等压面的特征为等压面是一个垂直于质量力的面。当然,在不同形式的平衡流体中,质量力的作用方向是不同的,因而会形成不同形式的等压面。

(2)由式(2-2-13)可知,当$\mathrm{d}p = 0$时,$\mathrm{d}W = 0$,即$W = C$。它表示质量力势函数等于常数,我们把质量力势函数等于常数的面叫作等势面,且等压面也就是等势面。特别地,在重力场中,$W = gz$,所以当$W = C$时,其等势面或等压面必然$z = C$,它代表水平面族。曝露在大气中的自由面是等压面,且水平,这正是"水平面"一词的由来。当然,若流体还受其他质量力的作用,这时即使自由面仍曝露在大气中,其也不一定是水平面。

(3)式(2-2-15)中$(W_0 - W)$一项的值由流体所受的质量力决定,与平衡流体中的表面压强p_0无关。因此,在处于平衡状态下的不可压缩流体$(\rho = C)$中,如果设法改变某点处的压强,比如边界某点M处的压强由p_0变为$p_0 + \Delta p_0$,则此平衡流体内任意点N处的压强p也将做相应的改变,且仍然满足式(2-2-15),即

$$(p + \Delta p)\quad(p_0 + \Delta p_0) + \rho(W_0 - W) \tag{2-2-19}$$

显然，N 点的压强改变值 Δp，就等于 M 点压强的变化量，即 $\pm \Delta p = \pm \Delta p_0$。

结论：

在处于平衡状态下的不可压缩流体中，任意点处的压强变化值 Δp_0，将等值地传递到此平衡流体中的其他各点。这就是帕斯卡定律。

值得注意的是，帕斯卡定律只适用于不可压缩的平衡流体，且不论装盛液体的容器是封闭的或是开口的，帕斯卡定律都可适用。但应该满足"流体中某点处的压强虽然变化了，但并未破坏流体平衡状态"这样的基本条件。

2.3 重力场中的平衡流体

在实际工程中，最常见的是仅受重力一种质量力作用，且相对于地球处于静止状态的流体。讨论这一种情况下的流体平衡问题，更有实用意义。

2.3.1 液体场合（不可压缩流体）

1. 液体静力学基本方程式

如图 2-7 所示，重力作用下的静止液体，在直角坐标系中，自由液面的位置高度为 z_0，压强为 p_0。

液体中任一点 M 的压强，由欧拉平衡方程式的微分形式，即式（2-2-7）得

$$\mathrm{d}p = \rho(f_x \mathrm{d}x + f_y \mathrm{d}y + f_z \mathrm{d}z) \quad (2-3-1)$$

因为质量力只有重力，式中的 $f_x = f_y = 0$，$f_z = -g$，则在重力场中的欧拉平衡方程式为

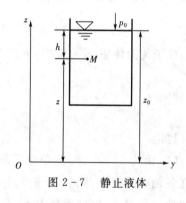

图 2-7 静止液体

$$\mathrm{d}p = -\rho g \mathrm{d}z \tag{2-3-2}$$

对于不可压缩液体，其密度是恒定的，积分上式可得

$$p = -\rho g z + C' \tag{2-3-3}$$

由边界条件 $z = z_0$，$p = p_0$，求出积分常数 $C' = p_0 + \rho g z_0$，代入式（2-3-3），得

$$p = p_0 + \rho g(z_0 - z) \quad \text{或} \quad p = p_0 + \rho g h \tag{2-3-4}$$

或在流体连续区域内积分，则得

$$z + \frac{p}{\rho g} = C \tag{2-3-5}$$

式中：p—— 静止液体内任一点的压强；

p_0—— 液体表面压强，对于液面通大气的开口容器，p_0 即为大气压强，并以符号 p_a 表示；

h—— 该点到液面的距离；

z—— 该点在坐标平面以上的高度。

式(2-3-4)、式(2-3-5)以不同形式表示了重力作用下液体静压强的分布规律,两者都称为液体静力学基本方程式。

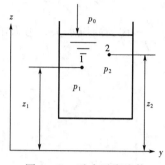

图 2-8　重力平衡液体

2. 基本方程的推论

由液体静力学基本方程式 $p = p_0 + \rho gh$,可以得出以下推论:

(1)静压强的大小与液体的体积无直接关系。相同的液体,压强只和深度 h 有关。

(2)两点的压强差,等于两点间单位面积垂直液柱的重量。如图2-8所示,液体内的任意两点1、2的压强关系可写为

$$z_1 + \frac{p_1}{\rho g} = z_2 + \frac{p_2}{\rho g} \qquad (2-3-6)$$

则

$$p_2 - p_1 = \rho g(z_1 - z_2)$$

或

$$p_2 = p_1 + \rho g(z_1 - z_2) \qquad (2-3-7)$$

由上式可以看出,只要知道一点的压强以及它和另一点的高度差,就可以求出另一点的压强。

(3)平衡状态下,液体内任意点压强的变化,等值地传递到其他点。由式(2-3-7),液体内任意点的压强与其他点压强的关系为

$$p_2 = p_1 + \rho g(z_1 - z_2) \qquad (2-3-8)$$

在平衡状态下,当1点的压强增加了 Δp,则2点的压强变为

$$p_2' = (p_1 + \Delta p) + \rho g(z_1 - z_2)$$
$$= p_1 + \rho g(z_1 - z_2) + \Delta p = p_2 + \Delta p \qquad (2-3-9)$$

即某点压强的变化,等值地传递到其他各点,这就是著名的帕斯卡(Blaise Pascal)原理。这一原理自17世纪中叶发现以来,在水压机、液压传动设备中均得到了广泛的应用。

3. 液体静力学基本方程的几何意义与能量意义

(1)几何意义

如图2-9所示,其中 z_A、z_B、z_C、z_D 为位置水头或位置高度;$\dfrac{p_A'}{\rho g}$、$\dfrac{p_B'}{\rho g}$ 为测压管高度;$\dfrac{p_C}{\rho g}$、$\dfrac{p_D}{\rho g}$ 为静压高度。

测压管高度与静压高度均称为压强水斗

位置高度与测压管高度之和,如$z_A + \dfrac{p'_A}{\rho g}$,称为测压管水头。位置高度与静压高度之和,

如$z_C + \dfrac{p_C}{\rho g}$,称为静压水头。可得出如下方程式,即

$$\begin{cases} z_A + \dfrac{p'_A}{\rho g} = z_B + \dfrac{p'_B}{\rho g} \\[3mm] z_C + \dfrac{p_C}{\rho g} = z_D + \dfrac{p_D}{\rho g} \end{cases} \qquad (2-3-10)$$

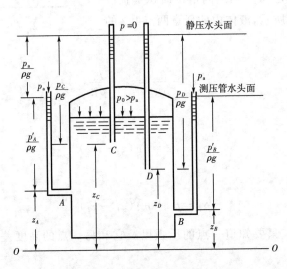

图 2-9   测压管水头与静压水头

式(2-3-10)说明:① 静止液体中各点位置水头和测压管高度可以相互转换,但各点测压管水头却永远相等,即敞口测压管最高液面处于同一水平面 —— 测压管水头面。② 静止液体中各位置水头和静压高度亦可以相互转换,但各点静压水头永远相等,即闭口的玻璃管最高液面处在同一水平面 —— 静压水头面。

(2)能量意义(物理意义)

z为比位能,表示单位重量液体对基准面O—O的位能;$\dfrac{p}{\rho g}$为比压能,表示单位重量液体所具有的压力能;$z + \dfrac{p}{\rho g}$为比势能,表示单位重量液体对基准面具有的势能。

式(2-3-10)能量意义:在同一静止液体中,各点处单位重量液体的比位能可以不相等,比压能也可以不相同,但其比位能与比压能可以相互转化,比势能总是相等的,且是一个不变的常量,这是能量守恒定律在静止液体中的体现。

2.3.2   气体场合(不可压缩流体)

1. 按常密度计算

由流体平衡微分方程式的全微分形式,在质量力只有重力条件下,即$f_x = f_y = 0, f_z =$

$-g$，得

$$\mathrm{d}p = -\rho g\,\mathrm{d}z \qquad\qquad (2-3-11)$$

按密度为常数来积分得

$$p = -\rho g z + C \qquad\qquad (2-3-12)$$

因为气体的密度很小，且高度 z 是有限的，所以重力对气体压强的影响很小，可以忽略不计，故可以认为各点的压强相等，即

$$p = C \qquad\qquad (2-3-13)$$

例如贮气罐内的各点压强相等。

2. 大气层压强的分布

以大气层为对象，研究压强的分布，必须考虑空气的压缩性。

大气状况十分复杂，分为：从海平面到高程 11km 范围内，温度随高度上升而下降，每升高约 1000m，温度下降 6.5K，这一层大气称为对流层；高度从 $11 \sim 25$km，温度几乎不变，恒为 216.5K（$-56.5℃$），这一层称为同温层。

（1）对流层

可压缩流体的密度是温度和压强的函数，由完全气体状态方程式得 $\dfrac{p}{\rho} = R_g T$，代入式 $(2-3-11)$ 得

$$\frac{\mathrm{d}p}{p} = -\frac{g}{R_g}\frac{\mathrm{d}z}{T}, \quad \mathrm{d}_p = -\frac{pg}{R_g T}\mathrm{d}z \qquad\qquad (2-3-14)$$

式中：温度 T 随高程变化，$T = T_0 - \beta z$，T_0 为海平面上的热力学温度，$\beta = 0.0065\mathrm{K/m}$，代入上式得

$$\mathrm{d}p = -\frac{pg}{R_g(T_0 - \beta z)}\mathrm{d}z \qquad\qquad (2-3-15)$$

积分得

$$\int_{p_a}^{p} \frac{\mathrm{d}p}{p} = \int_0^z \frac{g}{R_g \beta}\frac{\mathrm{d}(T_0 - \beta z)}{T_0 - \beta z}$$

得

$$p = p_a\left(1 - \frac{\beta z}{T_0}\right)^{\frac{g}{R_g \beta}} \qquad\qquad (2-3-16)$$

将国际标准大气条件：$T_0 = 288\mathrm{K}$，$p_a = 1.013 \times 10^5 \mathrm{N/m^2}$，$R_g = 287\mathrm{J/(kg \cdot K)}$，$\beta = 0.0065\mathrm{K/m}$ 代入上式，就可以得到对流层大气压强为

$$p = 101.3\left(1 - \frac{z}{44300}\right)^{5.256}\mathrm{kPa} \qquad\qquad (2-3-17)$$

式中：z 的单位为 m，且 $0 \leqslant z \leqslant 11$km。

（2）同温层

同温层的温度不变，则可求出

$$T_d = T_0 - \beta z_d = 288 - 0.0065 \times 11000 = 216.5K$$

同温层最低处（$z_d = 11000m$）的压强，由式（2-3-17）求得

$$p_d = 22.6kPa$$

将以上条件代入式（2-3-14）积分，便可得到同温层标准大气压分布

$$\int_{p_d}^{p} \frac{\mathrm{d}p}{p} = \int_{z_d}^{z} \frac{g}{R_g T_d} \mathrm{d}z$$

$$p = 22.6 \exp\left(\frac{11000 - z}{6334}\right) kPa \qquad (2-3-18)$$

式中：z 的单位为 m，且 $11km \leqslant z \leqslant 25km$。

2.4 静压强的计算与测定

2.4.1 绝对压强、表压强和真空度

流体静压强有三种计量方法，分别为绝对压强、表压强和真空度。绝对压强、表压强与真空度的关系如图 2-10 所示。

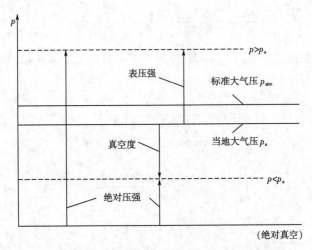

图 2-10 绝对压强、表压强与真空度的关系

1. 绝对压强

以绝对真空为起始点计量的压强，用符号 p 表示。压强在无特别说明的情况下一般都指绝对压强，标准单位是帕斯卡。应用气体状态方程时，必须使用绝对压强。

2. 表压强

以当地大气压 p_a 为起始点向上计量的压强，称为表压强。表压强又称计示压强。表压

强的标准单位为帕斯卡,以往也常用工程大气压表示。表压强越大绝对压强也越大,两者之间的关系为

$$表压强 = 绝对压强 - 当地压强 \qquad (2-4-1)$$

3. 真空度

以当地大气压 p_a 为起始点向下计量的压强,称为真空度。真空度越大则绝对压强越小,两者之间的关系为

$$真空度 = 当地压强 - 绝对压强 \qquad (2-4-2)$$

当地大气压 p_a 一般用气压计测量,常用单位为帕斯卡。

上述三种计量方法表示的流体静压强恒为正值。

2.4.2　压强单位

压强的单位有很多,国际标准化组织(ISO)及我国法定计量单位规定的标准单位均为帕斯卡(Pa),$1Pa = 1N/m^2$。表 2-1 列出常用的压强计量单位及其与标准单位的转换关系。

表 2-1　常用的压强计量单位及其与标准单位的转换关系

毫米汞柱	$1mmHg = 133.322Pa$
米水柱	$1mH_2O = 9806.65Pa$
标准大气压	$1atm = 101325Pa$
工程大气压	$1at = 1kgf/cm^2 = 98066.5Pa$
巴	$1bar = 10^5Pa$
磅力每平方英寸	$1psi = 1lbf/in^2 = 6894.76Pa$

2.4.3　压强测定

在工程实际中,常需要测量和计算流体在流动过程中某点的压强或两点的压强差。用来测量压强的仪器大致可分为三种:液柱式、金属式和电测式。在此我们仅介绍作为基础测量仪器的液柱式测压计。

1. 液体压力计

(1) 测压管

如图 2-11 所示,用测压管测量流体中大于大气压强的表压强,其计算公式为

$$p_M = \rho g h \qquad (2-4-3)$$

(2)U 形管测压计

如图 2-12 所示,U 形管测压计中 1、2 两点在等压面上,故 $p_1 = p_2$。又有

$$p_1 = p_{油} + \rho g h_1, \quad p_2 = p_a + \rho_{汞} g h_2$$

于是有

$$p_M + \rho g h_1 = p_a + \rho_{Hg} g h_2$$

由此可得测点上的绝对压强为

$$p_M = p_a + g(\rho_{Hg} h_2 - \rho h_1) \qquad\qquad (2-4-4)$$

其表压强为

$$p_M = g(\rho_{Hg} h_2 - \rho h_1) \qquad\qquad (2-4-5)$$

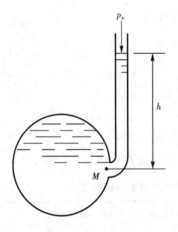

图 2-11　测压管

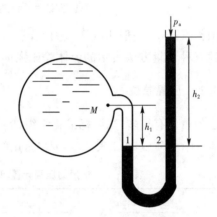

图 2-12　U 形管测压计

以上是被测容器中流体压力大于大气压力的情况,同理被测流体压力小于大气压力的情况很容易推得。

（3）倾斜式压力计（微压计）

如图 2-13 所示,倾斜式压力计两端口压强之间的关系为

$$p_B - p_A = \rho g l \sin\alpha$$

（4）杯式压力计

杯式压力计是 U 形管压力计的变形,其中 U 形管压力计的管径做得很大,以内截面积较大的容器代替 U 形管中的一根量管,如图 2-14 所示。未加压时,液面在 0—0 位置上,工作介质密度为 ρ。大容器接被测压力后,在压力的作用下,大容器内的液面下降,细管内的液面上升,直到平衡为止。

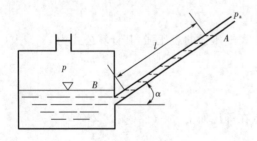

图 2-13　倾斜式压力计

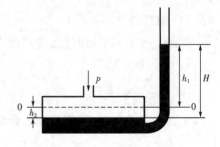

图 2-14　杯式压力计

这时杯内的液面下降了 h_2，细管内的液面上升了 h_1。若杯形容器的直径为 D，细管的直径为 d，那么被测压力被实际高度为 H 的液柱所产生的压力相平衡，H 为杯内液面与细管内的液面在加压后的液位差，即

$$H = h_1 + h_2$$

由于杯内排出的液体体积等于细管内增加的液体体积，因此

$$\frac{\pi}{4}D^2 h_2 = \frac{\pi}{4}d^2 h_1$$

即

$$h_2 = \frac{d^2}{D^2}h_1$$

故

$$H = \left(1 + \frac{d^2}{D^2}\right)h_1 \qquad\qquad (2-4-6)$$

$$p = \rho H = \rho\left(1 + \frac{d^2}{D^2}\right)h_1 \qquad\qquad (2-4-7)$$

因为 d、D 在制造中均为已知数，为了不必每次测量时都要按上式进行计算，在制作细管的标尺时可以用专用标尺来对它进行标刻。专用标尺与实际液柱高度 H 之间的关系为

$$L = \frac{H}{\left(1 + \dfrac{d^2}{D^2}\right)} \qquad\qquad (2-4-8)$$

2. 金属压力表

金属压力表用于测定较大的压强，如图 2-15 所示。

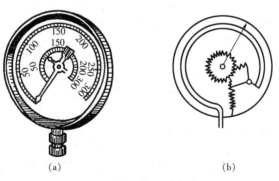

(a)　　　　　　　　　　　　　(b)

图 2-15　金属压力表

原理：其内装有一端开口、一端封闭、端面为椭圆形的镰刀形黄铜管，开口端与被测定压强的液体连通。测压时，由于压强的作用，黄铜管随着压强的增加而发生伸展，从而带动扇形齿轮使指针偏转，把液体的相对压强值在表盘上显示出来。

优点：具有携带方便、装置简单、安装容易、测读方便、经久耐用等优点，是测量压强的主要仪器。

常用的是弹簧测压计。

2.5 液体的相对平衡

在工程实际中,会遇到液体相对于地球运动,而液体内部质点以及液体与容器之间没有相对运动的情况,这种情况称为液体的相对平衡。我们将讨论两类典型的情况:等加速直线运动容器中液体和等角速度旋转容器中液体的相对平衡。

2.5.1 等加速直线运动容器中液体的相对平衡

1. 静压分布规律

如图 2-16 所示,在液面不动的点上建立坐标原点 O,铅直方向为 z 轴,小车运动方向为 x 轴。小车在水平导轨上以加速度 a 运动,液面上压强为 p_0,由于惯性力作用,液面与水平面成 α 角。根据达兰贝尔(D. Alembert)原理,$f_x = -a_x$,$f_y = 0$,$f_z = -g$。代入欧拉平衡方程式的微分形式

$$dp = \rho(f_x dx + f_y dy + f_z dz)$$

得

$$dp = \rho(-a dx - g dz)$$

再积分,则

$$p = -\rho(ax + gz) + C \qquad (2-5-1)$$

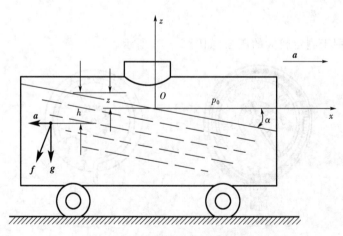

图 2-16 做水平等加速运动的容器

根据边界条件:当 $x = 0$,$z = 0$ 时,$p = p_0$,代入式(2-5-1)得 $C = p_0$,于是有

$$p = p_0 - \rho(ax + gz) \qquad (2-5-2)$$

上式即为在水平直导轨上做等加速运动的容器中液体内部静压强的计算公式。

2. 等压面

令式(2-5-2)中 $p = C$(常数),得等压面方程

$$ax + gz = \frac{p_0 - C}{\rho} = b \qquad (2-5-3)$$

式中:b—— 常数。

可见做等加速度直线运动的容器中流体的等压面不再是水平面,而是一簇平行的斜面,且斜面相对于水平面的后斜角为

$$\theta = \arctan \frac{a}{g} \qquad (2-5-4)$$

显然,自由表面是一等压面(压强为 p_0),将坐标原点代入式(2-5-3),得 $b=0$,则自由液面的方程为

$$z_s = -\frac{a}{g} x \qquad (2-5-5)$$

式中:z_s—— 自由液面上的 z 坐标。

2.5.2　等角速度旋转容器中液体的相对平衡

如图 2-17 所示,盛有液体的圆形开口容器以等角速度绕中心铅直轴旋转,经过一段时间达到稳定运动状态后,流体和容器一起以角速度 ω 运动,液体自由液面形成一个旋转曲面。将坐标系固定在容器上并将坐标原点选在自由液面中心处,z 轴垂直向上,x 轴和 y 轴为水平方向。

1. 静压分布规律

由图 2-17 可知,液体中的一点所受到的质量力为

$$f_x = \omega^2 r \cos\alpha = \omega^2 x$$
$$f_y = \omega^2 r \sin\alpha = \omega^2 y$$
$$f_z = -g$$

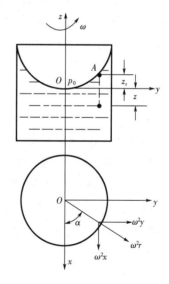

图 2-17　等角速度旋转容器中液体的相对平衡

代入欧拉平衡方程式的微分形式,即式(2-2-11),得

$$dp = \rho(\omega^2 x dx + \omega^2 y dy - g dz) \qquad (2-5-6)$$

积分得

$$p = -\rho g z + \frac{\rho \omega^2}{2} r^2 + C \qquad (2-5-7)$$

根据边界条件:$z=0,r=0$ 时,$p=p_0$,代入式(2-5-7) 得 $C=p_0$,于是有

$$p = p_0 + \rho g \left(\frac{\omega^2 r^2}{2g} - z \right) \qquad (2-5-8)$$

上式即为等角速旋转容器中液体内部静压强的分布规律。

2. 等压面

令式$(2-5-8)$中 $p=C$(常数)，且整理后得等压面方程

$$z=\frac{\omega^2}{2g}r^2+b \qquad (2-5-9)$$

式中：b—— 常数。

可见做等角速度旋转运动的容器中液体的等压面是一簇旋转抛物面。显然，自由液面也是一等压面，将原点的坐标代入上式得

$$z_s=\frac{\omega^2}{2g}r^2 \qquad (2-5-10)$$

式中：z_s—— 自由液面上的 z 坐标。

3. 特例

（1）装满液体的容器在顶盖中心开口的相对平衡

如图 $2-18$ 所示，容器绕其中心轴做等角速度旋转时，液体在离心惯性力作用下向外甩，但由于受到顶盖的限制，液面并不能形成旋转抛物面。但此时顶盖上各点静压强仍按旋转抛物面分布，顶盖中心处压强为大气压强，其他处各点压强大于大气压强。液体内各点的静压强分布为

$$p=p_a+\rho g\left(\frac{\omega^2 r^2}{2g}-z\right) \qquad (2-5-11)$$

边缘点半径为 R 处的流体静压强最高。角速度 ω 越大，则边缘处流体静压强越大。工业上的离心铸造机利用的就是这个原理。

（2）装满液体的容器在顶盖边缘处开口的相对平衡

如图 $2-19$ 所示，容器绕其中心轴做等角速度旋转时，液体在离心惯性力作用下向外甩，但容器内部产生真空又阻止液体被甩出。顶盖上液体负压（真空）同样按旋转抛物面分布；顶盖边缘开口处液面压强为大气压强，其他各点处压强小于大气压强。液体内各点的静压强分布为

$$p=p_a-\rho g\left[\frac{\omega^2}{2g}(R^2-r^2)+z\right] \qquad (2-5-12)$$

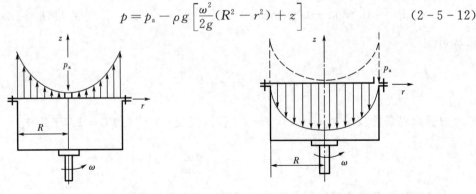

图 $2-18$　顶盖中心开口容器　　　　　　　图 $2-19$　顶盖边缘开口容器

对于顶盖各处的表压强

$$p' = p - p_a = -\rho g \frac{\omega^2}{2g}(R^2 - r^2) \qquad (2-5-13)$$

式中:"一"号说明顶盖处各点存在真空度;图2-19中向下的箭头表示真空度的分布情况。离心水泵、风机、旋风分离器、除尘器等都利用了这种原理。

【例题2-1】　有一圆筒,直径$D = 0.60$m,高$H = 1$m,里面盛满了水。如果它绕其中心轴以$n = 60$r/min的转速旋转,问:能有多少水溢出？作用于距中心线$r = 0.2$m处容器底面上的压强为多大？

【解】　旋转角速度

$$\omega = \frac{2\pi n}{60} = \frac{2\pi \times 60}{60} = 2\pi \,(\text{rad/s})$$

由式(2-5-10)得旋转液面的最大高度

$$h_0 = \frac{\omega^2 R^2}{2g} = \frac{(2\pi)^2 \times 0.3^2}{2 \times 9.8} = 0.18 \,(\text{m})$$

根据溢出水的体积应等于抛物体的体积以及式(2-5-10),可列出下式

$$\mathrm{d}V = \pi r^2 \cdot \mathrm{d}z_s$$

溢出水体积

$$V = \int_0^R \pi r^2 \cdot \frac{\omega^2}{2g} \cdot 2r\mathrm{d}r$$

$$= \frac{\pi \omega^2 R^4}{4g} = \frac{\pi \times (2\pi)^2 \times 0.3^4}{4 \times 9.8} = 0.0256 \,(\text{m}^3)$$

半径0.2m处对应水面与最低水面的垂直距离z由式(2-5-10)求得,即

$$z = \frac{\omega^2 r^2}{2g} = \frac{(2\pi)^2 \times (0.2)^2}{2 \times 9.8} = 0.081 \,(\text{m})$$

旋转面上距中心线0.2m处的水深

$$h = H - h_0 + z = 1 - 0.18 + 0.081 = 0.901 \,(\text{m})$$

所求压强为

$$p = \rho g h = 10^3 \times 9.8 \times 0.901 = 8.83 \times 10^3 \,(\text{Pa})$$

2.6　静止液体作用于平面壁上的总压力

工程上除要确定点压强外,还需要确定流体作用在受压面上的总压力。对于气体,各点压强相等,总压力就等于压强与受压面积的乘积。对于液体,因各点压强往往不同,计算总压力时必须考虑压强的分布。计算液体总压力,实质就是求受压面上分布力的合力。

2.6.1　总压力的大小

如图2-30所示,任意形状平面板,面积为A,与水平面夹角为α,以平面板与液面的交

线作为 Ox 轴，Oy 轴垂直于 Ox 轴向下。

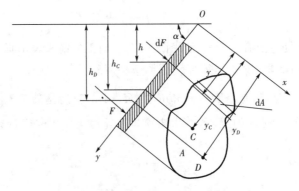

图 2 - 20   任意平面静水总压力的计算图

一般地，作用在液面上的压力只是大气压力，而平面板外侧也作用着大气压力。在这种情况下，仅考虑由液体产生的作用在平面板上的总压力。

在受压面上任取一微元面积 dA，其所受到的压力为

$$dF = pdA = (\rho gh)dA = (\rho gy\sin\alpha)dA \qquad (2-6-1)$$

积分

$$F = \int dF = \int_A (\rho gy\sin\alpha)dA = \rho g\sin\alpha \int_A ydA \qquad (2-6-2)$$

即

$$F = \rho g\, y_c A\sin\alpha = \rho g\, h_c A = p_c A \qquad (2-6-3)$$

式中：y_c —— 平面的形心坐标；

$\quad\quad p_c$ —— 形心处静压强；

$\quad\quad \int_A ydA$ —— 受压面 A 对 Ox 轴的静矩。由理论力学可知该静矩等于平面面积 A 与某

$\quad\quad\quad\quad\quad$ 形心 C 距 x 轴的距离 y_c 的乘积。

上式表明，静止流体对平面的总压力等于该平面形心处的压强 p_c 与平面面积 A 的乘积。

2.6.2　总压力的作用点

如图 2 - 20，总压力作用点（压力中心）D 到 Ox 轴的距离 y_D，根据合力矩定理

$$F y_D = \int y dF = \rho g\sin\alpha \int_A y^2 dA = \rho g\sin\alpha I_x \qquad (2-6-4)$$

式中：$\int_A y^2 dA$ —— 受压面 A 对 Ox 轴的惯性矩，用 I_x 表示。

将式（2 - 6 - 3）代入式（2 - 6 - 4），得

$$y_D = \frac{I_x}{y_c A} \qquad (2-6-5)$$

根据惯性矩的平行移轴定理：$I_x = I_c + y_c^2 A$，代入式（2 - 6 - 5），得

$$y_D = y_c + \frac{I_c}{y_c A} \qquad (2-6-6)$$

讨论：

由于上式中 $\dfrac{I_c}{y_c A} > 0$，故 $y_D > y_c$，即总压力的作用点 D 一般在受压面形心 C 的下方。只有当受压面为水平面，或者 $y_c \to \infty$ 时，$\dfrac{I_c}{y_c A} \to 0$，作用点 D 才与受压形心 C 重合。即当受压面上压强均匀分布时，其总压力作用在形心上。

实际工程中的受压壁面大多是轴对称面（此轴与 y 轴平行），$\boldsymbol{F}$ 的作用点 D 必位于此对称轴上，所以一般不计算压力中心的 x 坐标。对于一些非对称平面，也可以将其分成若干个对称图形来分别计算。

为了便于计算，现将工程上常用的几何平面图形的惯性矩 I_c、形心坐标 l_c 及图形面积 A 列于表 2-2 中。

表 2-2　常见的规则平面图形的几何量

几何图形名称		图形面积 A	形心坐标 l_c	对通过形心轴的惯性矩 I_c
矩 形	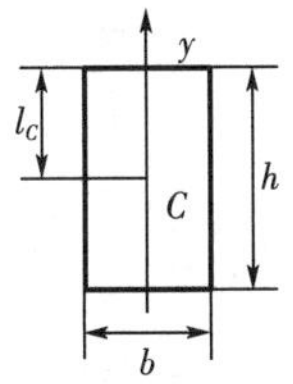	bh	$\dfrac{1}{2}h$	$\dfrac{1}{12}bh^3$
三 角 形	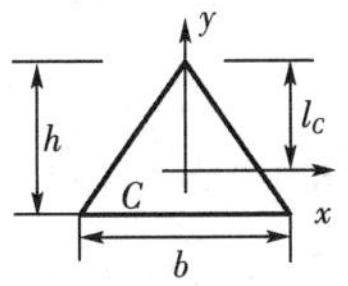	$\dfrac{1}{2}bh$	$\dfrac{2}{3}h$	$\dfrac{1}{36}bh^3$
半 圆 形	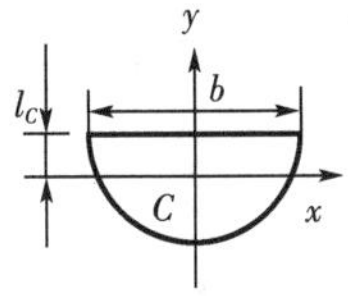	$\dfrac{\pi}{8}d^2$	$\dfrac{4r}{3\pi}$	$\dfrac{(9\pi^2-64)}{72\pi}r^4$
梯 形	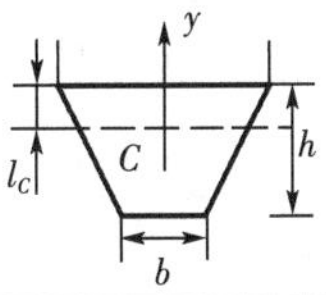	$\dfrac{h}{2}(a+b)$	$\dfrac{h}{3}\dfrac{(a+2b)}{(a+b)}$	$\dfrac{h^3}{36}\dfrac{(a^2+4ab+b^2)}{(a+b)}$
圆 形	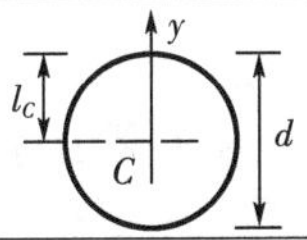	$\dfrac{\pi}{4}d^2$	$\dfrac{d}{2}$	$\dfrac{\pi}{64}d^4$
椭 圆 形	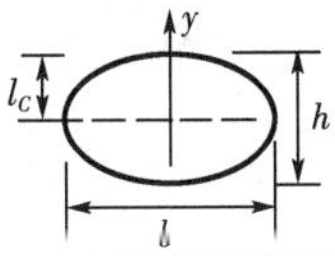	$\dfrac{\pi}{4}bh$	$\dfrac{h}{2}$	$\dfrac{\pi}{64}bh^3$

2.7　静止液体作用于曲面壁上的总压力

在工程中常会遇到液体作用于曲面的情况,如圆形贮水池壁面、圆管壁面、弧形闸门以及球形容器等,多为二向曲线或球面。本节着重讨论液体作用在二向曲面上的总压力。

2.7.1　总压力的大小和方向

如图 2-21 所示,设有受到流体压力的二向曲面 ab,其面积为 A,选坐标系的 z 轴铅直向下,原点在液面上,y 轴和二向曲面的母线平行,在曲面上取一微元面积 $\mathrm{d}A$,则受到的压力为

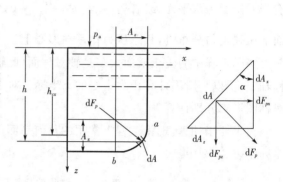

图 2-21　二维曲面上的液体总压力

$$\mathrm{d}F_p = \rho g h \mathrm{d}A \qquad (2-7-1)$$

将 $\mathrm{d}F_p$ 分解为水平分力和垂直分力

$$\mathrm{d}F_{px} = \mathrm{d}F_p \cos\alpha = \rho g h \mathrm{d}A \cos\alpha = \rho g h \mathrm{d}A_x \qquad (2-7-2)$$

$$\mathrm{d}F_{pz} = \mathrm{d}F_p \sin\alpha = \rho g h \mathrm{d}A \sin\alpha = \rho g h \mathrm{d}A_z \qquad (2-7-3)$$

式中:$\mathrm{d}A_x$——$\mathrm{d}A$ 在垂直投影面上的投影;

　　　$\mathrm{d}A_z$——$\mathrm{d}A$ 在水平投影面上的投影。

总压力的水平分力

$$F_{px} = \iint_A \mathrm{d}F_{px} = \iint_A \rho g h \mathrm{d}A_x = \rho g \iint_A h \mathrm{d}A_x \qquad (2-7-4)$$

$\iint_A h \mathrm{d}A_x$ 是曲面的垂直投影面 A_x 对 Oy 轴的静矩,则 $\iint_A h \mathrm{d}A_x = h_C A_x$,代入上式,得

$$F_{px} = \rho g h_C A_x = p_C A_x \qquad (2-7-5)$$

式中:A_x—— 曲面的垂直投影面积;

　　　h_C—— 投影面 A_x 形心点的淹深;

　　　p_C—— 投影面 A_x 形心点处的压强。

总压力的铅直分力

$$F_{pz} = \iint_A \mathrm{d}F_{pz} = \iint_A \rho g h \mathrm{d}A_z = \rho g \iint_A h \mathrm{d}A_z = \rho g V_p \qquad (2-7-6)$$

式中:$\iint_A h \mathrm{d}A_z$——曲面和自由液面(或者其延长面)之间的铅垂柱体体积,称为压力体,等于 V_p。

上式表明,液体作用在曲面上的总压力的铅直分力,大小等于压力体的重量。

平面汇交力系的合力就是液体作用在二向曲面上的总压力

$$F_p = \sqrt{F_{px}^2 + F_{pz}^2} \qquad (2-7-7)$$

总压力作用线与水平面的夹角

$$\tan\theta = \frac{F_{pz}}{F_{px}} \tag{2-7-8}$$

即

$$\theta = \arctan\frac{F_{pz}}{F_{px}} \tag{2-7-9}$$

2.7.2　总压力的作用点

过 F_{px} 作用线（通过 A_x 压强分布图形心）和 F_{pz} 作用线（通过压力体的形心）的交点，作与水平面成 θ 角的直线就是总压力作用线，该线和曲面的交点即为总压力的作用点。

需要说明的是，对于任意曲面的总压力计算，只需增加与 x 方向类似的 y 方向投影即可。

2.7.3　压力体

上面已经提到了计算铅直分压力所用到的压力体，如式 $\iint\limits_{A} h\mathrm{d}A_z = V_p$ 表示的几何体积就称为压力体，它指曲面和自由液面或者其延长面包容的体积。对于压力体有以下三种界定。

1. **实压力体**

如图 2-22(a) 所示，压力体和液体在曲面 AB 的同侧，压力体内实有液体，称为实压力体，垂直分力方向向下。

2. **虚压力体**

如图 2-22(b) 所示，压力体和液体在曲面 AB 的异侧，其上底面为自由液面的延伸面，压力体内无液体，称为虚压力体，垂直分力方向向上。

3. **压力体叠加**

如图 2-22(c) 所示，压力体和液体在曲面 AB 的同侧，压力体内部分存在液体，是前两种压力体的叠加，垂直分力方向向下。

例如，计算图 2-23 中湖岸 ABC 段竖向合力，可分别计算 AB 段和 BC 段受力。AB 段受力 F_1 等于体积 ABD 中假想充满湖水时的液体质量，方向向上。BC 段受力 F_2 等于 $ACBD$ 体积中假想充满湖水时的液体质量，方向向下。合力 $F = F_2 - F_1$，即等于 ABC 段充满湖水时的液体质量，方向向下。若湖岸仅有 AB 段，则竖向力为向上的 F_1。

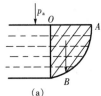 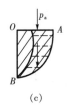 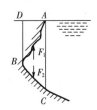

(a)　　　　　　　(b)　　　　　　　(c)

图 2-22　曲面 AB 对应的压力体　　　　　　图 2-23

曲面湖岸竖向合力

【例题 2-2】 倾斜闸门 AB，宽度 $b=1$m（垂直于图面），A 处为铰接轴，整个闸门可绕此轴转动，如图 2-24 所示。已知 $H=3$m，$h=1$m，闸门自重及铰接轴处的摩擦力可略去不计。求升此闸门所需垂直向上的拉力。

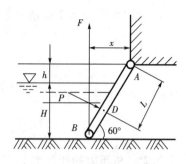

图 2-24 闸门示意图

【解】
$$P = \rho g h_c A = \rho g \frac{H}{2} \frac{Hb}{\sin 60°}$$

$$= 9800 \times 1.5 \times \left(\frac{3}{\sin 60°} \times 1 \right)$$

$$\approx 50922 \text{(N)}$$

压力中心 D 点到铰轴的距离为

$$L = \frac{h}{\sin 60°} + \left(z_C + \frac{I_c}{z_C A} \right) = \frac{h}{\sin 60°} + \left\{ \frac{1}{2} b \times \frac{H}{\sin 60°} + \frac{\frac{1}{12} b \left(\frac{H}{\sin 60°} \right)^3}{\frac{1}{2} \frac{H}{\sin 60°} \left(b \frac{H}{\sin 60°} \right)} \right\} \approx 3.464 \text{(m)}$$

$$x = \frac{H+h}{\tan 60°} = \frac{4}{\sqrt{3}} \approx 2.31 \text{(m)}$$

根据理论力学力矩平衡原理：$\sum M_A = PL - Fx = 0$

$$F = \frac{PL}{x} = \frac{50922 \times 3.464}{2.31} = 76361 \text{(N)}$$

【例题 2-3】 如图 2-25 所示，圆柱体 $d=2$m，$H_1=2$m，$H_2=1$m。求单位长度上所受到静水压力的水平分力和铅垂分力。

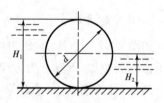

图 2-25 圆柱体示意图

【解】
$$F_x = \rho g h_{c1} A_{x1} - \rho g h_{c2} A_{x2}$$

$$= \rho g \frac{H_1}{2} (H_1 \times 1) - \rho g \frac{H_2}{2} (H_2 \times 1)$$

$$= \frac{\rho g (H_1^2 - H_2^2)}{2}$$

$$= 14.7 \text{(kN)}$$

$$F_z = \rho g V = \rho g \frac{3}{4} \frac{\pi d^2}{4} = 1000 \times 9.8 \times \frac{3}{4} \times \frac{\pi \times 2^2}{4} = 23.09 \text{(kN)}$$

【例题 2-4】 如图 2-26 所示的贮水容器，其壁面上有三个半球形的盖。设 $d=0.5$m，$h=2.0$m，$H=2.5$m。试求作用在每个球盖上的液体总压力。

【解】　底盖：因为作用在底盖的左、右两半部分的压力大小相等，而方向相反，因此水平分力为零。其总压力就等于总压力的垂直分力，即

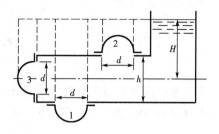

图 2-26　贮水容器示意图

$$F_{z1} = \rho g V_{p1}$$

$$= \rho g \left[\frac{\pi d^2}{4} \left(H + \frac{h}{2} \right) + \frac{\pi d^3}{12} \right]$$

$$= 9800 \times \left[\frac{\pi \times 0.5^2}{4} (2.5 + 1.0) + \frac{\pi \times 0.5^3}{12} \right]$$

$$\approx 7055 (\text{N}) (方向向下)$$

顶盖：与底盖一样，总压力的水平分力为零。其总压力也等于曲面总压力的垂直分力，即

$$F_{z2} = \rho g V_{p2} = \rho g \left[\frac{\pi d^2}{4} \left(H - \frac{h}{2} \right) - \frac{\pi d^3}{12} \right]$$

$$= 9800 \times \left[\frac{\pi \times 0.5^2}{4} (2.5 - 1.0) - \frac{\pi \times 0.5^3}{12} \right]$$

$$\approx 2566 (\text{N}) (方向向上)$$

侧盖：其液体总压力为垂直分力与水平分力的合成。其总压力的水平分力为半球体在垂直平面上投影面积的液体总压力，即

$$F_{x3} = \rho g h_c A_x = \rho g H \frac{\pi d^2}{4} = 9800 \times 2.5 \times \frac{\pi \times 0.5^2}{4} \approx 4810 (\text{N}) (方向向左)$$

其总压力的垂直分力应等于侧盖的下半部分实压力体与下半部分虚压力体之差的水重，亦即半球体积水重，即

$$F_{z3} = \rho g V_{p3} = \frac{\rho g \pi d^3}{12} = \frac{9800 \times \pi \times 0.5^3}{12} \approx 320.5 (\text{N}) (方向向下)$$

故侧盖上总压力的大小和方向为

$$F_z = \sqrt{F_{x3}^2 + F_{z3}^2} = \sqrt{4810^2 + 320.5^2} \approx 4821 (\text{N})$$

$$\tan \alpha = \frac{F_{z3}}{F_{x3}} = \frac{320.5}{4810} \approx 0.067$$

$$\alpha = 3°'50 \quad (总压力的作用线与水平线夹角)$$

因为总压力的作用线一定与盖的球面相垂直，故一定通过球心。

本 章 小 结

(1) 本章所得的结论对理想流体或黏性流体都是适用的。在一般情况下,液体可以被看成是不可压缩的物质,在讨论中可认为密度 ρ 为常量。

(2) 液体静力学基本方程式 $z + \dfrac{p}{\rho g} = C$,及其三个推论。

(3) 静压强的计量有三种方法:绝对压强、表压强和真空度。

国际标准的压强单位为帕斯卡(Pa);压强的主要测定方式为液柱式测压计,介绍了常用的测压管、U 形管测压计、倾斜式压力计等。

(4) 两类典型液体的相对平衡。

① 等加速直线运动容器中液体的相对平衡

内部静压强的计算公式为 $p = p_0 - \rho(ax + gz)$;

等压面方程为 $ax + gz = b$,$\theta = \arctan \dfrac{a}{g}$ 表示一簇斜角为 θ 的平行的斜面。

② 等角速度旋转容器中液体的相对平衡

内部静压强的分布规律为 $p = p_0 + \rho g \left(\dfrac{\omega^2 r^2}{2g} - z \right)$;

等压面方程为 $z = \dfrac{\omega^2}{2g} r^2 + b$ 表示一簇旋转抛物面。

(5) 静止液体作用于平面壁上的总压力。

总压力为 $F = p_c A$(p_c —— 形心处静压强);

总压力的作用点为 $y_D = y_c + \dfrac{I_x}{y_c A}$($y_c$ 为受压面形心处坐标,I_x 为受压面 A 对 Ox 轴的惯性矩)。

(6) 静止液体作用于曲面壁上的总压力。

其分为水平分力和垂直分力,求解其力为 $\begin{cases} F_{px} = p_{Cx} A_x \\ F_{py} = p_{Cy} A_y \\ F_{pz} = \rho g V_p \end{cases}$,则合力为

$$F_p = \sqrt{F_{px}^2 + F_{py}^2 + F_{pz}^2}$$

静压力的方向可由下列三个方向余弦确定

$$\cos \alpha = \frac{F_{px}}{F_p}, \quad \cos \beta = \frac{F_{py}}{F_p}, \quad \cos \gamma = \frac{F_{pz}}{F_p}$$

(7) $V_p = \iint\limits_{A} h \mathrm{d} A_z$ 为曲面和自由液面(或者其延长面)之间的铅垂柱体体积,称为压力体。压力体包括实压力体、虚压力体和压力体叠加。

思考与练习

2 – 1　等压面是垂直于什么的面?

2 – 2　流体中某点的绝对压强小于当地大气压强的数值叫作什么?

2 – 3　测压管通常用于测量小于多少的压强?

2 – 4　在海面以下深度 $h = 30\text{m}$ 处测得相对压强为 309kN/m^2,则海水的平均重度为多少?

2 – 5　受压壁面垂直时,其总压力作用点的计算有何特点?平面壁上压强分布曲线的形状如何?

2 – 6　在海面以下深度 $h = 30\text{m}$ 处测得相对压强为 309kN/m^2,求海水的平均密度。

2 – 7　已知大气压强为 98.1kN/m^2。求:(1)绝对压强为 117.7kN/m^2 时的相对压强;(2)绝对压强为 68.5kN/m^2 时的真空度,并用水柱高度表示。

2 – 8　一盛水封闭容器,容器内液面压强 $p_0 = 80\text{kN/m}^2$,液面上有无真空存在?若有,求出真空值。

2 – 9　如图所示,在某栋建筑物的第一层楼处,测得煤气管中煤气的相对压强 p' 为 100mm 水柱高,已知第八层楼比第一层楼高 $H = 32\text{m}$。问在第八层楼处煤气管中,煤气的相对压强为多少?(空气及煤气的密度可以假定不随高度而变化,煤气的密度 $\rho_G = 0.5\text{kg/m}^3$)

2 – 10　如图所示的杯式微压计,求容器中气体的真空度(以毫米水柱高表示之)。该压力计中盛装油 ($\rho_{\text{oil}} = 920\text{kg/m}^3$) 和水两种液体,已知杯的内径 $D = 40\text{mm}$,管的内径 $d = 4\text{mm}$,$h = 200\text{mm}$。

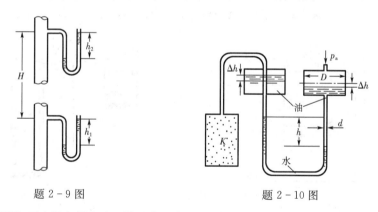

题 2 – 9 图　　　　　　　　　　　题 2 – 10 图

2 – 11　如图所示,两容器底部连通,顶部空气互相隔绝,并装有压力表,$p_1 = 245\text{kPa}$,$p_2 = 245\text{kPa}$,试求两容器中水面的高差 H。

2 – 12　如图水压机由两个尺寸不同而彼此连通、置于缸筒内的活塞组成,缸内充满水或油,已知大小活塞的面积分别为 A_1、A_2,若忽略两活塞的质量及其与圆筒摩擦阻力的影响,当小活塞加力 F_1 时,求大活塞所产生的力 F_2。

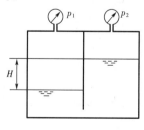

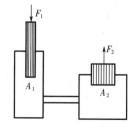

题 2 – 11 图　　　　　　　　　　　题 2 – 12 图

2-13　如图所示,试由多管压力计中水银面高度的读数确定压力水箱中 A 点的相对压强(所有读数均自地面算起,单位为 m)。

2-14　装有空气、油($\rho = 801\text{kg/m}^3$)及水的压力容器,油面及 U 形差压计的液面高如图所示,求容器中空气的压强。

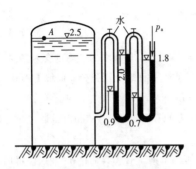

题 2-13 图

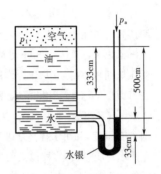

题 2-14 图

2-15　如图所示,高 $H = 1\text{m}$ 的容器中,上半部分装油下半部分装水,油上部真空表读数 $p_1 = 4500\text{Pa}$,水下部压力表读数 $p_2 = 4500\text{Pa}$,试求油的密度 ρ。

2-16　如图所示,用两个水银测压计连接到水管中心线上,左边测压计中交界面在中心 A 点之下的距离为 z,其水银柱高度为 h。右边测压计中交界面在中心 A 点之下的距离为 $z + \Delta z$,其水银柱高为 $h + \Delta h$。(1)试求 Δh 与 Δz 的关系;(2)如果令水银的相对密度为 13.6,$\Delta z = 136\text{cm}$ 时,Δh 是多少?

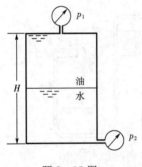

题 2-15 图

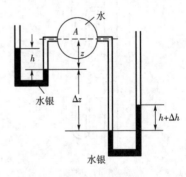

题 2-16 图

2-17　图示水压机的大活塞直径 $D = 0.5\text{m}$,小活塞直径 $d = 0.2\text{m}$,$a = 0.25\text{m}$,$b = 1.0\text{m}$,$h = 0.4\text{m}$,当外加压力 $P = 200\text{N}$ 时,A 受力为多少?(活塞重量不计)

2-18　如图所示,绘出 AB 壁面上的相对压强分布图。

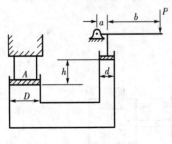

题 2-17 图

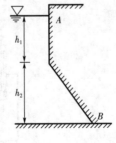

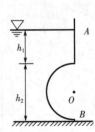

题 2-18 图

2-19　一铅直矩形平板 AB 如图所示,板宽为 1.5m,板高 $h=2.0$m,板顶水深 $h_1=1$m,求板所受总压力的大小及力的作用点。

2-20　如图所示为一侧有水的倾斜安装的均质矩形闸门,其宽度 $b=2$m,倾斜角 $\alpha=60°$,铰链中心 O 位于水面以上 $c=1$m,水深 $h=3$m,求闸门开启时所需铅直向上的提升力 T。设闸门重力 $G=0.196\times10^5$N。

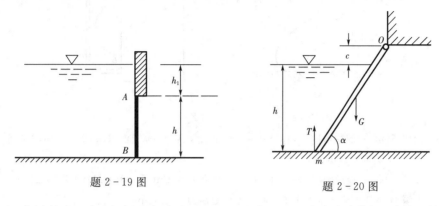

题 2-19 图　　　　　　　　　　　题 2-20 图

2-21　如图所示,一水库闸门,闸门自重 $W=2500$N,宽 $b=3$m,闸门与支撑间的摩擦系数 $\mu=0.3$,当水深 $H=1.5$m 时,问提升闸门所需的力 T 为多少?

2-22　如图所示,在水深 2m 的水池下部有一个宽为 1m,高为 $H=1$m 的正方形闸门 OA,其转轴在 O 点处,试问在 A 点处需加多大的水平推力 F,才能封闭闸门?

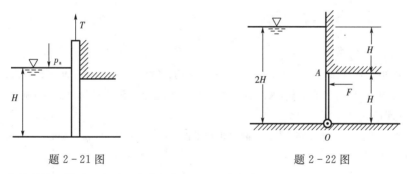

题 2-21 图　　　　　　　　　　　题 2-22 图

2-23　绕铰链轴 D 转动的自动开启水闸如图所示,当水位超过 $H=2$m 时,闸门自动开启。若闸门另一侧的水位 $h=0.4$m,角 $\alpha=60°$,试求铰链的位置 x。

2-24　如图所示,一矩形闸门,已知 a 及 h,求证 $H>a+\dfrac{14}{15}h$ 时,闸门可自动打开。

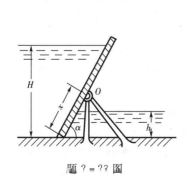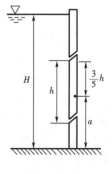

题 2-23 图　　　　　　　　　　　题 2-24 图

2 - 25　如图所示,试绘出图(a)、图(b)中 AB 曲面上的压力体。

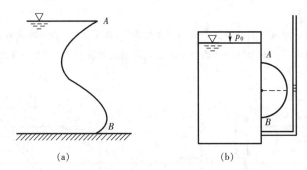

题 2 - 25 图

2 - 26　如图所示,一圆柱形闸门,直径 $d=4$m,长度 $L=10$m,上游水深 $H_1=4$m,下游水深 $H_2=2$m,求作用于闸门上的静水总压力。

2 - 27　如图所示,一扇形闸门,中心角 $\alpha=45°$,宽度 $B=1$m(垂直于图面),可以绕铰链 C 旋转,用以蓄(泻)水。水深 $H=3$m,确定水作用于此闸门上的总压力 P 的大小和方向。

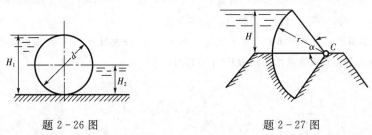

题 2 - 26 图   题 2 - 27 图

2 - 28　如图所示,图(a)和图(b)是同样的圆柱形闸门,半径 $R=2$m,水深 $H=R=2$m,不同的是图(a)中水在左侧,而图(b)中水在右侧,求作用在闸门 AB 上的静水总压力 P 的大小和方向(闸门垂直于图面,长度按 1m 计算)。

2 - 29　如图所示,一储水设备,在 C 点测得相对压强 $p=19600$N/m²,$h=2$m,$R=1$m,求半球曲面 AB 的垂直分力。

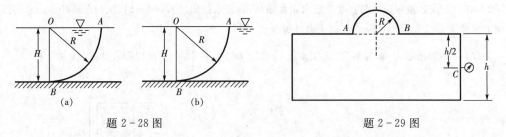

题 2 - 28 图   题 2 - 29 图

2-30　如图所示,一挡水坝,坝前水深 8m,坝后水深 2m,求作用在每米坝长上总压力的大小和方向。

2-31　挡水弧形闸门如图所示,闸前水深 $H=18$m,半径 $R=8.5$m,圆心角 $\theta=45°$,门宽 $b=5$m。求作用在弧形门上总压力的大小和方向。

2-32　如图所示有一半圆柱形门扉(直径 1.5m,长 1m),将门扉沿壁 DE 向上提起来,其摩擦系数为 0.15,若门扉的重量为 5886N 时,求提起它所需要的力。

2-33　水池的侧壁上,装有一根直径 $d=0.6$m 的圆管,圆管内口切成 $\alpha=45°$ 的倾角,并在这切口上装了一块可以绕上端铰链旋转的盖板,$h=2$m,如图所示。如果不计盖板自重以及盖板与铰链间的摩擦

力,问升起盖板的力 T 为多少?(椭圆形面积的 $J_C = \dfrac{\pi a^3 b}{4}$)

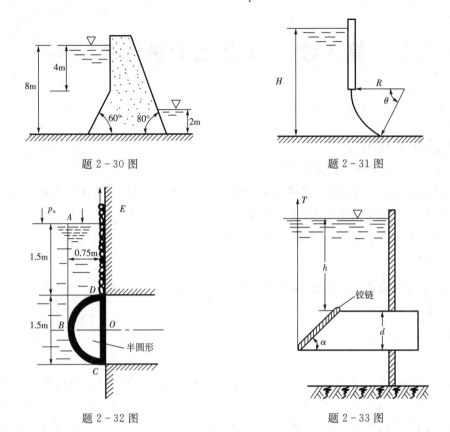

題 2 - 30 图　　　　　　　　　　　　　　　　題 2 - 31 图

題 2 - 32 图　　　　　　　　　　　　　　　　題 2 - 33 图

2 - 34　如图所示,容器底部有一直径为 d 的圆孔,用一个直径为 $D(D = 2r)$、重量为 G 的圆球堵塞。当容器内水深 $H = 4r$ 时,欲将此球向上升起以便放水,问所需垂直向上的力 P 为多少?已知:$d = \sqrt{3}\, r$,水的重度设为 γ。

2 - 35　如图所示,一洒水车以等加速度 $a = 0.98\,\mathrm{m/s^2}$ 向前行驶。试求车内自由液面与水平面间的夹角 α,若 A 点在运动前位于 $x_A = -1.5\,\mathrm{m}$,$z_A = -1.0\,\mathrm{m}$,试求 A 点的相对压强 p_A。

2 - 36　如图所示,盛有水的开口圆筒容器,以角速度 ω 绕垂直轴 O 做等速旋转,当露出筒底时,ω 应为多少?(图中符号说明:坐标原点设在筒底中心处。圆筒未转动时,筒内水面高度为 h。当容器绕轴旋转时,其中心处液面降至 H_0,贴壁液面上升至 H 高度。容器直径为 D)

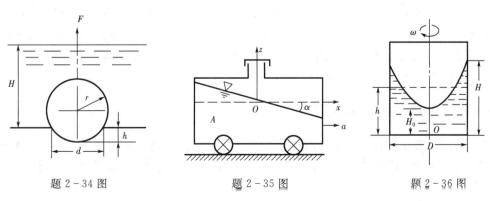

題 2 - 34 图　　　　　　　　　　題 2 - 35 图　　　　　　　　　　題 2 - 36 图

第 3 章　　流体运动学基础

本章学习目的和任务

(1) 了解描述流体运动的两种方法。

(2) 理解描述流体流动的一些基本概念,如定常流与非定常流,迹线与流线,流管、流束和总流,过流截面、流量和净通量,平均流速等。

(3) 掌握连续性方程,并能熟练应用其求解工程实际问题。

本章重点

流体流动中的几个基本概念,连续性方程及其应用。

本章难点

流体运动的数物描述,连续性方程及其应用。

流体运动学主要讨论流体的运动参数(如速度和加速度)和运动描述等问题。运动是物体的存在形式,是物体的本质特征,流体的运动无时不在。百川归海、风起云涌是自然界体现流体运动的壮丽景色,而在工程实际中,很多领域都需要对流体运动规律进行分析和研究。因此,相对于流体静力学,流体运动学的研究具有更加深刻和广泛的意义。

3.1　　研究流体运动的两种方法

为研究流体运动,首先需要建立描述流体运动的方法。从理论上说,有两种可行的方法:拉格朗日(Lagrange)方法和欧拉(Euler)方法。流体运动的各物理量如位移、速度、加速度等称为流体的流动参数。对流体运动的描述就是要建立流动参数的数学模型,这个数学模型能反映流动参数随时间和空间的变化情况。拉格朗日方法是一种"质点跟踪"方法,即通过描述各质点的流动参数来描述整个流体的流动情况。欧拉方法则是一种"观察点"方法,通过分布于各处的观察点,记录流体质点通过这些观察点时的流动参数,同样可以描述整个流体的流动情况。下面分别介绍这两种方法。

3.1.1　　拉格朗日(Lagrange)方法

拉格朗日方法是一种基于流体质点的描述方法。通过描述各质点的流动参数变化规律,来确定整个流体的变化规律。无数的质点运动组成流体运动,那么如何区分每个质点呢? 各质点是根据它们的初始位置来判别的,这是因为在初始时刻$(t = t_0)$,每个质点所占的初始位置(a,b,c)各不相同。这就像长跑运动员一样,在比赛前给他们编上号码,在任何时刻就不至于混淆身份了。当经过Δt时间后,$t = t_0 + \Delta t$,初始位置为(a,b,c)的某质点到达了新的位置(x,y,z),因此,拉格朗日方法需要跟踪质点的运动,以确定该质点的流动参数。拉格朗日方法在直角坐标系中位移的数学描述是

$$\begin{cases} x = x(a,b,c,t) \\ y = y(a,b,c,t) \\ z = z(a,b,c,t) \end{cases} \tag{3-1-1}$$

式中:初始坐标(a,b,c)与时间变量t无关,(a,b,c,t)称为拉格朗日变量。类似地,对任一物理量N,都可以描述为

$$N = N(a,b,c,t) \tag{3-1-2}$$

显然,对于流体,使用拉格朗日方法的困难较大,不太合适。

3.1.2　欧拉(Euler)方法

欧拉方法描述适应流体的运动特点,在流体力学上获得广泛的应用。欧拉方法利用了流场的概念,所谓流场是指流动的空间充满了连续的流体质点,而这些质点的某些物理量分布在整个流动空间,形成物理量的场,如速度场、加速度场、温度场等,这些场统称为流场。通过在流场中不同的空间位置(x,y,z)设立许多"观察点",对流体的流动情况进行观察,来确定经过该观察点时流体质点的流动参数,得到物理量随时间变化的函数(x,y,z,t),(x,y,z,t)称为欧拉变数。

对任一物理量N,都可以描述为

$$N = N(x,y,z,t) \tag{3-1-3}$$

需要注意的是,"观察点"的空间位置(x,y,z)是固定的,当质点从一个观察点运动到另一个观察点,质点的位移是时间t的函数(同样地,其他物理量也是),只不过这种函数是以观察点和时间t为变量,即欧拉变数(x,y,z,t)表示出来的。因此,欧拉变数(x,y,z,t)中的x、y、z不是独立变量,它们也是t的函数,即有

$$\begin{cases} x = x(t) \\ y = y(t) \\ z = z(t) \end{cases} \tag{3-1-4}$$

欧拉方法对流场的表达式举例如下:

描述速度场的表达式

$$\boldsymbol{u} = \boldsymbol{u}(x,y,z,t) \tag{3-1-5}$$

或写成分量形式

$$\begin{cases} u_x = u_x(x,y,z,t) \\ u_y = u_y(x,y,z,t) \\ u_z = u_z(x,y,z,t) \end{cases} \tag{3-1-6}$$

压强场的表达式

$$p = p(x,y,z,t) \tag{3-1-7}$$

密度场的表达式

$$\rho = \rho(x,y,z,t) \tag{3-1-8}$$

温度场的表达式

$$T = T(x,y,z,t) \tag{3-1-9}$$

可以用河流上的水文站来理解欧拉方法。为测绘河流的水情,需要在河流沿线设立许多水文站,即水情观察点,综合各水文站的数据,即可知道整个河流的水文情况(如水位分布、流速分布等)。

如果将观察点的区域适当扩大,这样的观察点又称为控制体。与观察点一样,控制体的空间坐标和形状一经确定,即固定不变。控制体的表面称为控制面,流体质点经过控制面进出控制体。控制体是研究流体运动的常用方法。

3.1.3   拉格朗日方法与欧拉方法的等价关系

尽管上述两种方法的着眼点不同,实质上它们是等价的。如果编号为(a,b,c)的质点,在t时刻正好到达空间位置(x,y,z),则根据式(3-1-1)和式(3-1-3)有

$$N = N(x,y,z,t) = N[x(a,b,c,t),y(a,b,c,t),z(a,b,c,t)] = N(a,b,c,t)$$

$$\tag{3-1-10}$$

因此,用一种方式描述的质点流动规律完全可以转化为另一种方式。本书中的描述主要是用欧拉方法。

3.2   流体运动学中的基本概念

为后面叙述方便,本节集中介绍流体运动学中经常使用的几个概念。

3.2.1   定常场与非定常场

如果流场中的各物理量的分布与时间t无关,即

$$\frac{\partial \boldsymbol{v}}{\partial t} = \frac{\partial p}{\partial t} = \frac{\partial \rho}{\partial t} = \frac{\partial T}{\partial t} = \cdots = 0 \tag{3-2-1}$$

则称为定常场或定常流动。定常场中各物理量的分布具有时间不变性。如果任何一个物理量分布不具有时间不变性,则称为非定常场或非定常流动。

3.2.2　均匀场与非均匀场

如果流场中的各物理量的分布与空间无关,即

$$\frac{\partial v}{\partial x}=\frac{\partial v}{\partial y}=\frac{\partial v}{\partial z}=\frac{\partial p}{\partial x}=\frac{\partial p}{\partial y}=\frac{\partial p}{\partial z}=\frac{\partial \rho}{\partial x}=\frac{\partial \rho}{\partial y}=\frac{\partial \rho}{\partial z}=\frac{\partial T}{\partial x}=\frac{\partial T}{\partial y}=\frac{\partial T}{\partial z}=\cdots=0$$

$$(3-2-2)$$

则称为均匀场或均匀流动。均匀场中各物理量的分布具有空间不变性。如果任何一个物理量分布不具有空间不变性,则称为非均匀场或非均匀流动。

3.2.3　质点导数

将式(3-1-3)对时间 t 求导,因其中的变量 x、y、z 又是 t 的复合函数,见式(3-1-4),故有

$$\frac{\mathrm{d}N}{\mathrm{d}t}=\frac{\partial N}{\partial x}\frac{\mathrm{d}x}{\mathrm{d}t}+\frac{\partial N}{\partial y}\frac{\mathrm{d}y}{\mathrm{d}t}+\frac{\partial N}{\partial z}\frac{\mathrm{d}z}{\mathrm{d}t}+\frac{\partial N}{\partial t} \qquad (3-2-3)$$

我们称上式为质点导数。

考虑到位移对时间的导数就是速度,即

$$\frac{\mathrm{d}x}{\mathrm{d}t}=u_x,\ \frac{\mathrm{d}y}{\mathrm{d}t}=u_y,\ \frac{\mathrm{d}z}{\mathrm{d}t}=u_z \qquad (3-2-4)$$

所以质点导数又可写成

$$\frac{\mathrm{d}N}{\mathrm{d}t}=u_x\frac{\partial N}{\partial x}+u_y\frac{\partial N}{\partial y}+u_z\frac{\partial N}{\partial z}+\frac{\partial N}{\partial t} \qquad (3-2-5)$$

若令

$$\nabla=\frac{\partial}{\partial x}\boldsymbol{i}+\frac{\partial}{\partial y}\boldsymbol{j}+\frac{\partial}{\partial z}\boldsymbol{k} \qquad (3-2-6)$$

则式(3-2-5)又可写成

$$\frac{\mathrm{d}N}{\mathrm{d}t}=(\boldsymbol{u}\cdot\nabla)N+\frac{\partial N}{\partial t} \qquad (3-2-7)$$

式中:∇—— 哈密顿算子(Hamiltonian),是按照式(3-2-6)进行微分的记号。

分析式(3-2-7)可知,质点导数由以下两部分组成。

(1) $\frac{\partial N}{\partial t}$ 为当地导数,反映物理量随时间的变化率。在定常场中,各物理量均不随时间变化,故当地导数必为零。

(2) $u_x\frac{\partial N}{\partial x}+u_y\frac{\partial N}{\partial y}+u_z\frac{\partial N}{\partial z}$ 或 $(\boldsymbol{u}\cdot\nabla)N$ 为迁移导数,反映物理量随空间的变化率。在均

匀场中,各物理量均不随空间变化,故迁移导数必为零。

下面以物理量速度 u 为例,进一步说明质点导数的物理意义。由式(3-2-7)可知,速度 u 的质点导数为

$$\frac{\mathrm{d}u}{\mathrm{d}t} = (u \cdot \nabla)u + \frac{\partial u}{\partial t} \qquad (3-2-8)$$

直角坐标系中,也可写成

$$\begin{cases} \dfrac{\mathrm{d}u_x}{\mathrm{d}t} = (u \cdot \nabla)u_x + \dfrac{\partial u_x}{\partial t} = u_x \dfrac{\partial u_x}{\partial x} + u_y \dfrac{\partial u_x}{\partial y} + u_z \dfrac{\partial u_x}{\partial z} + \dfrac{\partial u_x}{\partial t} \\[3mm] \dfrac{\mathrm{d}u_y}{\mathrm{d}t} = (u \cdot \nabla)u_y + \dfrac{\partial u_y}{\partial t} = u_x \dfrac{\partial u_y}{\partial x} + u_y \dfrac{\partial u_y}{\partial y} + u_z \dfrac{\partial u_y}{\partial z} + \dfrac{\partial u_y}{\partial t} \\[3mm] \dfrac{\mathrm{d}u_z}{\mathrm{d}t} = (u \cdot \nabla)u_z + \dfrac{\partial u_z}{\partial t} = u_x \dfrac{\partial u_z}{\partial x} + u_y \dfrac{\partial u_z}{\partial y} + u_z \dfrac{\partial u_z}{\partial z} + \dfrac{\partial u_z}{\partial t} \end{cases} \qquad (3-2-9)$$

式(3-2-9)中,速度的质点导数就是质点的加速度,它同样由当地导数(当地加速度)和迁移导数(迁移加速度)组成。例如,在 x 方向,当地导数 $\dfrac{\partial u_x}{\partial t}$ 表示 u_x 随时间 t 的变化率,即由时间引起的加速度。迁移导数是 $u_x \dfrac{\partial u_x}{\partial x}$、$u_y \dfrac{\partial u_x}{\partial y}$、$u_z \dfrac{\partial u_x}{\partial z}$ 三项之和,其中 $u_x \dfrac{\partial u_x}{\partial x}$ 表示由 x 方向位移引起的加速度,$u_y \dfrac{\partial u_x}{\partial y}$ 表示由 y 方向位移引起的加速度,$u_z \dfrac{\partial u_x}{\partial z}$ 表示由 z 方向位移引起的加速度。由此可见,在用欧拉方法描述流体运动时,质点加速度不再是简单地用速度对时间求导,还要包含位移引起的加速度。如图 3-1 所示装置可以说明质点加速度的概念。装在水箱中的水经过水箱底部的一段等径管路 a 及变径喷嘴段 b,由喷嘴喷出。除速度和加速度不考虑其他物理量,也不考虑管路截面上的流动,则流动方向只沿管路 s 方向,v 是经过管路的平均速度。在水位高 h 维持不变的条件下,管路 a 段是匀速运动的,即速度与时间 t 和空间位置 s 无关,形成的流场是定常场和均匀场,因空间位置 s 改变引起的迁移加速度和因时间 t 引起的当地加速度都是零。管路 b 段的速度沿 s 方向逐渐加快,但不随时间 t 改变,因此形成的流场是定常场和非均匀场,因空间位置 s 改变引起的迁移加速度不为零,因时间 t 引起的当地加速度是零。依此,读者可以分析在水位高 h 持续下降的情况下,两段的迁移加速度和当地加速度的情况。

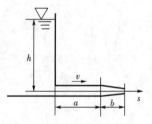

图 3-1　当地加速度与
迁移加速度

3.2.4　迹线与流线

1. 迹线与流线的定义

迹线是流体质点运动轨迹线,是拉格朗日方法描述的几何基础。用此方法描述时,表达式就是式(3-1-1)。

　　流线是流场中假想的一条曲线：某一时刻，位于该曲线上的所有流体质点的运动方向都与这条曲线相切。可见，流线是欧拉方法描述的几何基础。同一时刻，流场中会有无数多条流线（流线簇）构成流动图景，称为流线谱或流谱。

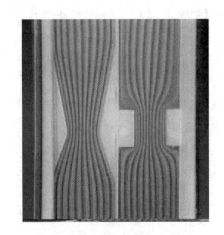

　　虽然流线是假想的，但采用流场可视化技术仍然可以观察到流线的存在。比如，在流场中均匀投入适量的轻金属粉末，用合适的曝光时间拍摄照片，则许多依次首尾相连的短线就组成了流场中的流线谱。图 3 - 2 为流体通过两种不同的管中窄口处出现的流线形状。

图 3 - 2　流体通过两种不同的管中
窄口处出现的流线形状

　　2. 流线的做法

　　在流场中任取一点（如图 3 - 3 所示），绘制出某时刻通过该点的流体质点的流速矢量 u_1，再选择距 1 点很近的 2 点，画出在同一时刻通过该处的流体质点的流速矢量 u_2，……，如此继续下去，得一折线，若各点无限接近，其极限就是某时刻的流线。

　　3. 流线微分方程式

　　如图 3 - 4 所示，设流线上某质点 A 的瞬时速度为

$$u = u_x i + u_y j + u_z k \tag{3-2-10}$$

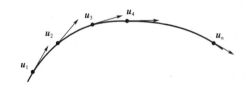

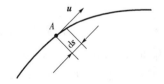

图 3 - 3　流线的做法　　　　　　图 3 - 4　流线微分方程式

流线上微小线段长度的矢量为

$$ds = dx i + dy j + dz k \tag{3-2-11}$$

　　根据流线定义，速度矢量 u 与流线矢量 ds 方向一致，矢量的乘积为零，于是有

$$u \times ds = 0 \tag{3-2-12}$$

写成投影形式，得

$$\frac{dx}{u_x} = \frac{dy}{u_y} = \frac{dz}{u_z} \tag{3-2-13}$$

这就是最常用的流线微分方程式。

【例题 3 - 1】　已知流场中质点的速度为

$$\begin{cases} u_x = kx \\ u_y = -ky \qquad (y \geqslant 0) \\ u_z = 0 \end{cases}$$

试求流场中质点的加速度及流线方程。

【解】　由 $u_z = 0$ 和 $y \geqslant 0$ 可知，流体运动只限于 Oxy 平面的上半部分，质点速度为

$$u = \sqrt{u_x^2 + u_y^2} = k\sqrt{x^2 + y^2} = kr$$

由式(3-2-9)可得质点加速度为

$$a_x = \frac{\mathrm{d}u_x}{\mathrm{d}t} = u_x \frac{\partial u_x}{\partial x} = k^2 x$$

$$a_y = \frac{\mathrm{d}u_y}{\mathrm{d}t} = u_y \frac{\partial u_y}{\partial y} = k^2 y$$

$$a_z = 0$$

$$a = \sqrt{a_x^2 + a_y^2} = k^2\sqrt{x^2 + y^2} = k^2 r$$

流线方程 $\dfrac{\mathrm{d}x}{kx} = \dfrac{\mathrm{d}y}{-ky}$ 消去 k，积分得

$$\ln x = -\ln y + \ln C$$

即流线方程为

$$xy = C$$

作流线方程 $xy = C$ 的曲线，如图 3-5 所示，该流线是一族双曲线，质点离原点越近，即 r 越小，其速度与加速度均越小，在 $r = 0$ 点处，速度与加速度均为零。流体力学上称速度为零的点为驻点（或滞止点），图 3-5 中 O 点即是。

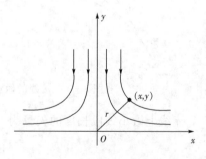

图 3-5　双曲线型流线

在 $r \to \infty$ 的无穷远处，质点速度与加速度均趋于无穷。流体力学上称速度趋于无穷的点为奇点。

驻点和奇点是流场中的两种极端情况，在一般流场中不一定存在。

4. 流线的性质

(1) 定常流动中流线形状不随时间变化，而且流体质点的迹线与流线重合。

定常流动时，质点经过空间各点的速度不随时间变化，因而形成的流线必然固定不变。解释迹线与流线重合的理由：如图 3-3 所示，如果有一质点在初始时刻的位置处于 1 点，因流线的切线方向是其运动的方向，在经过 Δt 后，这个质点必然运动到相邻点 2 点，依

此类推,质点必然沿流线运动,也就是说,迹线和流线重合。但是在非定常流动的情况下,流线的形状随时间而改变,迹线也没有固定的形状,两者不会重合。

(2) 在实际流场中,除了驻点和奇点以外,流线既不能相交,也不能突然转折。

如图 3-6 所示,若某时刻流场中存在两条相交流线 l_1 和 l_2,则流经交点 A 处的质点此时刻有两种速度,一种是 l_1 的切线方向,另一种是 l_2 的切线方向,但是在牛顿力学中,在某一时刻,一个质点只可能以一种速度运动,故流线不可能相交。若流线在 B 点突然转折,因 B 点不存在切线,故流经 B 点的质点速度方向可以是任意的,这显然也是不可能的。

如果流场中存在着奇点或驻点,则流线可以相交,这是一种例外。如图 3-7 所示,子弹在大气中飞行,在前缘尖 A 处,空气被子弹推动一起运动,形成驻点,此处流线相交。可解释为,驻点处的空气不可能被无限推动下去(这将导致空气被无限压缩),在某个时刻将发生流动,但向上还是向下(仅从平面上看)由偶然因素确定,这样就形成了相交的两条流线。在子弹的尾部,流线不能转折,因此形成涡流,涡流旋转的能量消耗了子弹运行的部分能量,即增大了子弹运行的阻力。为了减少流体对运动物体的阻力,需要把物体表面做成所谓的“流线型”,使其表面曲线符合流线的性质。

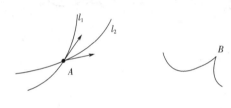
图 3-6　流线不能相交或转折

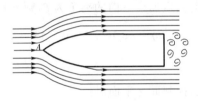
图 3-7　飞行的子弹

3.2.5　流管、流束和总流

在流场中任意取出一个有流线从中通过的封闭曲线,如图 3-8 中的 l,l 上的所有流线围成一个封闭管状曲面,称为流管。流管内所包含的所有流体称为流束。当流管的横断面积无穷小时,所包含的流束称为元流,最小的元流就退化为一条流线。如果封闭曲线取在管道内壁周线上,则流束就是管道内部的全部流体,这种情况称为总流。

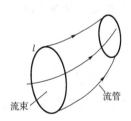
图 3-8　流管与流束

3.2.6　过流截面、流量和净通量

1. 过流截面

流管内与流线处处垂直的截面称为过流截面(或过流断面),过流截面可以是平面或曲面,如图 3-9 所示。

2. 流量

单位时间内流过某过流截面的流体体积称为体

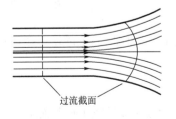
图 3-9　过流截面

积流量,简称为流量,如果流过的流体按质量计量,则称为质量流量。

选择用来计算流量的截面称为控制面。当控制面为过流截面(不论是平面还是曲面)时,由于速度方向与面积垂直,因此流量的计算式如下:

在微元面积 dA 上质点速度大小为 u,则 dA 上流量为

$$dq = u\,dA \qquad\qquad (3-2-14)$$

当控制面是平面时

$$q = \int_A u\,dA \qquad\qquad (3-2-15)$$

当控制面是曲面时

$$q = \iint_A u\,dA \qquad\qquad (3-2-16)$$

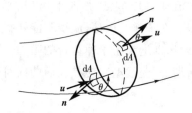

如果控制面不是过流截面时,需要将面积向过流截面上投影再计算流量。如图 3-10 所示,设面积矢量的法矢与质点速度方向的夹角为 θ,则 dA 上流量为

$$dq = u\,dA\cos\theta = \boldsymbol{u}\cdot d\boldsymbol{A} = \boldsymbol{u}\cdot\boldsymbol{n}\,dA$$
$$(3-2-17)$$

图 3-10   流量与净通量

当控制面是平面时

$$q = \int_A \boldsymbol{u}\cdot d\boldsymbol{A} = \int_A \boldsymbol{u}\cdot\boldsymbol{n}\,dA \qquad\qquad (3-2-18)$$

当控制面是曲面时

$$q = \iint_A \boldsymbol{u}\cdot d\boldsymbol{A} = \iint_A \boldsymbol{u}\cdot\boldsymbol{n}\,dA \qquad\qquad (3-2-19)$$

3. 净通量

如果控制面为封闭曲面,如图 3-10 所示,这时整个控制面上,有的面积是流体流入的,有的面积是流体流出的。矢量的法矢与质点速度方向的夹角为 θ,则 dA 上流量 dq 可用式 (3-2-17) 表示。可见,当流出时,$dq \geqslant 0$;流入时,$dq < 0$,整个封闭控制面上的流量为

$$q = \oiint_A u\,dA\cos(\boldsymbol{u},\boldsymbol{n}) = \oiint_A \boldsymbol{u}\cdot d\boldsymbol{A} = \oiint_A \boldsymbol{u}\cdot\boldsymbol{n}\,dA \qquad\qquad (3-2-20)$$

则 q 称为封闭曲面上的体积净通量(简称净通量或净流量)。同理,质量净通量为

$$q_m = \oiint_A \rho\boldsymbol{u}\cdot\boldsymbol{n}\,dA \qquad\qquad (3-2-21)$$

净通量 q 反映了控制面上流出、流入流量的代数和。若 $q > 0$,表示流出大于流入,控制体内流体减少;若 $q < 0$,表示流出小于流入,控制体内流体增加;若 $q = 0$,表示流出等于流入,控制体内流体质量不变。

3.2.7　平均速度

　　流体在流场中流动,一般情况下空间各点的速度都不相同,而且速度分布规律函数 $u = u(x, y, z)$ 有时难以确定,即使在简单的等径管道中,由于黏性、摩擦、质点碰撞混杂等,速度分布规律也是不容易确定的(如图 3-11)。在工程实际中,有时也没有必要弄清楚精确的速度分布。为简化计算,可以用平均速度代替各点的瞬时速度。若通流截面的面积为 A,流量为 q,则定义平均速度为

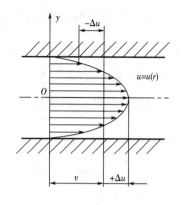

图 3-11　平均速度

$$v = \frac{q}{A} \qquad (3-2-22)$$

式中:q 值可以通过测量获得。

　　如图 3-11 所示,从几何上看,以平均速度 v 为基准线,质点速度 u 超过 $v(u = v + \Delta u)$ 的阴影面积和低于 $v(u = v - \Delta u)$ 的白色面积应该正好相抵。原因如下:

　　因

$$q = \int_A u \mathrm{d}A = \int_A (v + \Delta u)\mathrm{d}A = vA + \int_A \Delta u \mathrm{d}A$$

考虑到式(3-2-22),所以有

$$\int_A \Delta u \, \mathrm{d}A = 0 \qquad (3-2-23)$$

　　因为一般情况下不会出现所有质点速度全都相同的情况,故总有 $\Delta u^2 > 0$,所以

$$\int_A \Delta u^2 \mathrm{d}A > 0 \qquad (3-2-24)$$

　　利用分部积分和式(3-2-23),有

$$\int_A \Delta u^3 \mathrm{d}A = \int_A (\Delta u^2)(\Delta u \mathrm{d}A) = \Delta u^2 \int_A \Delta u \mathrm{d}A - \int_A \left(\int_A \Delta u \mathrm{d}A \right) \mathrm{d}(\Delta u^2) = 0 \quad (3-2-25)$$

　　式(3-2-23)、式(3-2-24)式(3-2-25)在下面的动能修正系数和动量修正系数一节中将要用到。

3.2.8　动能修正系数和动量修正系数

1. 动能修正系数

　　单位时间内,若 $\mathrm{d}A$ 上通过的质点动能为 $\frac{1}{2}\rho u^3 \mathrm{d}A$,则通过通流截面 A 的流体质点总动能为

$$E = \int_A \frac{1}{2}\rho u^3 \mathrm{d}A = \int_A \frac{1}{2}\rho(v + \Delta u)^3 \mathrm{d}A = \frac{\rho}{2}\int_A (v^3 + 3v^2 \Delta u + 3v\Delta u^2 + \Delta u^3)\mathrm{d}A$$

$$= \frac{\rho}{2}v^3 A\left(1 + \frac{3}{v^2 A}\int_A \Delta u^2 \mathrm{d}A\right) = \alpha \frac{\rho}{2}v^3 A \qquad (3-2-26)$$

式中：α——动能修正系数，且有 $\alpha = 1 + \dfrac{3}{v^2 A}\displaystyle\int_A \Delta u^2 \mathrm{d}A > 1$，其是用平均速度代替瞬时质点速度计算动能时所乘的一个系数。

2. 动量修正系数

单位时间内若 $\mathrm{d}A$ 上通过的质点动量为 $\rho u^2 \mathrm{d}A$，则通过通流截面 A 的流体质点总动量 p 为

$$
\begin{aligned}
p &= \int_A \rho u^2 \mathrm{d}A \\
&= \int_A \rho (v + \Delta u)^2 \mathrm{d}A \\
&= \rho \int_A (v^2 + 2v\Delta u + \Delta u^2)\mathrm{d}A = \rho v^2 A \left(1 + \frac{1}{v^2 A}\int_A \Delta u^2 \mathrm{d}A\right) \\
&= \beta \rho v^2 A
\end{aligned}
\tag{3-2-27}
$$

式中：β——动量修正系数，且有 $\beta = 1 + \dfrac{1}{v^2 A}\displaystyle\int_A \Delta u^2 \mathrm{d}A > 1$，其是用平均速度代替瞬时质点速度计算动量时所乘的一个系数。

动能修正系数 α 和动量修正系数 β 在后面章节中的伯努利方程和动量方程中将要用到。具体取值与流态（流态的概念见第5章圆管流动）有关：管中层流时取 $\alpha = 2$，$\beta = \dfrac{4}{3}$；管中湍流时取 $\alpha = 1.06 \approx 1$，$\beta = 1.02 \approx 1$。

3.2.9　三元流、二元流和一元流

除时间 t 外，如果流场中的流动参数依赖于空间的三个坐标，则称这样的流动为三元流动；流动参数依赖于空间的两个坐标，称为二元流动；流动参数依赖于空间的一个坐标（可以是曲线坐标），称为一元流动。

比较而言，一元流动的情形最为简单。因此，在工程实际中，常常将流动问题简化为一元流动来解决。

3.3　流体运动的连续性方程

3.3.1　积分形式的连续性方程

如图 3-12 所示，在流场中取任意形状的控制体，则有流线穿入或穿出该控制体。如前所述，控制体一经取定，其形状、大小和空间位置就不得再改变。

现设控制体体积为 V，表面积为 A，则控制体内含有的流体质量 m 用体积积分表示为

$$
m = \iiint_V \rho \,\mathrm{d}V \tag{3-3-1}
$$

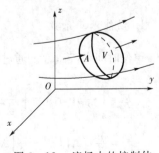

图 3-12　流场中的控制体

m 随时间 t 的变化率记为

$$\frac{\partial m}{\partial t} = \frac{\partial}{\partial t}\iiint\limits_{V}\rho\,\mathrm{d}V \tag{3-3-2}$$

根据质量守恒定律，m 的变化必有原因。当控制体不变时，影响其内部流体质量增减的唯一因素就是通过表面 A 流入、流出质量的多少。在单位时间内，当流出质量大于流入质量时，m 必减小；反之，则增加，且 m 增加或减少的质量就是流出与流入的质量之差。利用质量净通量概念可得等式

$$\oiint\limits_{A}\rho\boldsymbol{u}\cdot\boldsymbol{n}\mathrm{d}A = -\frac{\partial}{\partial t}\iiint\limits_{V}\rho\,\mathrm{d}V \tag{3-3-3}$$

或者写成

$$\oiint\limits_{A}\rho\boldsymbol{u}\cdot\boldsymbol{n}\mathrm{d}A + \frac{\partial}{\partial t}\iiint\limits_{V}\rho\,\mathrm{d}V = 0 \tag{3-3-4}$$

根据质量净通量的意义，$\oiint\limits_{A}\rho\boldsymbol{u}\cdot\boldsymbol{n}\mathrm{d}A>0$，表示 A 上流出质量大于流入质量，控制体 V 内质量减少，故 $\frac{\partial}{\partial t}\iiint\limits_{V}\rho\,\mathrm{d}V<0$，二者符号相反；反之亦然。

式（3-3-4）就是质量守恒定律在运动流体中的数学表示，称为积分形式的连续性方程，简称连续性方程或连续方程式。实际应用中需要使用其简化形式，常用的简化形式有以下几种。

1. 定常流动

在定常流动中，流场任何空间点处的密度不随时间改变，故微元的质量也不改变，进而整个控制体内的质量也不变，即 $\frac{\partial}{\partial t}\iiint\limits_{V}\rho\,\mathrm{d}V=0$，因此，式（3-3-4）简化为

$$\oiint\limits_{A}\rho\boldsymbol{u}\cdot\boldsymbol{n}\mathrm{d}A = 0 \tag{3-3-5}$$

上式的意义是当定常流动时，在单位时间内，从控制体的表面 A 流出的质量与流入的质量相等。该式对可压缩的流体和不可压缩的流体都适用。

2. 不可压缩的流体流动

当流体不可压缩时，流场中密度处处相等且为恒量，又考虑到控制体 V 不变，故

$$\frac{\partial}{\partial t}\iiint\limits_{V}\rho\,\mathrm{d}V = \rho\frac{\partial}{\partial t}\iiint\limits_{V}\mathrm{d}V = 0$$

因此，式（3-3-4）简化为

$$\oiint\limits_{A}\boldsymbol{u}\cdot\boldsymbol{n}\mathrm{d}A = 0 \tag{3-3-6}$$

上式的意义是当流体不可压缩时，在单位时间内，从控制体的表面 A 流出的体积与流

入的体积相等。值得注意的是，该式对定常流动和非定常流动都适用。

3. 一元流动

如图 3 - 13 所示，当流体在流管 l（工程实际中的
管道可以视为流管）内流动，流体只能从过流断面 A_1
流入，从 A_2 流出。在断面上取微元 $dA_1 - dA_2$，则微元
内流动就是一元流动，在定常场中，其极限情形是流
体沿流线流动。若将整个流管都视为一元流动，式
（3 - 3 - 5）可以写成

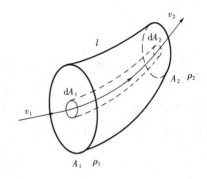

图 3 - 13   一元流动

$$\oiint_A \rho \boldsymbol{u} \cdot \boldsymbol{n} \mathrm{d}A = \int_{A_2} \rho \boldsymbol{u} \cdot \boldsymbol{n} \mathrm{d}A_2 - \int_{A_1} \rho \boldsymbol{u} \cdot \boldsymbol{n} \mathrm{d}A_1 = 0$$

$$(3 - 3 - 7)$$

这就是一元流动时的连续性方程。

在定常流场中，用平均流速代替真实流速，平均密度代替真实密度，上式可简化成

$$\rho_2 v_2 A_2 - \rho_1 v_1 A_1 = 0 \qquad\qquad (3 - 3 - 8)$$

或

$$\rho_1 v_1 A_1 = \rho_2 v_2 A_2 \qquad\qquad (3 - 3 - 9)$$

对既是定常流场又是不可压缩的流动，$\rho_1 = \rho_2$，故式（3 - 3 - 9）可以更简单地表示为

$$v_1 A_1 = v_2 A_2 \qquad\qquad (3 - 3 - 10)$$

在工程实际中，被直接使用的公式多是式（3 - 3 - 10）。

*3.3.2   微分形式的连续性方程

微分形式的连续性方程可以用两种方法导出：微元控制体分析法和有限控制体分析
法，下面分别介绍。

1. 微元控制体分析法

采用微元控制体分析法的前提是要求流场中流体物理量时时处处连续可微，对于不同
的坐标系，还要求选定相适应的控制体形状。当采用直角坐标系时，选取控制体形状为立
方体。如图 3 - 14 所示，在 t 时刻的流场中，任选一点 $A(x，y，z)$，以 A 为角点做一个立方
体，各面都与相应的坐标面平行，三个边长分别为 $\mathrm{d}x$、$\mathrm{d}y$ 和 $\mathrm{d}z$。设该时刻 A 点的速度为 $v =$
$(u_x，u_y，u_z)$，密度为 ρ，由于 $\mathrm{d}x$、$\mathrm{d}y$ 和 $\mathrm{d}z$ 很小，可以认为交于 A 点的三个面上的速度和密度
都和 A 点相同，而其他三个面上的速度和密度则由多元函数的泰勒展开式取一阶小量得
到。例如，在 x 方向上，平面 $ABCD$ 上的速度为 u_x，平面 $EFGH$ 上的速度则为 $u_x + \dfrac{\partial u_x}{\partial x}\mathrm{d}x$。

现在分析立方控制体内的质量的变化。先考察 x 方向，在 t 时刻，从平面 $ABCD$ 流入控
制体的质量为 $\rho u_x \mathrm{d}y\mathrm{d}z$，平面 $EFGH$ 上流出的质量则为 $\left[\rho u_x + \dfrac{\partial(\rho u_x)}{\partial x}\mathrm{d}x\right]\mathrm{d}y\mathrm{d}z$。单位时间

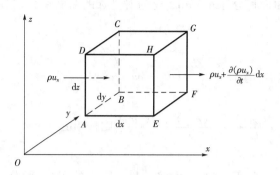

图 3-14　立方型微分控制体

内,在 x 方向从控制体的净流出质量为 $\dfrac{\partial(\rho u_x)}{\partial x}\mathrm{d}x\mathrm{d}y\mathrm{d}z$。

同理,y、z 方向从控制体的净流出质量为 $\dfrac{\partial(\rho u_y)}{\partial y}\mathrm{d}x\mathrm{d}y\mathrm{d}z$ 和 $\dfrac{\partial(\rho u_z)}{\partial z}\mathrm{d}x\mathrm{d}y\mathrm{d}z$,三者之和为 $\left[\dfrac{\partial(\rho u_x)}{\partial x}+\dfrac{\partial(\rho u_y)}{\partial y}+\dfrac{\partial(\rho u_z)}{\partial z}\right]\mathrm{d}x\mathrm{d}y\mathrm{d}z$,即流出总质量。与此同时,因为控制体的体积是不变的,控制体内流体质量的流失必然造成控制体密度的减少,在单位时间内,由于密度减少,控制体内的质量减少了 $-\dfrac{\partial\rho}{\partial t}\mathrm{d}x\mathrm{d}y\mathrm{d}z$,其中,负号表示增量的变化方向与流出总质量符号相反,即流出总质量为正号时,控制体内的质量增量为负。根据质量守恒定律,可得

$$\left[\frac{\partial(\rho u_x)}{\partial x}+\frac{\partial(\rho u_y)}{\partial y}+\frac{\partial(\rho u_z)}{\partial z}\right]\mathrm{d}x\mathrm{d}y\mathrm{d}z=-\frac{\partial\rho}{\partial t}\mathrm{d}x\mathrm{d}y\mathrm{d}z$$

化简得

$$\frac{\partial\rho}{\partial t}+\frac{\partial(\rho u_x)}{\partial x}+\frac{\partial(\rho u_y)}{\partial y}+\frac{\partial(\rho u_z)}{\partial z}=0 \qquad (3-3-11)$$

上式即为直角坐标系中微分形式的连续性方程,适用于可压缩流体的三元流动和非定常流动。

若是定常流动,流场中各点的密度不随时间而变化,故式(3-3-11)简化为

$$\frac{\partial(\rho u_x)}{\partial x}+\frac{\partial(\rho u_y)}{\partial y}+\frac{\partial(\rho u_z)}{\partial z}=0 \qquad (3-3-12)$$

若是不可压缩流体,密度为常数,故式(3-3-11)又简化为

$$\frac{\partial u_x}{\partial x}+\frac{\partial u_y}{\partial y}+\frac{\partial u_z}{\partial z}=0 \qquad (3-3-13)$$

2. 有限控制体分析法

利用高等数学中的基础知识对式(3-3-4)进行改写。

（1）将对面积的曲面积分 $\oiint_A \rho \boldsymbol{v} \cdot \boldsymbol{n} \mathrm{d}A$ 化为对坐标的曲面积分，利用奥-高公式再化为三重积分，过程为

$$\oiint_A \rho \boldsymbol{u} \cdot \boldsymbol{n} \mathrm{d}A = \oiint_A (\rho u_x \mathrm{d}y\mathrm{d}z + \rho u_y \mathrm{d}x\mathrm{d}z + \rho u_z \mathrm{d}x\mathrm{d}y)$$

$$= \iiint_V \left[\frac{\partial(\rho u_x)}{\partial x} + \frac{\partial(\rho u_y)}{\partial y} + \frac{\partial(\rho u_z)}{\partial z} \right] \mathrm{d}x\mathrm{d}y\mathrm{d}z \qquad (3-3-14)$$

（2）利用控制体与时间无关的特性，将 $\frac{\partial}{\partial t}\iiint_V \rho \mathrm{d}V$ 中的积分、微分顺序颠倒，即有如下变化过程

$$\frac{\partial}{\partial t}\iiint_V \rho \mathrm{d}V = \iiint_V \frac{\partial \rho}{\partial t}\mathrm{d}V = \iiint_V \frac{\partial \rho}{\partial t}\mathrm{d}V = \iiint_V \frac{\partial \rho}{\partial t}\mathrm{d}x\mathrm{d}y\mathrm{d}z \qquad (3-3-15)$$

由式（3-3-12）、式（3-3-14）和式（3-3-15）得

$$\iiint_V \left[\frac{\partial \rho}{\partial t} + \frac{\partial(\rho u_x)}{\partial x} + \frac{\partial(\rho u_y)}{\partial y} + \frac{\partial(\rho u_z)}{\partial z} \right] \mathrm{d}x\mathrm{d}y\mathrm{d}z = 0$$

因为控制体 V 是在流场中任取的，且被积函数处处连续，故要使上式成立，必然有被积函数为零，即

$$\frac{\partial \rho}{\partial t} + \frac{\partial(\rho u_x)}{\partial x} + \frac{\partial(\rho u_y)}{\partial y} + \frac{\partial(\rho u_z)}{\partial z} = 0 \qquad (3-3-16)$$

上式与式（3-3-11）完全相同。

* 3.3.3　圆柱坐标系和球面坐标系中的连续性方程

在许多实际的流动问题中，运动物体可能是一种轴对称体或球体，流场的边界可能是曲面或曲线，此时利用曲线坐标系更为方便，而圆柱坐标系和球坐标系是最常用的坐标系。为避免烦琐的推导，这里直接给出圆柱坐标系和球坐标系中的连续性方程。

1. 圆柱坐标系

圆柱坐标系通常用坐标 (r, θ, z) 来表示，如图 3-15 所示，易得它与直角坐标系 (x, y, z) 的关系

$$\begin{cases} x = r\cos\theta \\ y = r\sin\theta \\ z = z \end{cases} \quad \text{或者} \quad \begin{cases} r = \sqrt{x^2 + y^2} \\ \theta = \arctan\dfrac{y}{x} \\ z = z \end{cases} \qquad (3-3-17)$$

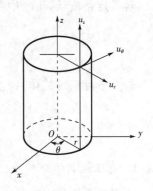

图 3-15　圆柱坐标系

连续性方程为

$$\frac{\partial(\rho u_r)}{\partial r}+\frac{\partial(\rho u_\theta)}{r\partial\theta}+\frac{\partial(\rho u_z)}{\partial z}+\frac{\rho u_r}{r}+\frac{\partial\rho}{\partial t}=0 \tag{3-3-18}$$

2. 球坐标系

球坐标系通常用坐标(r,θ,z)来表示，如图 3-16 所示，易得它与直角坐标系(x,y,z)的关系

$$\begin{cases} x=r\sin\theta\cos\varphi \\ y=r\sin\theta\sin\varphi \\ z=r\cos\theta \end{cases} \quad 或者 \quad \begin{cases} r=\sqrt{x^2+y^2+z^2} \\ \theta=\arccos\dfrac{z}{\sqrt{x^2+y^2+z^2}} \\ \varphi=\arctan\dfrac{y}{z} \end{cases}$$

$$\tag{3-3-19}$$

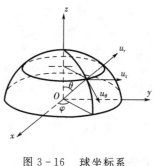

图 3-16　球坐标系

连续性方程为

$$\frac{\partial}{\partial r}(u_r r^2\sin\theta)+\frac{\partial}{\partial\theta}(u_\theta r\sin\theta)+\frac{\partial}{\partial\varphi}(ru_\varphi)=0 \tag{3-3-20}$$

*3.4　流体微元的运动分析

由理论力学可知，刚体的运动只有两种基本运动形式：平移和旋转运动。由于流体没有一定的形状，且不能承受剪切力，其运动要比刚体复杂得多。可以想象，除了具有平移和旋转两种运动形式之外，流体在运动过程中还要发生变形运动。本节通过分析流体微元的运动，导出亥姆霍兹速度分解定理，分析流体的运动形式。

3.4.1　亥姆霍兹速度分解定理

为推导亥姆霍兹速度分解定理（Helmholtz velocity decomposing theorem），仍采用流体微元法。如图 3-17 所示，在 t 时刻，从流场中任取一个流体的微元 A。设点 A 的空间坐标为(x,y,z)，运动速度为

$$\boldsymbol{u}_A=\boldsymbol{u}(x,y,z,t)=u_x(x,y,z,t)\boldsymbol{i}+u_y(x,y,z,t)\boldsymbol{j}+u_z(x,y,z,t)\boldsymbol{k}$$

同一时刻，在 A 的邻近处再取微元 B,B 点的坐标点矢径为 $\boldsymbol{r}+\delta\boldsymbol{r}=(x+\delta x,y+\delta y,z+\delta z)$，运动速度为

$$\boldsymbol{u}_B=\boldsymbol{u}_B(x,y,z,t)$$
$$=\boldsymbol{u}(x+\delta x,y+\delta y,z+\delta z,t)$$

当绝对值 $|\delta\boldsymbol{r}|$ 很小时，$\boldsymbol{u}_B$ 取 $\boldsymbol{u}_A$ 的一阶增量，即取 A 点速度的多元函数泰勒级数一阶展开式，得

$$\boldsymbol{u}_B=\boldsymbol{u}_A+\frac{\partial\boldsymbol{u}}{\partial x}\delta x+\frac{\partial\boldsymbol{u}}{\partial y}\delta y+\frac{\partial\boldsymbol{u}}{\partial z}\delta z=\boldsymbol{u}_A+\delta\boldsymbol{u}$$

$$\tag{3-4-1}$$

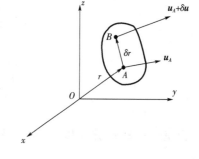

图 3-17　流体微元

其中

$$\delta\boldsymbol{u} = \frac{\partial \boldsymbol{u}}{\partial x}\delta x + \frac{\partial \boldsymbol{u}}{\partial y}\delta y + \frac{\partial \boldsymbol{u}}{\partial z}\delta z \tag{3-4-2}$$

或

$$\begin{cases} \delta u_x = \dfrac{\partial u_x}{\partial x}\delta x + \dfrac{\partial u_x}{\partial y}\delta y + \dfrac{\partial u_x}{\partial z}\delta z \\[2mm] \delta u_y = \dfrac{\partial u_y}{\partial x}\delta x + \dfrac{\partial u_y}{\partial y}\delta y + \dfrac{\partial u_y}{\partial z}\delta z \\[2mm] \delta u_z = \dfrac{\partial u_z}{\partial x}\delta x + \dfrac{\partial u_z}{\partial y}\delta y + \dfrac{\partial u_z}{\partial z}\delta z \end{cases} \tag{3-4-3}$$

写成矩阵形式

$$\begin{bmatrix} \delta u_x \\ \delta u_y \\ \delta u_z \end{bmatrix} = \begin{bmatrix} \dfrac{\partial u_x}{\partial x} & \dfrac{\partial u_x}{\partial y} & \dfrac{\partial u_x}{\partial z} \\[2mm] \dfrac{\partial u_y}{\partial x} & \dfrac{\partial u_y}{\partial y} & \dfrac{\partial u_y}{\partial z} \\[2mm] \dfrac{\partial u_z}{\partial x} & \dfrac{\partial u_z}{\partial y} & \dfrac{\partial u_z}{\partial z} \end{bmatrix} \begin{bmatrix} \delta x \\ \delta y \\ \delta z \end{bmatrix} \tag{3-4-4}$$

显然，$\delta\boldsymbol{u}$ 表示的是在 t 时刻，点 B 相对于点 A 的相对运动速度。

根据矩阵运算法则，可以把上式中的九个偏导数组成的方阵分解为一个对称方阵和一个反对称方阵

$$\begin{bmatrix} \dfrac{\partial u_x}{\partial x} & \dfrac{\partial u_x}{\partial y} & \dfrac{\partial u_x}{\partial z} \\[2mm] \dfrac{\partial u_y}{\partial x} & \dfrac{\partial u_y}{\partial y} & \dfrac{\partial u_y}{\partial z} \\[2mm] \dfrac{\partial u_z}{\partial x} & \dfrac{\partial u_z}{\partial y} & \dfrac{\partial u_z}{\partial z} \end{bmatrix} = \begin{bmatrix} \dfrac{\partial u_x}{\partial x} & \dfrac{1}{2}\left(\dfrac{\partial u_x}{\partial y}+\dfrac{\partial u_y}{\partial x}\right) & \dfrac{1}{2}\left(\dfrac{\partial u_x}{\partial z}+\dfrac{\partial u_z}{\partial x}\right) \\[2mm] \dfrac{1}{2}\left(\dfrac{\partial u_y}{\partial x}+\dfrac{\partial u_x}{\partial y}\right) & \dfrac{\partial u_y}{\partial y} & \dfrac{1}{2}\left(\dfrac{\partial u_y}{\partial z}+\dfrac{\partial u_x}{\partial y}\right) \\[2mm] \dfrac{1}{2}\left(\dfrac{\partial u_z}{\partial x}+\dfrac{\partial u_x}{\partial z}\right) & \dfrac{1}{2}\left(\dfrac{\partial u_z}{\partial y}+\dfrac{\partial u_y}{\partial z}\right) & \dfrac{\partial u_z}{\partial z} \end{bmatrix}$$

$$+ \begin{bmatrix} 0 & \dfrac{1}{2}\left(\dfrac{\partial u_x}{\partial y}-\dfrac{\partial u_y}{\partial x}\right) & \dfrac{1}{2}\left(\dfrac{\partial u_x}{\partial z}-\dfrac{\partial u_z}{\partial x}\right) \\[2mm] \dfrac{1}{2}\left(\dfrac{\partial u_y}{\partial x}-\dfrac{\partial u_x}{\partial y}\right) & 0 & \dfrac{1}{2}\left(\dfrac{\partial u_y}{\partial x}-\dfrac{\partial u_x}{\partial y}\right) \\[2mm] \dfrac{1}{2}\left(\dfrac{\partial u_z}{\partial x}-\dfrac{\partial u_x}{\partial z}\right) & \dfrac{1}{2}\left(\dfrac{\partial u_z}{\partial y}-\dfrac{\partial u_y}{\partial z}\right) & 0 \end{bmatrix} \tag{3-4-5}$$

为使上式简明，定义以下一些符号和量，令

$$\varepsilon_{xx} = \frac{\partial u_x}{\partial x},\ \varepsilon_{yy} = \frac{\partial u_y}{\partial y},\ \varepsilon_{zz} = \frac{\partial u_z}{\partial z}$$

$$\varepsilon_{xy} = \varepsilon_{yx} = \frac{1}{2}\left(\frac{\partial u_x}{\partial y} + \frac{\partial u_y}{\partial x}\right)$$

$$\varepsilon_{xz} = \varepsilon_{zx} = \frac{1}{2}\left(\frac{\partial u_x}{\partial z} + \frac{\partial u_z}{\partial x}\right)$$

$$\varepsilon_{yz} = \varepsilon_{zy} = \frac{1}{2}\left(\frac{\partial u_y}{\partial z} + \frac{\partial u_z}{\partial y}\right)$$

$$\Omega_x = \frac{1}{2}\left(\frac{\partial u_z}{\partial y} - \frac{\partial u_y}{\partial z}\right)$$

$$\Omega_y = \frac{1}{2}\left(\frac{\partial u_x}{\partial z} - \frac{\partial u_z}{\partial x}\right)$$

$$\Omega_z = \frac{1}{2}\left(\frac{\partial u_y}{\partial x} - \frac{\partial u_x}{\partial y}\right)$$

上述各式代入式(3-4-5)和式(3-4-4),得

$$\begin{cases} \delta u_x = \varepsilon_{xx}\delta x + \varepsilon_{xy}\delta y + \varepsilon_{xz}\delta z + \Omega_y\delta z - \Omega_z\delta y \\ \delta u_y = \varepsilon_{yx}\delta x + \varepsilon_{yy}\delta y + \varepsilon_{yz}\delta z + \Omega_z\delta x - \Omega_x\delta z \\ \delta u_z = \varepsilon_{zx}\delta x + \varepsilon_{zy}\delta y + \varepsilon_{zz}\delta z + \Omega_z\delta y - \Omega_y\delta x \end{cases} \quad (3-4-6)$$

写成矢量式

$$\delta \boldsymbol{u} = \boldsymbol{E} \cdot \delta \boldsymbol{r} + \boldsymbol{\Omega} \times \delta \boldsymbol{r} \quad (3-4-7)$$

代入式(3-4-1)

$$\boldsymbol{u}_B = \boldsymbol{u}_A + \boldsymbol{E} \cdot \delta \boldsymbol{r} + \boldsymbol{\Omega} \times \delta \boldsymbol{r} \quad (3-4-8)$$

其中

$$\boldsymbol{\Omega} = \Omega_x \boldsymbol{i} + \Omega_y \boldsymbol{j} + \Omega_z \boldsymbol{k} \quad (3-4-9)$$

$$\boldsymbol{E} = \begin{bmatrix} \varepsilon_{xx} & \varepsilon_{xy} & \varepsilon_{xz} \\ \varepsilon_{yx} & \varepsilon_{yy} & \varepsilon_{yz} \\ \varepsilon_{zx} & \varepsilon_{zy} & \varepsilon_{zz} \end{bmatrix} \quad (3-4-10)$$

　　这就是流体力学中的亥姆霍兹速度分解定理。关于定理的意义将在下一节进行分析。

3.4.2　流体微元运动的四种形式

　　现在考察式(3-4-6)各项的意义。我们无须分析复杂的空间运动情况,仅需分析一下平面流动就足以说明式(3-4-6)各项的意义。

　　如图 3-18 所示,设流体 ABCD 只在 xOy 平面运动,若 A 点的速度为 (u_x, u_y),根据式(3 4 1),可得其他三点的速度并分别标在图上。

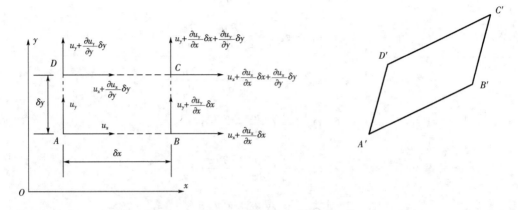

图 3-18　流体微元的平面运动

由于在 t 时刻 A、B、C、D 各点的速度不同，故经过 Δt 后，矩形 $ABCD$ 将变形为近似矩形 $A'B'C'D'$。这个变形可以分解为四种单一运动的合成，即为平移、线变形、角变形和旋转运动的综合结果，流体微元的四种运动形式如图 3-19 所示。事实上，亥姆霍兹速度分解定理正是将流体的运动分解为这四种运动。

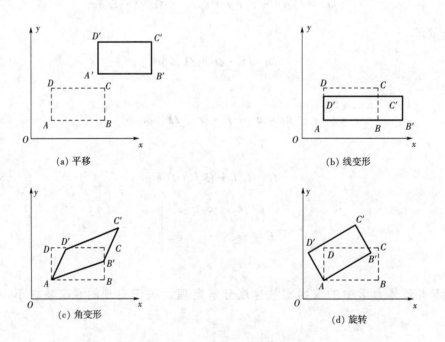

图 3-19　流体微元的四种运动形式

因为 $u_z=0$，$\delta_z=0$，故式（3-4-6）可以简化为

$$\begin{cases} \delta u_x = \varepsilon_{xx}\delta x + \varepsilon_{xy}\delta y - \Omega_z\delta y \\ \delta u_y = \varepsilon_{yx}\delta x + \varepsilon_{yy}\delta y + \Omega_z\delta x \end{cases} \tag{3-4-11}$$

当 $A(x,y)$ 点运动到 $A'(x+\delta x,\ y+\delta y)$ 点后，A' 的速度可以表示为

$$\begin{cases} u'_x = u_x + \varepsilon_{xx}\delta x + \varepsilon_{xy}\delta y - \Omega_z\delta y \\ u'_y = u_y + \varepsilon_{yx}\delta x + \varepsilon_{yy}\delta y + \Omega_z\delta x \end{cases} \tag{3-4-12}$$

此式包含了式(3-4-6)中所涉及的各种符号,所以完全可以用来分析亥姆霍兹速度分解定理中各项的含义,下面分析其中包含的四种运动。

1. 平移运动

当式(3-4-12)中

$$\begin{cases} \varepsilon_{xx} = \varepsilon_{xy} = \Omega_z = 0 \\ \varepsilon_{yx} = \varepsilon_{yy} = \Omega_z = 0 \end{cases} \tag{3-4-13}$$

则有

$$\begin{cases} u'_x = u_x \\ u'_y = u_y \end{cases} \tag{3-4-14}$$

上式表明,微元从 A 运动到 A' 时,包含有平移运动。若流体对象 $ABCD$ 做平移运动,则保持形状不变,如图 3-19 所示,$ABCD$ 做平移运动到 $A'B'C'D'$。u_x、u_y 称为平移速度。

2. 线变形运动

若在流动中,只有 x 方向的速度 u_x 以及 $\dfrac{\partial u_x}{\partial x}$ 不等于 0,则在时间经过 Δt 后,运动的流体微元只有 AB 边在 x 方向发生了相对变化,如图 3-20 所示,其相对变化率就是线变形率,为

$$\frac{A'B' - AB}{AB \cdot \Delta t} = \frac{BB' - AA'}{AB \cdot \Delta t}$$

$$= \frac{\left(u_x + \dfrac{\partial u_x}{\partial x}\delta x\right)\Delta t - u_x\Delta t}{\delta x \cdot \Delta t}$$

$$= \frac{\dfrac{\partial u_x}{\partial x}\delta x \cdot \Delta t}{\delta x \cdot \Delta t} = \frac{\partial u_x}{\partial x} = \varepsilon_{xx} \tag{3-4-15}$$

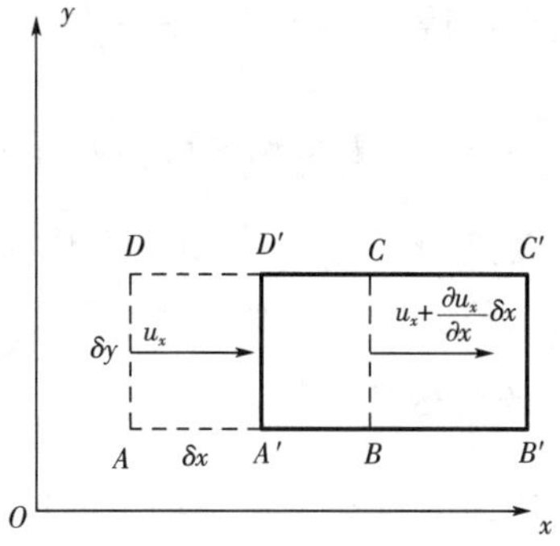

图 3-20 线变形运动分析

$\varepsilon_{xx} = \dfrac{\partial u_x}{\partial x}$ 表示的是运动流体沿 x 方向的线变形率。同理可知,$\varepsilon_{yy} = \dfrac{\partial u_y}{\partial y}$ 表示的是运动流体沿 y 方向的线变形率,$\varepsilon_{zz} = \dfrac{\partial u_z}{\partial z}$ 表示的是运动流体沿 z 方向的线变形率。可以得出推论:微元在空间的体积膨胀率应为

$$\kappa = \frac{\partial u_x}{\partial x} + \frac{\partial u_y}{\partial y} + \frac{\partial u_z}{\partial z} = \varepsilon_{xx} + \varepsilon_{yy} + \varepsilon_{zz} \tag{3-4-16}$$

当流体不可压缩时,上式显然为 0,即

$$\kappa = \frac{\partial u_x}{\partial x} + \frac{\partial u_y}{\partial y} + \frac{\partial u_z}{\partial z} = \varepsilon_{xx} + \varepsilon_{yy} + \varepsilon_{zz} = 0 \qquad (3-4-17)$$

3. 角变形运动

若在流动中只有 x、y 方向上的速度 u_x、u_y，

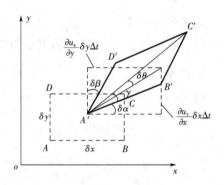

且 $\frac{\partial u_x}{\partial y} \neq 0$、$\frac{\partial u_y}{\partial x} \neq 0$，则在 xOy 平面上流体微元

将发生如图 3-21 所示的角变形。在 t 时刻，A 点

处为直角；到 $t + \Delta t$ 时刻，A 点移动到 A' 点，角度

变成了锐角，角减少量为 $\delta\alpha + \delta\beta$；在 Δt 很小时，

$\delta\alpha$ 和 $\delta\beta$ 也很小，因而有

$$\delta\alpha \approx \tan\alpha = \frac{\partial u_y}{\partial x} \delta x \, \Delta t / \delta x = \frac{\partial u_y}{\partial x} \Delta t$$

图 3-21   角变形与旋转运动分析

$$\delta\beta \approx \tan\beta = \frac{\partial u_x}{\partial y} \delta y \, \Delta t / \delta y = \frac{\partial u_x}{\partial y} \Delta t$$

定义单位时间内在 xOy 平面上角度的平均减小量为运动流体在 xOy 平面上的角变形

速率，即剪切应变率

$$\lim_{\Delta t \to 0} \frac{1}{2} (\delta\alpha + \delta\beta) / \Delta t = \frac{1}{2} \left(\frac{\partial u_x}{\partial y} + \frac{\partial u_y}{\partial x} \right) = \varepsilon_{xy} = \varepsilon_{yx} \qquad (3-4-18)$$

同理可得 $\varepsilon_{xz} = \varepsilon_{zx} = \frac{1}{2} \left(\frac{\partial u_x}{\partial z} + \frac{\partial u_z}{\partial x} \right)$ 表示流体在 xOz 平面上的剪切应变率，$\varepsilon_{yz} = \varepsilon_{zy} =$

$\frac{1}{2} \left(\frac{\partial u_y}{\partial z} + \frac{\partial u_z}{\partial y} \right)$ 表示流体在 yOz 平面上的剪切应变率。

这就是说，式(3-4-10) 的 $\boldsymbol{E}$ 中，除主对角线上以外的其他六个分量分别表示了在各坐

标平面上的剪切应变率。

4. 旋转运动

当流动中只有 x、y 方向上的速度 u_x、u_y，且 $\frac{\partial u_x}{\partial y} \neq 0$，$\frac{\partial u_y}{\partial x} \neq 0$，流体微元除发生上述角

变形外，还将发生旋转运动。如图 3-21 所示，在 t 时刻的对角线 AC，到 $t + \Delta t$ 时刻旋转到了

$A'C'$ 位置。以逆时针方向为正，则流体微元在 Δt 的转角为 $\delta\theta = \gamma + \delta\alpha - 45°$，由于 $\delta x \approx \delta y$，

$A'B'C'D'$ 近似为菱形，则有 $2\gamma + \delta\alpha + \delta\beta = 90°$，从而有

$$\delta\theta = (\delta\alpha - \delta\beta)/2 \approx \left(\frac{\partial u_y}{\partial x} - \frac{\partial u_x}{\partial y} \right) \Delta t / 2$$

定义转动角速度分量 Ω_z 为

$$\Omega_z = \lim_{\Delta t \to 0} \delta\theta / \Delta t = \frac{1}{2} \left(\frac{\partial u_y}{\partial x} - \frac{\partial u_x}{\partial y} \right)$$

可知角速度分量 Ω_z 表示了流体微元以 (x, y, z) 为瞬心，绕平行于 z 轴方向旋转时的平

均角速度。

同理,角速度分量 Ω_y 表示了流体微元以 (x,y,z) 为瞬心,绕平行于 y 轴方向旋转时的平均角速度,Ω_x 表示了流体微元以 (x,y,z) 为瞬心,绕平行于 x 轴方向旋转时的平均角速度。当流场中处处有 $\Omega_x=\Omega_y=\Omega_z=0$ 时,我们称这样的流场处处无旋,相应的流动称为无旋流动;反之,称为有旋流动。

综上所述,流体微元上任一点的运动可以表示为平移、线变形、角变形和旋转四种运动的叠加。亥姆霍兹定理的主要贡献正是在于找出了这几种运动的数学表达式,而且物理意义清晰明确。

本 章 小 结

(1) 描述流场内流体运动的方法有拉格朗日法和欧拉法。在流体力学研究中,一般采用欧拉法。用欧拉法求流体质点物理量随时间的变化率可以表示为 $\dfrac{\mathrm{d}N}{\mathrm{d}t}=\dfrac{\partial N}{\partial t}+(\boldsymbol{u}\cdot\nabla)N$,即由随时间变化的当地变化率和随位置变化的迁移变化率两部分组成。

(2) 基本概念:定常流和非定常流,迹线和流线,流线的不相交性,流管和流束,过流断面和平均流速,流线方程和迹线方程的异同。

(3) 直角坐标系中连续方程 $\dfrac{\partial}{\partial x}(\rho u_x)+\dfrac{\partial}{\partial y}(\rho u_y)+\dfrac{\partial}{\partial z}(\rho u_z)+\dfrac{\partial\rho}{\partial t}=0$ 的导出方法及简化形式,尤其以一维管流中 $A_1 u_1=A_2 u_2$ 的应用极为广泛。

(4) 亥姆霍兹速度分解定理。

思考与练习

3-1　如何判别定常流和非定常流?

3-2　如何理解研究流体运动的两种方法?

3-3　流体流动的基本概念及其含义是什么? 为何提出"平均流速"的概念?

3-4　举例说明连续性方程的应用。

3-5　已知流体的速度分布为 $u_x=1-y$,$u_y=t$,求 $t=1$ 时过 $(0,0)$ 点的流线及 $t=0$ 时位于 $(0,0)$ 点的质点轨迹。

3-6　给出流速场为 $\boldsymbol{u}=(6+x^2 y+t^2)\boldsymbol{i}-(xy^2+10t)\boldsymbol{j}+25\boldsymbol{k}$,求空间点 $(3,0,2)$ 在 $t=1$ 时的加速度。

3-7　已知流场的速度为 $u_x=2kx$,$u_y=2ky$,$u_z=-4kz$,其中 k 为常数。试求通过 $(1,0,1)$ 点的流线方程。

3-8　已知流场的速度为 $u_x=1+At$,$u_y=2x$,A 为常数。试确定 $t=t_o$ 时通过 (x_o,y_o) 点的流线方程。

3-9　试证明下列不可压缩流体运动中,哪些满足连续性方程,哪些不满足连续性方程?

(1)$u_x = -ky$，$u_y = kx$，$u_z = 0$；

(2)$u_x = \dfrac{-y}{x^2+y^2}$，$u_y = \dfrac{x}{x^2+y^2}$，$u_z = 0$；

(3)$u_r = k/r$（k 是不为零的常数），$u_\theta = 0$；

(4)$u_r = 0$，$u_\theta = k/r$（k 是不为零的常数）。

3-10　三元不可压缩流场中，已知 $u_x = x^2 + y^2 z^3$，$u_y = -(xy + yz + zx)$，且已知 $z = 0$ 处 $u_z = 0$，试求流场中 u_z 的表达式。

3-11　二元流场中已知圆周方向的分速度为 $u_\theta = -\dfrac{c}{r^2}\sin\theta$，试求径向分速度 u_r 与合速度 u_0。

3-12　三元不可压缩流场中 $u_x = x^2 + z^2 + 5$，$u_y = y^2 + z^2 - 3$，且已知 $z = 0$ 处 $u_z = 0$，试求流场中 u_z 的表达式，并检验是否无旋。

3-13　已知 $u_x = x^2 y + y^2$，$u_y = x^2 - y^2 x$，试求此流场中在 $x = 1$，$y = 2$ 点处的线变形率、角变形率和角转速。

3-14　已知圆管过流断面上的速度分布为 $u = u_{\max}\left[1 - (\dfrac{r}{r_0})^2\right]$，其中 $u_{\max}$ 为管轴处最大流速，r_0 为圆管半径，r 为某点距管轴的径距，试求断面平均速度 u。

3-15　如图所示，管路 AB 在 B 点分为两支，已知 $d_A = 45\text{cm}$，$d_B = 30\text{cm}$，$d_C = 20\text{cm}$，$d_D = 15\text{cm}$，$v_A = 2\text{m/s}$，$v_C = 4\text{m/s}$，试求 v_B、v_D。

3-16　如图所示，送风管的断面面积为 $50\text{cm} \times 50\text{cm}$，通过 a、b、c、d 四个送风口向室内输送空气。已知送风口断面面积为 $40\text{cm} \times 40\text{cm}$，气体平均速度为 5m/s，试求通过送风管过流断面 1—1、2—2、3—3 的流速和流量。

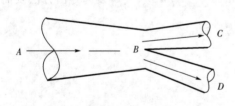

题 3-15 图

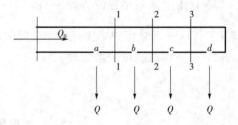

题 3-16 图

第 4 章　　流体动力学基础

本章学习目的和任务

（1）理解欧拉运动微分方程。

（2）理解纳维–斯托克斯方程。

（3）弄清运动方程和平衡方程之间的联系，掌握伯努利积分的前提条件、伯努利方程及其意义。

（4）应用伯努利方程分析毕托管、文丘里流量计的工作原理及虹吸原理，为建立孔口、管嘴出流的流量计算式做准备。

（5）弄清定常流动总流动量方程几种应用情况的不同特点，以便掌握分析、计算这类问题的方法。

本章重点

伯努利方程及其意义，应用伯努利方程的分析方法，动量方程的应用。

本章难点

伯努利方程的实质，具体应用伯努利方程时过流断面的选取，连续性方程、伯努利方程以及与动量方程的联立应用。

　　流体动力学是研究流体的机械运动规律，其理论基础除了能量守恒定律、质量守恒定律和动量守恒定律等基本定律外，还有牛顿经典力学定律。流体流动的本质原因是受到了内部或流体容器壁的作用力。流体在静止和流动时的力学特点有很大的区别。静止时流体内部不受切向力作用，流体的黏性也不能表现出来。而当流体流动时，情况则变得很复杂。流体的受力既可以是正压力，也可以是切向力，流体内部的内摩擦力也不能忽视。而且，流体没有一定的形状，运动的形式非常复杂，在大多数情况下只能被近似描述。

　　本章将从流体动力学最基本的概念开始介绍，重点学习流体动力学中最重要的几个定理和公式：欧拉运动微分方程、纳维–斯托克斯方程、伯努利方程和动量定理，并给出这些定理和公式在工程上的一些应用实例。

4.1　欧拉运动微分方程

　　欧拉运动微分方程描述的是理想、不可压缩流体的速度（加速度）与受力的关系，所以又称为理想不可压缩流体运动微分方程。

　　自然界中存在的所有真实流体都具有黏性，但是流体力学的发展过程表明，如果任何情形下都考虑流体的黏性,那么,绝大多数的流体力学问题会因数学上的复杂性而难于求解,甚至无法求解。大量的理论分析和实验结果表明,在一些流动情形下,忽略流体黏性的影响在工程上是可以接受的,这样可使问题容易求解。

对于理想流体,由于没有黏性的影响,因此流体只能承受法向应力。如图 4 - 1 所示,取长方体微元研究,在直角坐标下,微元的 x、y、z 三个方向长度分别为 dx、dy、dz,中心点 $M(x,y,z)$ 处的速度、压强和单位质量力分别为 u、p、f,流体的密度为 ρ,则沿 x 方向应用牛顿第二定律可得

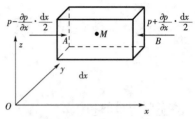

图 4 - 1　长方体微元 x 向受力分析

$$\rho f_x \mathrm{d}x\mathrm{d}y\mathrm{d}z + \left(p - \frac{1}{2}\frac{\partial p}{\partial x}\mathrm{d}x\right)\mathrm{d}y\mathrm{d}z - \left(p + \frac{1}{2}\frac{\partial p}{\partial x}\mathrm{d}x\right)\mathrm{d}y\mathrm{d}z = \rho\frac{\mathrm{d}u_x}{\mathrm{d}t}\mathrm{d}x\mathrm{d}y\mathrm{d}z$$

$$(4 - 1 - 1)$$

整理得

$$\frac{\mathrm{d}u_x}{\mathrm{d}t} = f_x - \frac{1}{\rho}\frac{\partial p}{\partial x} \qquad (4 - 1 - 2)$$

同理,可以分别得 y、z 方向的方程

$$\frac{\mathrm{d}u_y}{\mathrm{d}t} = f_y - \frac{1}{\rho}\frac{\partial p}{\partial y} \qquad (4 - 1 - 3)$$

$$\frac{\mathrm{d}u_z}{\mathrm{d}t} = f_z - \frac{1}{\rho}\frac{\partial p}{\partial z} \qquad (4 - 1 - 4)$$

综合上述三式,可得欧拉运动微分方程

$$\begin{cases} \dfrac{\mathrm{d}u_x}{\mathrm{d}t} = f_x - \dfrac{1}{\rho}\dfrac{\partial p}{\partial x} \\[3mm] \dfrac{\mathrm{d}u_y}{\mathrm{d}t} = f_y - \dfrac{1}{\rho}\dfrac{\partial p}{\partial y} \\[3mm] \dfrac{\mathrm{d}u_z}{\mathrm{d}t} = f_z - \dfrac{1}{\rho}\dfrac{\partial p}{\partial z} \end{cases} \qquad (4 - 1 - 5)$$

欧拉运动微分方程是由瑞士著名科学家欧拉在 1755 年提出的。

根据式(3 - 2 - 9),可将式(4 - 1 - 5)写成

$$\begin{cases} f_x - \dfrac{1}{\rho}\dfrac{\partial p}{\partial x} = u_x\dfrac{\partial u_x}{\partial x} + u_y\dfrac{\partial u_x}{\partial y} + u_z\dfrac{\partial u_x}{\partial z} + \dfrac{\partial u_x}{\partial t} \\[3mm] f_y - \dfrac{1}{\rho}\dfrac{\partial p}{\partial y} = u_x\dfrac{\partial u_y}{\partial x} + u_y\dfrac{\partial u_y}{\partial y} + u_z\dfrac{\partial u_y}{\partial z} + \dfrac{\partial u_y}{\partial t} \\[3mm] f_z - \dfrac{1}{\rho}\dfrac{\partial p}{\partial z} = u_x\dfrac{\partial u_z}{\partial x} + u_y\dfrac{\partial u_z}{\partial y} + u_z\dfrac{\partial u_z}{\partial z} + \dfrac{\partial u_z}{\partial t} \end{cases} \qquad (4 - 1 - 6)$$

或将(4-1-5)写成矢量式

$$\frac{\mathrm{d}\boldsymbol{u}}{\mathrm{d}t} = \boldsymbol{f} - \frac{1}{\rho}\mathrm{grad}p \qquad\qquad (4-1-7)$$

式中:$\mathrm{grad}p$—— 压强梯度。

若加速度$\dfrac{\mathrm{d}\boldsymbol{u}}{\mathrm{d}t} = 0$,则式(4-1-7)就可转化为欧拉平衡微分方程式。

式(4-1-5)的三个分量方程中包含三个轴向流速分量u_x、u_y、u_z和压强p,若再补充一个方程(通常是连续性方程),即可使方程组封闭。从理论上说,理想不可压缩流体的动力学问题是完全可解的,但实际上,除极少数情形外,一般很难得到这个非线性微分方程组的解析解。

4.2　纳维-斯托克斯方程

纳维-斯托克斯方程是考虑了流体的黏性,即针对真实流体而建立的运动微分方程。下面给出其简略推导过程。

4.2.1　真实流体微元应力分析

如图4-2所示,取长方体微元$ABCDEFGH$,分析其六个面上的压强和切向应力。与点A邻近的三个面上,$ADHE$面上受切向应力τ_{xy}、τ_{xz}和法向压强p_{xx},$ABCD$面受切向应力τ_{yx}、τ_{yz}和法向压强p_{yy},$ABFE$面受切向应力τ_{zx}、τ_{zy}和法向压强p_{zz}。略去二阶以上无穷小,这三个面的对面上的应力按泰勒展开式分别得到$\tau_{xy} + \dfrac{\partial \tau_{xy}}{\partial x}\mathrm{d}x$、$\tau_{xz} + \dfrac{\partial \tau_{xz}}{\partial x}\mathrm{d}x$ 和 $p_{xx} + \dfrac{\partial p_{xx}}{\partial x}\mathrm{d}x$,$\tau_{yx} + \dfrac{\partial \tau_{yx}}{\partial y}\mathrm{d}y$、$\tau_{yz} + \dfrac{\partial \tau_{yz}}{\partial y}\mathrm{d}y$ 和 $p_{yy} + \dfrac{\partial p_{yy}}{\partial y}\mathrm{d}y$,$\tau_{zx} + \dfrac{\partial \tau_{zx}}{\partial z}\mathrm{d}z$、$\tau_{zy} + \dfrac{\partial \tau_{zy}}{\partial z}\mathrm{d}z$ 和 $p_{zz} + \dfrac{\partial p_{zz}}{\partial z}\mathrm{d}z$。

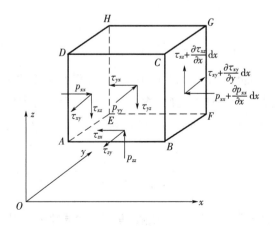

图 4-2　真实流体微元受应力分析

4.2.2　广义牛顿黏性定律

在第一章中,我们已经知道了一元平行剪切流动时的牛顿黏性定律(又称牛顿内摩擦定律):$\tau = \mu \dfrac{\mathrm{d}u}{\mathrm{d}y}$,那么,流体在空间流动时,我们有

$$\begin{cases} \tau_{xy} = \tau_{yx} = 2\mu\varepsilon_{xy} = \mu\left(\dfrac{\partial u_y}{\partial x} + \dfrac{\partial u_x}{\partial y}\right) \\[3mm] \tau_{yz} = \tau_{zy} = 2\mu\varepsilon_{yz} = \mu\left(\dfrac{\partial u_z}{\partial y} + \dfrac{\partial u_y}{\partial z}\right) \\[3mm] \tau_{zx} = \tau_{xz} = 2\mu\varepsilon_{zx} = \mu\left(\dfrac{\partial u_x}{\partial z} + \dfrac{\partial u_z}{\partial x}\right) \end{cases} \tag{4-2-1}$$

上式表示的是剪切应力与剪切应变速度之间的关系,可以看成是一元牛顿黏性定律在空间的推广。

对真实流体内一点的压强,已经不像无黏性流体那样具有各向同性。运动状态下的真实(或称实际)流体,因流体层间有相对运动,黏性会产生切应力,这时同一点上各向法应力不再相等。直角坐标中,黏性的阻碍作用使各轴向压强存在一黏性影响值,故法向压强可以表示为

$$\begin{cases} p_{xx} = p - 2\mu\varepsilon_{xx} = p - 2\mu\dfrac{\partial u_x}{\partial x} \\[3mm] p_{yy} = p - 2\mu\varepsilon_{yy} = p - 2\mu\dfrac{\partial u_y}{\partial y} \\[3mm] p_{zz} = p - 2\mu\varepsilon_{zz} = p - 2\mu\dfrac{\partial u_z}{\partial z} \end{cases} \tag{4-2-2}$$

式(4-2-1)、式(4-2-2)合并,用矩阵表示为

$$\begin{bmatrix} p_{xx} & \tau_{xy} & \tau_{xz} \\ \tau_{yx} & p_{yy} & \tau_{yz} \\ \tau_{zx} & \tau_{zy} & p_{zz} \end{bmatrix} = \begin{bmatrix} p & 0 & 0 \\ 0 & p & 0 \\ 0 & 0 & p \end{bmatrix} + 2\mu \begin{bmatrix} -\varepsilon_{xx} & \varepsilon_{xy} & \varepsilon_{xz} \\ \varepsilon_{yx} & -\varepsilon_{yy} & \varepsilon_{yz} \\ \varepsilon_{zx} & \varepsilon_{zy} & -\varepsilon_{zz} \end{bmatrix} \tag{4-2-3}$$

这就是所谓的广义牛顿黏性定律,其详细的推导过程参见流体力学有关著作。它全面地反映了牛顿流体的应力与应变速度之间的关系(这种方程称为本构方程)。

关于真实不可压缩流体内一点的压强,将式(4-2-2)三项相加,再考虑到式(3-4-17),得

$$p = \frac{1}{3}(p_{xx} + p_{yy} + p_{zz}) \tag{4-2-4}$$

此式说明,一点上各向同性的压强值(静压强)等于各向异性压强(真实不可压缩的流动流体压强)的算术平均值。因此,在工程计算时,可以用各向同性压强来推算各向异性压强值。

4.2.3   纳维-斯托克斯方程

如图 4-2 所示,流体微元除受六个面上的九个应力外,还受质量力 f 的作用。根据牛顿第二定律 $\sum F = ma$,列出微元在 x 方向的运动方程式为

$$f_x \rho \,\mathrm{d}x\mathrm{d}y\mathrm{d}z + p_{xx}\,\mathrm{d}y\mathrm{d}z - (p_{xx} + \frac{\partial p_{xx}}{\partial x}\mathrm{d}x)\mathrm{d}y\mathrm{d}z - \tau_{yx}\,\mathrm{d}x\mathrm{d}z + (\tau_{yx} + \frac{\partial \tau_{yx}}{\partial y}\mathrm{d}y)\mathrm{d}x\mathrm{d}z -$$

$$\tau_{zx}\,\mathrm{d}x\mathrm{d}y + (\tau_{zx} + \frac{\partial \tau_{zx}}{\partial z}\mathrm{d}z)\mathrm{d}x\mathrm{d}y = \frac{\mathrm{d}u_x}{\mathrm{d}t}\rho\,\mathrm{d}x\mathrm{d}y\mathrm{d}z$$

两边同除以 $\rho\mathrm{d}x\mathrm{d}y\mathrm{d}z$,可得

$$f_x - \frac{1}{\rho}(\frac{\partial p_{xx}}{\partial x} - \frac{\partial \tau_{yx}}{\partial y} - \frac{\partial \tau_{zx}}{\partial z}) = \frac{\mathrm{d}u_x}{\mathrm{d}t}$$

将式(4-2-2)、式(4-2-1)中的 p_{xx}、τ_{yx}、τ_{zx} 代入,得

$$f_x - \frac{1}{\rho}\frac{\partial p}{\partial x} + \mu(\frac{\partial^2 u_x}{\partial x^2} + \frac{\partial^2 u_x}{\partial y^2} + \frac{\partial^2 u_x}{\partial z^2}) + \mu\frac{\partial}{\partial x}(\frac{\partial u_x}{\partial x} + \frac{\partial u_y}{\partial y} + \frac{\partial u_z}{\partial z}) = \frac{\mathrm{d}u_x}{\mathrm{d}t}$$

对于不可压缩流体,考虑式(3-3-13),可得

$$f_x - \frac{1}{\rho}\frac{\partial p}{\partial x} + \mu(\frac{\partial^2 u_x}{\partial x^2} + \frac{\partial^2 u_x}{\partial y^2} + \frac{\partial^2 u_x}{\partial z^2}) = \frac{\mathrm{d}u_x}{\mathrm{d}t}$$

同理,对 y、z 方向可以推出另外两个分量式。综合得出

$$\begin{cases} f_x - \dfrac{1}{\rho}\dfrac{\partial p}{\partial x} + \mu(\dfrac{\partial^2 u_x}{\partial x^2} + \dfrac{\partial^2 u_x}{\partial y^2} + \dfrac{\partial^2 u_x}{\partial z^2}) = \dfrac{\mathrm{d}u_x}{\mathrm{d}t} \\[3mm] f_y - \dfrac{1}{\rho}\dfrac{\partial p}{\partial y} + \mu(\dfrac{\partial^2 u_y}{\partial x^2} + \dfrac{\partial^2 u_y}{\partial y^2} + \dfrac{\partial^2 u_y}{\partial z^2}) = \dfrac{\mathrm{d}u_y}{\mathrm{d}t} \\[3mm] f_z - \dfrac{1}{\rho}\dfrac{\partial p}{\partial z} + \mu(\dfrac{\partial^2 u_z}{\partial x^2} + \dfrac{\partial^2 u_z}{\partial y^2} + \dfrac{\partial^2 u_z}{\partial z^2}) = \dfrac{\mathrm{d}u_z}{\mathrm{d}t} \end{cases} \quad (4-2-5)$$

引入拉普拉斯算子

$$\nabla^2 = \nabla \cdot \nabla = \frac{\partial^2}{\partial x^2} + \frac{\partial^2}{\partial y^2} + \frac{\partial^2}{\partial z^2}$$

并根据式(3-2-9),得

$$\begin{cases} f_x - \dfrac{1}{\rho}\dfrac{\partial p}{\partial x} + \mu \nabla^2 u_x = \dfrac{\mathrm{d}u_x}{\mathrm{d}t} = u_x\dfrac{\partial u_x}{\partial x} + u_y\dfrac{\partial u_x}{\partial y} + u_z\dfrac{\partial u_x}{\partial z} + \dfrac{\partial u_x}{\partial t} \\[3mm] f_y - \dfrac{1}{\rho}\dfrac{\partial p}{\partial y} + \mu \nabla^2 u_y = \dfrac{\mathrm{d}u_y}{\mathrm{d}t} = u_x\dfrac{\partial u_y}{\partial x} + u_y\dfrac{\partial u_y}{\partial y} + u_z\dfrac{\partial u_y}{\partial z} + \dfrac{\partial u_y}{\partial t} \\[3mm] f_z - \dfrac{1}{\rho}\dfrac{\partial p}{\partial z} + \mu \nabla^2 u_z = \dfrac{\mathrm{d}u_z}{\mathrm{d}t} = u_x\dfrac{\partial u_z}{\partial x} + u_y\dfrac{\partial u_z}{\partial y} + u_z\dfrac{\partial u_z}{\partial z} + \dfrac{\partial u_z}{\partial t} \end{cases} \quad (4-2-6)$$

这就是真实不可压缩流体的运动微分方程,由法国人纳维尔(Navier)和英国人斯托克

斯(Stokes)先后独立提出,因此称为纳维-斯托克斯方程,简称N-S方程。与欧拉运动微分方程相比,N-S方程多了一项由黏性引起的因子,使方程变为二阶非线性偏微分方程组,求出其解析解的难度很大。工程应用时采用计算机数值解法,获得近似解。这种利用计算机数值解法来求解流体力学方程的方法已成为流体力学的主要研究方法之一。

4.3　伯努利方程及其应用

　　N-S方程因求解难度大而不便于工程应用。工程上应用较为广泛的是另一种方程——伯努利方程。本节将从理想流体元流的伯努利方程开始,导出具有重要实际应用意义的真实总流伯努利方程。

4.3.1　不可压缩理想流体伯努利方程

　　设某时刻流场中存在一条流线 s,如图 4-3 所示,现将式(4-1-7)向 s 上投影。设流线某点速度为 u,单位质量力在 s 上的分力为 f_s,则式(4-1-7)在 s 上投影式为

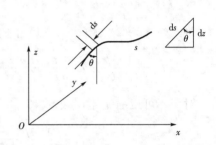

图 4-3　流线坐标运动分析

$$f_s - \frac{1}{\rho}\frac{\partial p}{\partial s} = \frac{\mathrm{d}u}{\mathrm{d}t} = \frac{\partial u}{\partial t} + \frac{\partial u}{\partial s}\frac{\mathrm{d}s}{\mathrm{d}t} \qquad (4-3-1)$$

　　对于一元定常流动,所有变量只有 $\dfrac{\mathrm{d}s}{\mathrm{d}t}$ 是流线坐标 s 的函数,即有

$$\frac{\partial p}{\partial s} = \frac{\mathrm{d}p}{\mathrm{d}s},\ \frac{\partial u}{\partial t} = 0,\ \frac{\partial u}{\partial s} = \frac{\mathrm{d}u}{\mathrm{d}s},\ \frac{\mathrm{d}s}{\mathrm{d}t} = u$$

　　质量力仅为重力时有

$$f_s = -g\cos\theta = -g\frac{\mathrm{d}z}{\mathrm{d}s}$$

因此式(4-3-1)可以改写成

$$-g\frac{\mathrm{d}z}{\mathrm{d}s} - \frac{1}{\rho}\frac{\mathrm{d}p}{\mathrm{d}s} = \frac{\mathrm{d}u}{\mathrm{d}s}u \qquad (4-3-2)$$

或

$$u\mathrm{d}u + g\mathrm{d}z + \frac{\mathrm{d}p}{\rho} = 0 \qquad (4-3-3)$$

这就是流线型欧拉运动微分方程。将之变形为

$$\mathrm{d}(\frac{u^2}{2g}) + \mathrm{d}z + \mathrm{d}(\frac{p}{\rho g}) = 0$$

积分得

$$z + \frac{p}{\rho g} + \frac{u^2}{2g} = C \qquad\qquad (4-3-4)$$

式中：C—— 常数。

式(4-3-4)就是著名的不可压缩理想流体伯努利方程,是瑞士科学家丹尼尔·伯努利 (Daniel Bernoulli) 于 1738 年发表的。由于式(4-3-4)是在任意点导出的,因此对流线上任意两点,都有下式成立,即

$$z_1 + \frac{p_1}{\rho g} + \frac{u_1^{\,2}}{2g} = z_2 + \frac{p_2}{\rho g} + \frac{u_2^{\,2}}{2g} \qquad\qquad (4-3-5)$$

式中：z—— 单位重力流体的位能,或简称为位置水头;

$\dfrac{p}{\rho g}$—— 单位重力流体的压能,或简称为压强水头;

$\dfrac{u^2}{2g}$—— 单位重力流体的动能,也简称为速度水头。

当速度 u 为 0 时,上式就转化为平衡流体的流体静力学基本方程

$$z + \frac{p}{\rho g} = C$$

因为理想流体没有能量损失,不可压缩理想流体伯努利方程说明在理想流体中,流体的总机械能(包括位能、压能和动能)守恒。由此可见,伯努利方程式实质就是物理学能量守恒定律在流体力学上的具体体现。

4.3.2　总流上的伯努利方程

式(4-3-5)只是在一条流线上成立的方程式,而工程上常常需要的是求解总流(管道内)的问题。如图 3-13 所示,A_1、A_2 分别是总流上的两个过流截面,平均速度分别是 v_1、v_2,则在 A_1 截面上,每一点的单位重力流体的平均动能都为 $\dfrac{\alpha_1 v_1^2}{2g}$,其中 α_1 为动能修正系数。考虑到穿过 A_1 截面上的流线处处与 A_1 垂直,因而在 A_1 截面的切线方向上速度投影为零,也就是说,沿 A_1 截面的切线方向流体是静止的,其上的每一点应该满足平衡流体的流体静力学基本方程

$$z + \frac{p}{\rho g} = C$$

因此,截面上每一点的 $z + \dfrac{p}{\rho g}$ 都是相等的。故对 A_1 截面有

$$z_1 + \frac{p_1}{\rho g} + \frac{\alpha_1 v_1^2}{2g} = C$$

同理,对 A_2 截面可得类似结论。综上所述,我们将式(4-3-5)扩展为不可压缩理想流体总流伯努利方程

$$z + \frac{p}{\rho g} + \frac{\alpha v^2}{2g} = C \tag{4-3-6}$$

或

$$z_1 + \frac{p_1}{\rho g} + \frac{\alpha_1 v_1^2}{2g} = z_2 + \frac{p_2}{\rho g} + \frac{\alpha_2 v_2^2}{2g} \tag{4-3-7}$$

对真实流体,当流体在流动时,由于黏性的存在,由牛顿内摩擦定律可知,流体内部及流体与管壁之间必然存在着切应力,这个切应力阻碍着流体的运动,做负功,消耗了一部分能量。因此,式(4-3-7)需要修正才能适合真实流体。设 A_1 截面和 A_2 截面之间消耗的能量以 h_w 表示,修正后的公式是

$$z_1 + \frac{p_1}{\rho g} + \frac{\alpha_1 v_1^2}{2g} = z_2 + \frac{p_2}{\rho g} + \frac{\alpha_2 v_2^2}{2g} + h_w \tag{4-3-8}$$

这就是真实不可压缩流体的总流伯努利方程(以后直接简称为总流伯努利方程),它是流体力学中极为重要的公式,在实际工程中有着广泛的应用。

4.3.3 伯努利方程的应用

伯努利方程与连续性方程(有时也需要与流体静力学方程)联立,可以解决一元流动的断面流速和压强的计算问题,这在工程上有着重要的意义。应用伯努利方程应注意以下几点:

(1)要灵活运用伯努利方程。严格地讲,伯努利方程是在定常流动、不可压缩和渐变流(质点流速变化缓慢)的条件下导出的,应用时也应满足这些条件。然而,无论是实际工程上的流动问题,还是自然界中的流动现象,都很少严格满足这三个条件。因此,为了能够实际应用伯努利方程,有必要将能量方程使用的条件适当放宽。例如,对于一些准定常流问题、压缩性不明显的流体或某些急变流(质点流速变化很大)断面上,可以认为方程仍然是适用的。由此而产生的误差可以根据经验或试验数据加以修正,这样处理一般可以满足工程上的精度要求。

(2)方程的推导是在无能量输入或输出的情况下完成的,当两个断面间存在能量输入(如中间有泵或风机)或输出(如中间有马达或缸)时,只需要将输入的水头加在方程左端,或将输出的水头加在方程的右端即可。

(3)对合流或支流管路,方程仍然适用。例如,对图 4-4 的支流,仍然有下列方程成立

$$z_1 + \frac{p_1}{\rho g} + \frac{\alpha_1 v_1^2}{2g} = z_2 + \frac{p_2}{\rho g} + \frac{\alpha_2 v_2^2}{2g} + h_{w12}$$

$$= z_3 + \frac{p_3}{\rho g} + \frac{\alpha_3 v_3^2}{2g} + h_{w13}$$

式中:损耗 h_{w12} —— 截面 1 到截面 2 的能量损失;

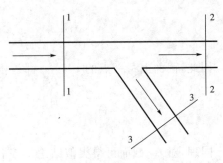

图 4-4　伯努利方程支流情况

h_{w13}—— 截面 1 到截面 3 的能量损失。

伯努利方程在支流的情况下并没有改变形式,原因是伯努利方程表示的是单位重量的流体平均能量间的关系,而非截面之间的总能量的关系。同样,合流的情况也是如此。

（4）具体应用伯努利方程的步骤:

① 分析流动现象。对照上述三条,确定问题是否可以应用伯努利方程。如果可以,再进行下一步。

② 选取截面。需选取两个缓变流截面,这两个截面尽量包含已知条件和需要求解的未知变量。

③ 选取基准面和基准点。基准面是计算位置水头 z 的参考面,基准点指压强水头 $\frac{p}{\rho g}$、位置水头 z 的取值点。理论上基准面和基准点的选取不影响计算结果,但恰当地选取将简化计算过程。一般的原则是基准面尽量通过一个或两个基准点,而基准点尽量选在截面的形心上。

④ 列出方程,代入已知量求解。注意与连续性方程和静力学方程联合求解。

下面举例说明伯努利方程的应用。

【例题 4 - 1】　皮托管（Pitot tube）是一种巧妙的流速测量装置。如图 4 - 5 所示,用玻璃管弯成直角做成的皮托管测量明渠流速。玻璃管的开口正对着水流的流动方向,水流冲击使皮托管中水柱上升。水流速度不变时,水柱上升的高度也不变。设水柱至水面高 h,皮托管浸入水中深度 H,求所测流速 v。

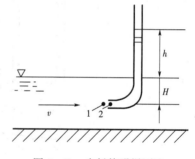

图 4 - 5　皮托管明渠测速

【解】　按照上述解题步骤,选两个过流截面,1 截面在明渠上,紧靠皮托管入口处,2 截面在皮托管内,也紧靠入口处,且基准点选在皮托管截面的形心上,两个截面基准点分别为 1 点、2 点,基准面通过基准点。列出伯努利方程

$$z_1 + \frac{p_1}{\rho g} + \frac{\alpha_1 v_1^2}{2g} = z_2 + \frac{p_2}{\rho g} + \frac{\alpha_2 v_2^2}{2g} + h_w$$

式中:$z_1 = z_2 = 0$,$p_1 = \rho g H$,$p_2 = \rho g (H+h)$;因为水流速度稳定时,管内液体静止,故 $v_2 = 0$;因 1 点、2 点很接近,有 $h_w = 0$;对一般工程问题,可以取 $\alpha_1 = \alpha_2 = 1$。将这些参数代入,得

$$v_1 = \sqrt{2gh} \tag{4 - 3 - 9}$$

这是皮托管的理论速度,由于在测量时引起液流扰乱,因此要精确表示测量速度,还需要对式（4 - 3 - 9）加以修正

$$v_1 = c_v \sqrt{2gh} \tag{4 - 3 - 10}$$

式中:c_v—— 流速系数,一般可以取 $0.97 \sim 0.99$。

由皮托管的伯努利方程容易得到下式

$$\frac{v_1^2}{2g} = \frac{p_2 - p_1}{\rho g} = \frac{1}{\rho g}\big[\rho g(H+h) - \rho g H\big] = h \qquad (4-3-11)$$

上式告诉我们：$\frac{v_1^2}{2g}$ 表示的速度水头就是皮托管中的水位高 h，因此，可以用皮托管来显示速度水头。

用若干皮托管和测压管可以组成演示伯努利方程几何意义的实验仪器。如图 4-6 所示，测压管垂直于管道壁，因此，其水位高表示的是静水水头（即压强水头）$\frac{p}{\rho g}$，速度水头则由皮托管显示，管道的中心线就是位置水头。沿管道方向不同点的位置水头、压强水头和速度水头都是变化的，但对于理想流体来说，三者之和是常量，故总水头是一条水平线。对实际流体来说，则存在着水头损失 h_w，故总水头是逐渐下降的。

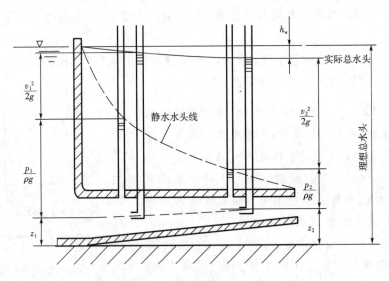

图 4-6　伯努利方程几何意义

如果用皮托管测量管道内的流体速度，则需要与测压管联合使用，如图 4-7 所示，测压管内需要灌装不溶于待测流体（密度 ρ）的另一种液体（密度 ρ'），当管道内流体速度稳定时，测压管内液柱高 h 也不变，可以列出压力平衡式，即

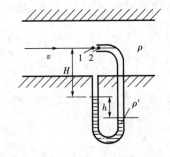

图 4-7　皮托管测量管道内流体速度

$$p_2 + (H+h)\rho g = p_1 + H\rho g + h\rho' g$$

由此得

$$p_2 - p_1 = (\rho' - \rho)hg$$

与明渠测速类似，可以列出伯努利方程并解得

$$v_1 = \sqrt{2g\frac{p_2 - p_1}{\rho g}} = \sqrt{2g\frac{(\rho' - \rho)hg}{\rho g}} = \sqrt{\frac{\rho' - \rho}{\rho}2hg} \qquad (4-3-12)$$

【**例题 4 - 2**】 文丘里流量计是利用节流口前后压强差来测定流量的。如图 4 - 8 所示，d_1 为管道截面 1 处的直径，d_2 为节流口处的直径。上端的测压管液位差为 h，管内流体的密度为 ρ，试求出文丘里流量计的流量公式。

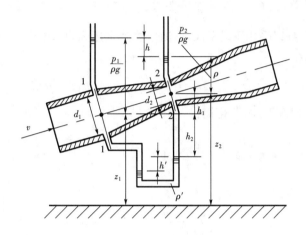

图 4 - 8 文丘里流量计

【**解**】 取截面 1、2，再任取水平基准面，得截面 1、2 处的位置水头分别为 z_1、z_2，设流体为不可压缩的理想流体，且动能系数 α 取 1，可列出伯努利方程

$$z_1 + \frac{p_1}{\rho g} + \frac{v_1^2}{2g} = z_2 + \frac{p_2}{\rho g} + \frac{v_2^2}{2g}$$

由连续性方程 $v_1 A_1 = v_2 A_2$，解出

$$v_2 = v_1 \frac{A_1}{A_2} = v_1 \left(\frac{d_1}{d_2}\right)^2$$

代入伯努利方程，得

$$v_1 = \sqrt{\frac{2g}{\left(\dfrac{d_1}{d_2}\right)^4 - 1}} \sqrt{\left(\frac{p_1}{\rho g} + z_1\right) - \left(\frac{p_2}{\rho g} + z_2\right)} \qquad (4 - 3 - 13)$$

如图 4-8 所示，当采用上端的测压管时，上式右边根号内的差就是两个测压管的液位差 h，故

$$v_1 = \sqrt{\frac{2g}{\left(\dfrac{d_1}{d_2}\right)^4 - 1}} \sqrt{h} \qquad (4 - 3 - 14)$$

于是理论流量为

$$q_t = \frac{\pi d_1^2}{4} v_1 = \frac{\pi d_1^2}{4} \sqrt{\frac{2g}{\left(\dfrac{d_1}{d_2}\right)^4 - 1}} \cdot \sqrt{h} = k\sqrt{h}$$

式中：k——仪器常数，且 $k = \dfrac{\pi d_1^2}{4} \sqrt{\dfrac{2g}{\left(\dfrac{d_1}{d_2}\right)^4 - 1}}$。

考虑到实际流体的黏性影响,则应对理论流量进行黏性修正,于是实际流量为

$$q = C_q k \sqrt{h}$$

式中:C_q—— 流量系数,且 $C_q = \dfrac{q}{q_1} = \dfrac{实际流量}{理论流量}$。

文丘里流量计也可以采用下端的 U 形测压管测量压强,如图 4-8 所示,对 U 形测压管两端压强列平衡式,有

$$p_1 + \rho g h_2 + \rho g h' = p_2 + \rho g (h_1 + h_2) + \rho' g h'$$

将 $h_1 = z_2 - z_1$ 代入上式,并化简得

$$\left(\frac{p_1}{\rho g} + z_1\right) - \left(\frac{p_2}{\rho g} + z_2\right) = \frac{\rho' - \rho}{\rho} h'$$

代入(4-3-13)得

$$v_1 = \sqrt{\frac{2g}{\left(\dfrac{d_1}{d_2}\right)^4 - 1}} \sqrt{\frac{\rho' - \rho}{\rho} h'} \qquad (4-3-15)$$

文丘里流量计是一种节流式流量计,它是利用节流元件前后的压强差来测定流量的。除文丘里流量计外,工程上常用的节流式流量计还有孔板式流量计和喷嘴流量计等,它们的节流元件稍有差异,但基本原理完全相同。

4.4　气体总流伯努利方程

前面我们已经推导出了不可压缩流体定常总流伯努利方程

$$z_1 + \frac{p_1}{\rho g} + \frac{\alpha_1 v_1^2}{2g} = z_2 + \frac{p_2}{\rho g} + \frac{\alpha_2 v_2^2}{2g} + h_w$$

该方程适用于不可压缩流体,也适用于流速不太大的气体。应用于气体时,习惯将方程式中的每一项表示成压强量纲的形式,即

$$\rho g z_1 + p_1' + \frac{\rho v_1^2}{2} = \rho g z_2 + p_2' + \frac{\rho v_2^2}{2} + p_{11-2} \qquad (4-4-1)$$

重度 $\gamma = \rho g$ 代入上式,则有

$$\gamma z_1 + p_1' + \frac{\rho v_1^2}{2} = \gamma z_2 + p_2' + \frac{\rho v_2^2}{2} + p_{11-2} \qquad (4-4-2)$$

上式反映了单位体积气体的各种平均机械能之间的转换关系。式中 p_{11-2} 表示平均每单位体积气体由截面 1 到截面 2 的压强损失,p_1'、p_2' 表示绝对压强。若压强是以表压强表示的,对于高度差较大、管内外气体重度不同的气体管路,必须考虑大气压强因高度不同而引起的差异。如图 4-9 所示,设高度 z_1 处的大气压强

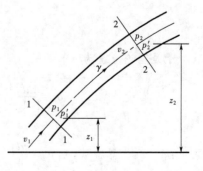

图 4-9　管中气体流动

为 p_a，则 z_2 处的大气压强应为 $p_a-\gamma_a(z_2-z_1)$，γ_a 为大气重度。于是有绝对压强

$$\begin{cases}p_1'=p_1+p_a\\p_2'=p_2+p_a-\gamma_a(z_2-z_1)\end{cases}$$

将上式代入式 $(4-4-2)$，得

$$\gamma z_1+p_1+p_a+\frac{\rho v_1^2}{2}=\gamma z_2+p_2+p_a-\gamma_a(z_2-z_1)+\frac{\rho v_2^2}{2}+p_{l1-2}$$

整理得

$$(\gamma_a-\gamma)(z_2-z_1)+p_1+\frac{\rho v_1^2}{2}=p_2+\frac{\rho v_2^2}{2}+p_{l1-2}\qquad(4-4-3)$$

这就是以表压强形式表示的定常气体总流能量方程式。必须说明：

(1) 使用上式时，p_1、p_2 必须是表压强。

(2) 截面 1 和截面 2 必须按流动方向顺序选取。

类似各种水头的定义，我们也称式 $(4-4-3)$ 中的 p 为静压，$\frac{\rho v^2}{2}$ 为动压，$(\gamma_a-\gamma)(z_2-z_1)$ 为位压，静压和位压之和又称为势压。静压、动压和位压三者之和称为全压。

【例题 4-3】　如图 4-10 所示，空气由炉口 a 流入，通过燃烧后，废气经 b、c、d 由烟囱流出。烟气密度 $\rho=0.6\text{kg/m}^3$，空气密度 $\rho_a=1.2\text{kg/m}^3$，由 $a\rightarrow c$ 及 $c\rightarrow d$ 的压强损失分别为 $9\times\frac{\rho v^2}{2}$ 和 $20\times\frac{\rho v^2}{2}$。求：① 出口 d 处的流速 v_d；② c 处的静压 p_c。假设烟道为等截面通道。

【解】　① 在炉口 a 前取一截面 O，其面积可视为无穷大，速度视为 0。对截面 O 和截面 d 之间的总压强损失 $29\times\frac{\rho v^2}{2}$，据此列出气体总流能量方程式

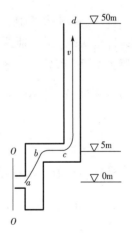

$$(\rho_a-\rho)g(50-0)=\frac{\rho v_d^2}{2}+29\frac{\rho v_d^2}{2}$$

再代入已知数据，得

$$0.6g\times50=30\times\frac{0.6\times v_d^2}{2}$$

解得

$$v_d=5.7\text{m/s}$$

② 对 c、d 两截面列气体总流能量方程式

图 4-10　炉内空气流通示意图

$$0.6g(50-5)+p_c+\frac{\rho v_c^2}{2}=\frac{\rho v_d^2}{2}+20\frac{\rho v_d^2}{2}$$

解得

$$p_c=-30\times0.8-15\times0.6\times0.8=-68.6(\text{Pa})$$

4.5 动量方程及其应用

N-S 方程是质点运动微分方程,虽然表示的是流场中压强和速度的分布关系,但求解困难,这大大限制了它的实际应用。为了求出流体的受力关系,我们可以应用动量定理。

将牛顿第二定律 $\sum \boldsymbol{F} = m\boldsymbol{a}$ 改写为动量定理 $\sum \boldsymbol{F}\mathrm{d}t = m\mathrm{d}\boldsymbol{v} = \mathrm{d}(m\boldsymbol{v})$,并将之用于具有一定质量的流体质点系,由于各个质点的速度不尽相同,因此质点系的动量定理为

$$\sum \boldsymbol{F} = \frac{\mathrm{d}(\sum m\boldsymbol{v})}{\mathrm{d}t} \tag{4-5-1}$$

根据上式,只要求出质点系各个质点的动量变化率,就可以求出质点系所受外力的合力。直观地看,这似乎可以采用拉格朗日方法,但是流体的质点运动甚为复杂,我们几乎不可能求出每个质点的动量变化率,因为这样做需要知道每个质点的速度与时间函数的关系,这在工程实践中是不切实际的。不过我们可以采用欧拉方法,用控制体法解决这个问题。

在图 4-11 中,某时刻 t,取流场中的控制体如曲线所示。设控制体的体积为 V,控制体内的质点系速度为 $u(x,y,z,t)$,简记为 $\boldsymbol{u}$,密度为 $\rho(x,y,z,t)$,简记为 ρ,则控制体 V 内 t 时刻的动量记为

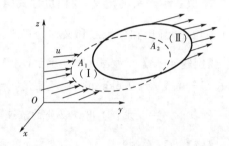

$$\boldsymbol{I} = \left[\iiint\limits_V \rho\boldsymbol{u}\mathrm{d}V\right]_t \tag{4-5-2}$$

经过 Δt 后,控制体 V 内的原质点系的质点运动到图中实线位置,即原质点系的一部分仍留在

图 4-11　控制体法求动量定理

控制体 V 内,而另一部分质点 II 穿过边界 A_2,到了控制体 V 外。与此同时,也有一部分新的质点穿过 A_1,进入控制体 V 内。设 Δt 内,流出的动量 $\boldsymbol{I}_{\mathrm{out}} = \Delta t\iint\limits_{A_2}\rho\boldsymbol{u}(\boldsymbol{u}\cdot\mathrm{d}\boldsymbol{A})$,流入的动量 $\boldsymbol{I}_{\mathrm{in}} = \Delta t\iint\limits_{A_1}\rho\boldsymbol{u}(\boldsymbol{u}\cdot\mathrm{d}\boldsymbol{A})$,在 $t+\Delta t$ 时刻,控制体 V 内所有质点系的动量为 $\boldsymbol{I}'_{t+\Delta t} = \left[\iiint\limits_V \rho\boldsymbol{u}\mathrm{d}V\right]_{t+\Delta t}$,原质点系的动量为 $\boldsymbol{I}_{t+\Delta t}$,其值为

$$\boldsymbol{I}_{t+\Delta t} = \boldsymbol{I}'_{t+\Delta t} - \boldsymbol{I}_{\mathrm{in}} + \boldsymbol{I}_{\mathrm{out}} = \left[\iiint\limits_V \rho\boldsymbol{u}\mathrm{d}V\right]_{t+\Delta t} - \Delta t\iint\limits_{A_1}\rho\boldsymbol{u}(\boldsymbol{u}\cdot\mathrm{d}\boldsymbol{A}) + \Delta t\iint\limits_{A_2}\rho\boldsymbol{u}(\boldsymbol{u}\cdot\mathrm{d}\boldsymbol{A})$$

$$= \left[\iiint\limits_V \rho\boldsymbol{u}\mathrm{d}V\right]_{t+\Delta t} + \Delta t\oiint\limits_A \rho\boldsymbol{u}(\boldsymbol{u}\cdot\mathrm{d}\boldsymbol{A})$$

上式中用到 $A = A_1 + A_2$。

可以求出原质点系的动量变化为

$$\Delta\boldsymbol{I} = \boldsymbol{I}_{t+\Delta t} - \boldsymbol{I}_t = \left[\iiint\limits_V \rho\boldsymbol{u}\mathrm{d}V\right]_{t+\Delta t} + \Delta t\oiint\limits_A \rho\boldsymbol{u}(\boldsymbol{u}\cdot\mathrm{d}\boldsymbol{A}) - \left[\iiint\limits_V \rho\boldsymbol{u}\mathrm{d}V\right]_t \tag{4-5-3}$$

代入式(4 - 5 - 1)

$$\sum \boldsymbol{F} = \frac{\mathrm{d}(\sum m\boldsymbol{u})}{\mathrm{d}t} = \lim_{\Delta t \to 0} \frac{1}{\Delta t} \left\{ \left[\iiint_V \rho \boldsymbol{u} \mathrm{d}V \right]_{t+\Delta t} - \left[\iiint_V \boldsymbol{u} \mathrm{d}V \right]_t + \Delta t \oiint_A \rho \boldsymbol{u} (\boldsymbol{u} \cdot \mathrm{d}\boldsymbol{A}) \right\}$$

即

$$\sum \boldsymbol{F} = \frac{\partial}{\partial t} \iiint_V \rho \boldsymbol{u} \mathrm{d}V + \oiint_A \rho \boldsymbol{u} (\boldsymbol{u} \cdot \mathrm{d}\boldsymbol{A}) \qquad (4 - 5 - 4)$$

这就是用欧拉方法表示的动量方程式。

下面对式(4 - 5 - 4)做出说明：

(1) $\sum \boldsymbol{F}$ 是作用在控制体质点系上的所有外力的矢量和,它既包括控制体外部流体及固体对控制体内流体的作用力,也包括控制体内流体的重力或惯性力。这些力中有些可能是已知量,有些则是未知量。

(2) $\frac{\partial}{\partial t} \iiint_V \rho \boldsymbol{u} \mathrm{d}V$ 表示的是控制体内流体动量对时间的变化率,即单位时间内控制体内流体动量的增量。当控制体固定而且是定常流动时,这一项必然为零。

(3) $\oiint_A \rho \boldsymbol{u} (\boldsymbol{u} \cdot \mathrm{d}\boldsymbol{A})$ 是单位时间内通过所有控制表面的动量代数和。因为从控制体流出的动量为正值,流入的控制体动量为负值,所以这一项也可以说是单位时间内控制体流出动量与流入动量之差,即单位时间内净流出控制体的流体动量。

对于定常不可压缩的一元流动,如图 4 - 12 所示,在流管内取流线 S 方向为坐标方向的正向,取虚线内所示部分为控制体,则控制体表面只有截面 A_1 和 A_2 两个面有动量流进、流出。若这两个面上的平均流速为 v_1 和 v_2,可以将式(4 - 5 - 4)简化为

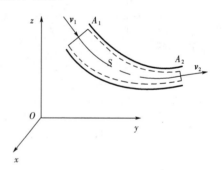

$$\sum \boldsymbol{F}_s = \oiint_A \rho \boldsymbol{v} (\boldsymbol{v} \cdot \mathrm{d}\boldsymbol{A})$$

$$= \iint_{A_2} \rho \boldsymbol{v}_2 (\boldsymbol{v}_2 \cdot \mathrm{d}\boldsymbol{A}) - \iint_{A_1} \rho \boldsymbol{v}_1 (\boldsymbol{v}_1 \cdot \mathrm{d}\boldsymbol{A})$$

图 4 - 12　一元流动的动量方程

$$= \beta \rho q (\boldsymbol{v}_2 - \boldsymbol{v}_1) \qquad (4 - 5 - 5)$$

写成分量式

$$\begin{cases} \sum F_x = \beta \rho q (v_{2x} - v_{1x}) \approx \rho q (v_{2x} - v_{1x}) \\ \sum F_y = \beta \rho q (v_{2y} - v_{1y}) \approx \rho q (v_{2y} - v_{1y}) \\ \sum F_z = \beta \rho q (v_{2z} - v_{1z}) \approx \rho q (v_{2z} - v_{1z}) \end{cases} \qquad (4 - 5 - 6)$$

式中：对一般的湍流情况，取动量修正系数 $\beta \approx 1$。

为方便使用，必须对上式说明如下：

（1）与式（4-5-4）相同，左端 $\sum \boldsymbol{F}$ 是流体外接触壁作用在控制体上的所有外力的合力，如果要求外接触壁受到流体的作用力 $\sum \boldsymbol{F}'$，可以利用作用力与反作用力的关系求出，即 $\sum \boldsymbol{F}' = -\sum \boldsymbol{F}$。

（2）关于力和速度的方向问题。当它们的方向与坐标方向一致时，取正值；否则取负值。式中的负号是固有的，与速度方向无关。

下面的例子应用了上述说明。

【例题 4-4】 水在直径为 10cm 的水平弯管中以 5m/s 的流速流动，如图 4-13 所示，弯管前端的压强为 0.1 个大气压，如不计水头损失，求水流对弯管的作用力。

【解】 在弯管上游、下游取截面 1—1 和 2—2，并以此二截面及管壁为控制面。由于管路水平且截面积相等，根据伯努利方程，容易得到

$$p_1 = p_2 = 9.807 \text{kPa}$$

设弯管对水流的作用力为 R，则由动量方程，得

$$R_x + p_1 A_1 - p_2 A_2 \cos 60° = \rho q (v \cos 60° - v)$$

$$R_y - p_2 A_2 \sin 60° = \rho q (v \sin 60° - 0)$$

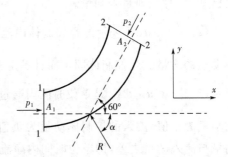

图 4-13   等径水平弯管俯视图

代入数据，得

$$R_x + 9.807 \times \frac{\pi}{4}(1 - 0.5) = 1000 \times \frac{\pi}{4} \times 0.1^2 \times 5^2 \times (0.5 - 1)$$

$$R_y - 9.807 \times \frac{\pi}{4} \times 0.1^2 \times \frac{\sqrt{3}}{2} = 1000 \times \frac{\pi}{4} \times 0.1^2 \times 5^2 \times \frac{\sqrt{3}}{2}$$

解得

$$R_x = -0.137 \text{kN}$$

$$R_y = 0.237 \text{kN}$$

作用力 R 的大小为

$$R = \sqrt{R_x{}^2 + R_y{}^2} \approx 0.274 \text{kN}$$

$$\alpha = \arctan \frac{R_y}{R_x} = \arctan -\frac{0.237}{0.137} = -60°$$

水流对弯管的作用力 $\boldsymbol{R}' = -\boldsymbol{R}$。

4.6　动量矩方程

运用动量方程能够确定流体与边界之间作用力的大小,但不能给出作用力的位置。与求合力作用点要应用力矩平衡方程相类似,在确定流体与边界之间作用力的位置时,需要应用动量矩方程。

对前面的动量方程式($\sum \boldsymbol{F} = \frac{\partial}{\partial t} \iiint\limits_{V} \rho\,\boldsymbol{u}\,\mathrm{d}V + \oiint\limits_{A} \boldsymbol{u}\rho\,u_n\,\mathrm{d}A$) 两边同乘以矢径 $\boldsymbol{r}$,得

$$\sum \boldsymbol{F}_i \times \boldsymbol{r}_i = \frac{\partial}{\partial t} \iiint\limits_{V} \rho(\boldsymbol{u} \times \boldsymbol{r})\,\mathrm{d}V + \oiint\limits_{A} (\boldsymbol{u} \times \boldsymbol{r})\rho\,u_n\,\mathrm{d}A \qquad (4-6-1)$$

式中:u_n—— 沿微元控制面法线方向的分速度。

上式左端 $\sum \boldsymbol{F}_i \times \boldsymbol{r}_i$ 为作用于控制体上的外力对同一点力矩的矢量和,在稳定流动条件下,右端第一项 $\frac{\partial}{\partial t} \iiint\limits_{V} \rho(\boldsymbol{u} \times \boldsymbol{r})\,\mathrm{d}V = 0$;右端第二项等于控制面流出与流入的流体的动量矩之差,即

$$\oiint\limits_{A} (\boldsymbol{u} \times \boldsymbol{r})\rho\,u_n\,\mathrm{d}A = \iint\limits_{\mathrm{CS}_{\mathrm{out}}} (\boldsymbol{u} \times \boldsymbol{r})\rho\,u_n\,\mathrm{d}A - \iint\limits_{\mathrm{CS}_{\mathrm{in}}} (\boldsymbol{u} \times \boldsymbol{r})\rho\,u_n\,\mathrm{d}A$$

则式(4-6-1) 可写成

$$\sum \boldsymbol{F}_i \times \boldsymbol{r}_i = \iint\limits_{\mathrm{CS}_{\mathrm{out}}} (\boldsymbol{u} \times \boldsymbol{r})\rho\,u_n\,\mathrm{d}A - \iint\limits_{\mathrm{CS}_{\mathrm{in}}} (\boldsymbol{u} \times \boldsymbol{r})\rho\,u_n\,\mathrm{d}A \qquad (4-6-2)$$

式中:$\mathrm{CS}_{\mathrm{out}}$—— 控制面中流出部分面积;

$\mathrm{CS}_{\mathrm{in}}$—— 控制面中流入部分面积。

式(4-6-2) 就是动量矩方程。

下面我们应用动量矩方程来推导泵(涡轮)类机械的基本方程式。图 4-14 为离心泵的叶轮,取图上虚线区域为控制面。流体从叶轮的内圈入口流入,经流道外圈出口流出。流体质点进入叶轮的绝对速度为 $\boldsymbol{u}_1$,它是入口处的牵连速度 $\boldsymbol{u}_{1e}$ 与相对速度 $\boldsymbol{u}_{1r}$ 的合成速度。流体质点经流道至出口时的牵连速度 $\boldsymbol{u}_{2e}$,相对速度为 $\boldsymbol{u}_{2r}$,合成的绝对速度为 $\boldsymbol{u}_2$。对于定转速的叶轮,流道中的流动是稳定流动。假设流体的密度为 ρ,流过叶轮的流量为 q,重力忽略。作用在控制面上的外力有叶片对流体的作用力和内、外圈边界上的表面力。后者为径向分布,所以对轴的力矩为零。用 $\boldsymbol{M}$ 表示合力矩之和,根据动量矩方程式(4-6-2),有

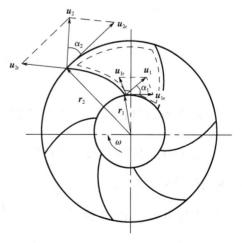

图 4-14　离心泵的叶轮

$$M = \sum F_i \times r_i = \iint\limits_{A_2} (u \times r) \rho u_{2n} \mathrm{d}A - \iint\limits_{A_1} (u \times r) \rho u_{1n} \mathrm{d}A \qquad (4-6-3)$$

式中：A_1——叶轮入口的总面积；

$\quad A_2$——出口的总面积。

由图 4-14 所示的速度三角形可以看出

$$| u \times r | = ur\cos\alpha$$

则式（4-6-3）可以写成

$$M = \iint\limits_{A_2} u_2 r_2 \cos\alpha_2 \rho u_{2n} \mathrm{d}A - \iint\limits_{A_1} u_1 r_1 \cos\alpha_1 \rho u_{1n} \mathrm{d}A$$

$$= u_2 r_2 \cos\alpha_2 \rho \iint\limits_{A_2} u_{2n} \mathrm{d}A - u_1 r_1 \cos\alpha_1 \rho \iint\limits_{A_1} u_{1n} \mathrm{d}A = \rho q (u_2 r_2 \cos\alpha_2 - u_1 r_1 \cos\alpha_1) \quad (4-6-4)$$

泵的功率为

$$N = M\omega = \rho q \left(u_2 r_2 \cos\alpha_2 \frac{u_{2\mathrm{e}}}{r_2} - u_1 r_1 \cos\alpha_1 \frac{u_{1\mathrm{e}}}{r_1} \right) = \rho q (u_2 u_{2\mathrm{e}} \cos\alpha_2 - u_1 u_{1\mathrm{e}} \cos\alpha_1)$$

则单位重量流体所获得的能量为

$$H = \frac{N}{\rho g q} = \frac{1}{g} (u_2 u_{2\mathrm{e}} \cos\alpha_2 - u_1 u_{1\mathrm{e}} \cos\alpha_1) \qquad (4-6-5)$$

式（4-6-5）与前面所推导的公式完全一致，该式就是泵类机械的基本方程式，同样适用于涡轮类机械。但要注意的是其实质不同，对于泵类机械，H 称为泵产生的扬程；对于涡轮类机械，H 称为作用于涡轮上的水头。

由这个方程式可以计算出流体通过叶轮时所获得的能量。所以，单位重量流体所获得的能量 H 反映了泵（涡轮）类机械基本性能的一个特征量。动量矩方程在叶轮式机械上应用非常广泛。

本 章 小 结

（1）理解流体的伯努利方程是理想流体运动方程 $f_i - \frac{1}{\rho} \frac{\partial p}{\partial x_i} = a_i$ 在特定条件下的积分形式。理想流体无黏性，作用力仅有质量力、惯性力和压力。伯努利方程 $z + \frac{p}{\rho g} + \frac{u^2}{2g} = C$ 是在理想流体的流线或微流束上导出的。

（2）在应用实际流体伯努利方程 $z_1 + \frac{p_1}{\rho g} + \frac{\alpha_1 u_1^2}{2g} = z_2 + \frac{p_2}{\rho g} + \frac{\alpha_2 u_2^2}{2g} + h_w$ 时，要注意：① 位置水头的零位的取法；② 与连续性方程 $q = A_1 u_1 = A_2 u_2$ 及静力学方程 $p_1 = p_2 + \rho g h$ 的

联合应用;③ 注意应用 $p_1 = p_2 + \rho g h$ 时等压面的选择。

（3）定常不可压缩的一元流动,其动量方程可简化为

$$\sum \boldsymbol{F}_s = \oiint_A \rho \boldsymbol{v}(\boldsymbol{v} \cdot \mathrm{d}\boldsymbol{A}) = \iint_{A_2} \rho \boldsymbol{v}_2(\boldsymbol{v}_2 \cdot \mathrm{d}\boldsymbol{A}) - \iint_{A_1} \rho \boldsymbol{v}_1(\boldsymbol{v}_1 \cdot \mathrm{d}\boldsymbol{A}) = \beta \rho q(\boldsymbol{v}_2 - \boldsymbol{v}_1)$$

或

$$\begin{cases} \sum F_x = \beta \rho q(v_{2x} - v_{1x}) \approx \rho q(v_{2x} - v_{1x}) \\ \sum F_y = \beta \rho q(v_{2y} - v_{1y}) \approx \rho q(v_{2y} - v_{1y}) \\ \sum F_z = \beta \rho q(v_{2z} - v_{1z}) \approx \rho q(v_{2z} - v_{1z}) \end{cases}$$

式中:对一般的湍流情况,取动量修正系数 $\beta \approx 1$。

在动量定理中,要注意 F_x、F_y、F_z 仅仅是在动量变化时约束对流体的作用力,而流体对约束面的作用力为 $-F_x$、$-F_y$、$-F_z$;要注意在有压条件下约束的受力分析方法。

（4）定常流动条件下的动量矩方程为

$$\sum \boldsymbol{F}_i \times \boldsymbol{r}_i = \iint_{CS_{out}} (\boldsymbol{u} \times \boldsymbol{r}) \rho u_n \mathrm{d}A - \iint_{CS_{in}} (\boldsymbol{u} \times \boldsymbol{r}) \rho u_n \mathrm{d}A$$

（5）N-S 方程是流体力学的基础方程。由该方程作适当简化,可得出在各种条件下的流体运动或平衡微分方程。该方程的基本理论有两点:① 微六面体上的任意面的应力,均可分解为指向坐标方向(正向或反向)的压力和任意剪应力,而后者又可分解为两坐标轴(正向和反向)的剪应力,即任意应力均可分解为三个坐标轴方向(正向或反向)的应力。② 注意应力下标的含义,并由此将 18 个应力分量简化为 9 个应力分量和 6 个独立的应力分量。当微六面体退化为一个质点时,则构成质点的应力张量。再根据牛顿第二定律,可得出 N-S 方程。

思考与练习

4-1 定常流动 $\dfrac{\mathrm{d}\boldsymbol{u}}{\mathrm{d}t} = 0$,为什么伯努利方程成立?

4-2 画图说明理想流体微小流束的伯努利方程的表达式及其物理意义和几何意义,实际流体微小流束伯努利方程的表达式及其物理意义和几何意义,实际流体总流伯努利方程的表达式及其物理意义和几何意义,伯努利方程的实质是什么?

4-3 总流的动量方程为 $\sum \boldsymbol{F} = \rho q(\alpha_{02} \boldsymbol{v}_2 - \alpha_{01} \boldsymbol{v}_1)$。试问:(1) $\sum \boldsymbol{F}$ 中包括哪些力? (2)在水平面 xOy 坐标中和在铅垂面 xOz 坐标中,$\sum \boldsymbol{F}$ 是否相等? (3)如果由总流动量方程求得的力为负值,说明什么问题?

4-4 重度 $\gamma_{oil} = 8.82 \mathrm{kN/m^3}$ 的重油,沿直径 $d = 150\mathrm{mm}$ 的输油管路流动,现测得其重量流量 $q_m = 490\mathrm{kN/h}$,问它的体积流量 q 及平均流速 v 各为多少?

4-5 如图所示,水流过长直圆管的 A、B 两断面,A 处的压头比 B 处大 45m。试问:(1)水向什么方向流动?(2)水头损失 h_f 是多少?设流动为不可压缩一维定常流,$H = 50\mathrm{m}$。(压头为 p/γ)

4-6　如图所示,水银压差计连接在水平放置的文丘里流量计上。今测得其中水银高差 $h = 80\mathrm{mm}$,已知 $D = 10\mathrm{cm}, d = 5\mathrm{cm}$,文丘里流量计的流量系数 $C_q = 0.98$。问水通过流量计的实际流量为多少?

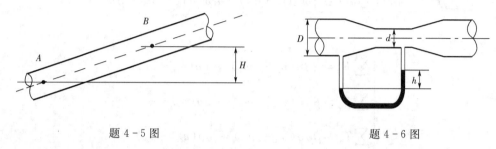

题 4-5 图　　　　　　　　　　　　题 4-6 图

4-7　如图所示,某一压力水管安装有带水银比压计的毕托管,比压计水银面高差 $\Delta h = 2\mathrm{cm}$,求 A 点的流速 u_A。

4-8　如图所示,设用一附有水银压差计的文丘里管测定倾斜管内水流的流量。已知 $d_1 = 0.10\mathrm{m}$,$d_2 = 0.05\mathrm{m}$,压差计读数 $h = 0.04\mathrm{m}$,文丘里管流量系数 $C_q = 0.98$,试求流量 q。

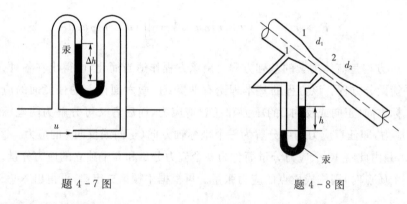

题 4-7 图　　　　　　　　　　　　题 4-8 图

4-9　如图所示,水射流流量 $q = 60\mathrm{L/s}$,以速度 $v_0 = 50\mathrm{m/s}$ 冲击一固定叶片,折射角 $\theta = 45°$,试求水作用于叶片的力。

4-10　如图所示,消防队员将水龙头喷嘴转至某一角度 θ,使水股由最高点降落时射到楼墙上 A 点,该点高出地平面 $H = 26\mathrm{m}$,喷嘴出口比地面高 $h = 1.5\mathrm{m}$,喷嘴出口流速 $v_0 = 25\mathrm{m/s}$,忽略空气阻力,试求喷嘴出口距边墙的最大水平距离 x(即水平距离 OC)。

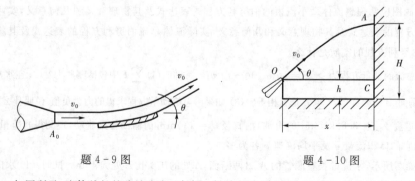

题 4-9 图　　　　　　　　　　　　题 4-10 图

4-11　如图所示,流体从长的狭缝流出,冲击一斜放的光滑平板,试求流量分配及作用在平板上的力。不计水流重力(按理想流体计),已知 v_0、A_0、θ。

4-12 水流通过水平变截面直角弯管,已知进口 $d_1 = 25$cm,$p_1 = 180$kPa,$q_1 = 0.12$m³/s,出口 $d_2 = 20$cm,求水流对弯管壁的作用力(不计水头损失)。

4-13 如图所示,流量 $q = 0.0015$m³/s 的水流过 $\theta = 45°$ 的收缩弯管(在水平面内),弯管进口直径 $d_1 = 0.05$m,压力 $p_1 = 4 \times 10^4$N/m²,弯管出口直径 $d_2 = 0.025$m。设流动定常、无摩擦,求水流对弯管壁的作用力。

4-14 如图所示,射流冲击一叶片,已知 $d = 10$cm,$v_1 = v_2 = 21$m/s,$\alpha = 135°$,求当叶片固定不动时,叶片所受到的冲击力为多少?

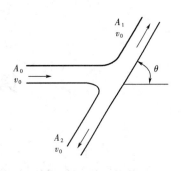

题 4-11 图

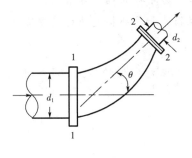

题 4-13 图

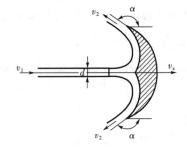

题 4-14 图

第 5 章　　圆管流动

本章学习目的和任务

(1) 了解雷诺实验过程及层流、湍流的流态特点,熟练掌握流态判别标准。

(2) 掌握圆管层流基本规律,了解湍流的机理和脉动、时均化以及混合长度理论。

(3) 了解尼古拉兹实验和莫迪图的使用,掌握阻力系数的确定方法。

(4) 理解流动阻力的两种形式,掌握管路沿程损失和局部损失的计算方法。

本章重点

雷诺数及流态判别,圆管层流运动规律,沿程阻力系数的确定,沿程损失和局部损失计算。

本章难点

湍流流速分布和湍流阻力分析。

实际流体存在黏性,流体在圆管中流动会受到阻力的作用,从而引起流体能量的损失。本章将主要讨论实际流体在圆管内流动的情况和能量损失的计算。

5.1　　雷诺实验和流态判据

5.1.1　雷诺实验

1883 年,英国科学家雷诺(O. Reynolds) 通过实验发现,流体在流动时存在两种不同的状态,对应的流体微团运动呈现完全不同的规律,这就是著名的雷诺实验,它是流体力学中重要的实验之一。

图 5-1 为雷诺实验的装置。其中的阀门 T_1 保持水箱 A 内的水位不变,使流动处在恒定流状态;水管 B 上与其相距 l 处分别装有一根测压管,用来测量两处的沿程损失 h_f,管末端装有一个调节流量的阀门 T_3;容器 C 用来计量流量;容器 D 盛有颜色液体,T_2 控制其流量。

进行实验时,先微开阀门 T_3,使水管中保持小速度稳定水流,然后打开颜色液体阀门 T_2 放出连续的细流,可以观察到水管内颜色液体成一条直的流线,如图 5-2(a) 所示。从这一现象可以看出,在管中流速较小时,它与水流不相混合,管中的液体质点均保持直线运动,水流层与层间互不干扰,这种流动称为层流。比如,实际中黏性较大的液体在极缓慢流动时,属层流运动。随后,逐渐开大阀门 T_3,增大管中液体流速,达到一定速度时,管内颜色液体开始抖动,具有波形轮廓,如图 5-2(b) 所示。继续增大流速,颜色液体抖动加剧,并在某个流速 v'_c(上临界流速)时,颜色液体线完全消失,颜色液体溶入水流中,如图 5-2(c) 所示。这种现象的产生是因为液体质点的运动轨迹不规则,各层液体相互剧烈混合,产生随机的脉动,这种流动称为湍流或紊流。

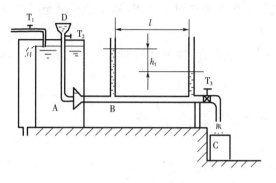

图 5-1　雷诺实验的装置　　　　　　　图 5-2　雷诺实验结果

上述实验展示的是液体流速由小到大的情况。流速由大到小的实验过程是首先全开阀门 T_3,让水流在水管 B 中高速流动,形成湍流状态,然后适当打开颜色液体阀门 T_2,使颜色液体溶入水流中;然后缓慢关小阀门 T_3,使液体流速逐渐降低,当流速减到某一值 v_c(下临界流速)时,流动形态就由湍流变成层流。这两次实验不同的是,由层流转变成湍流时的流速 v'_c 要大于由湍流转变成层流的流速 v_c。

实验表明,流体流动具有两种形态,并且可以相互转变。

5.1.2　流态判据

上述实验说明,流体流动有层流和湍流两种流态,流态与管道流速间的关系可以用临界流速来判别。通过对雷诺实验的数据测定和进一步分析,可知流态不但与断面平均流速 v 有关,而且与管径 d、液体密度 ρ 以及其黏度 μ 有关。归结为一个无因数 —— 雷诺数(Reynolds number)—— 作为判别流动状态的准则。雷诺数 Re 为

$$Re = \frac{\rho v d}{\mu} = \frac{v d}{\nu} \tag{5-1-1}$$

式中:ρ—— 流体密度(kg/m^3);

　　　v—— 管内平均流速(m/s);

　　　μ—— 动力黏度(Pa·s);

　　　ν—— 运动黏度(m^2/s),且 $\nu = \dfrac{\mu}{\rho}$;

　　　d—— 圆管直径,对于非圆管为水力直径(m)。

水力直径 d 可表示为

$$d = \frac{4A}{\chi} \tag{5-1-2}$$

式中:A—— 过流断面面积;

χ—— 过流断面上流体与壁面接触的周长,称为湿周长度。

雷诺实验及其他大量的实验表明,与下临界流速对应的雷诺数几乎不变,约为 Re_c(称为下临界雷诺数),而与上临界流速对应的雷诺数随实验条件的不同在 2320 ~ 13800 的范围内变化。对于工程实际来说,可取下临界雷诺数为判别标准,即 $Re \leqslant Re_c$ 时为层流,$Re > Re_c$ 时为湍流。

由上述可知,流态不仅反映了管道内液体的特性,同时还反映了管道的特性。雷诺数是判别流态的标准。

5.2   圆管中的层流运动

圆管中的层流运动常见于工程实际中,在机械工程上尤其常用,如液压传动、润滑油管、滑动轴承中油膜的流动等。研究圆管层流具有非常重要的意义。

5.2.1   建立圆管中层流运动微分方程的方法

第一种方法是基于纳维-斯托克斯(N - S)方程的简化分析,第二种方法是基于微元流体的牛顿力学分析法。前者只要根据层流特点简化即可,为应用 N - S 方程解决湍流问题奠定了基础;后者简明扼要,物理概念明确。第一种分析方法将在下一节中讲述,下面介绍第二种方法。

1. 牛顿力学分析法

管内流动的沿程损失是由管壁摩擦及流体内摩擦造成的。首先建立关于水平圆管内流动的摩擦阻力与沿程损失间的关系。如图 5-3 所示,取长为 dx,半径为 r 的微元圆柱体,不计质量力和惯性力,仅考虑压力和剪应力,则有

$$\pi r^2 p - \pi r^2 (p + dp) - 2\pi r \tau \, dx = 0$$

得

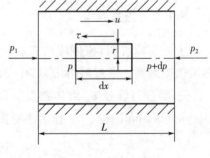

图 5-3   圆管层流

$$\tau = -\frac{dp}{dx} \frac{r}{2}$$

由于

$$\frac{dp}{dx} \approx \frac{p_2 - p_1}{x_2 - x_1} = -\frac{\Delta p}{L}$$

根据牛顿黏性定律 $\tau = -\mu \dfrac{du}{dr}$,则有

$$\frac{du}{dr} = -\frac{\Delta p}{2\mu L} r \tag{5 - 2 - 1}$$

2. 速度分布规律与流量

对式(5-2-1)不定积分,得

$$u = -\frac{\Delta p}{4\mu L} r^2 + C \qquad (5-2-2)$$

边界条件 $r=R$ 时,$u=0$;$r=0$ 时,$u=u_{max}$。

可定积分常数 $C = -\frac{\Delta p}{4\mu L} R^2$,代入上式,得

$$u = -\frac{\Delta p}{4\mu L}(R^2 - r^2) \text{ 和 } u_{max} = \frac{R^2 \Delta p}{4\mu L} \qquad (5-2-3)$$

式(5-2-3)表明,圆管层流的速度分布是以管轴线为轴线的二次抛物面,如图 5-4 所示。

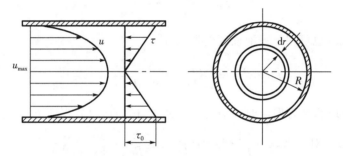

图 5-4 圆管层流的速度和剪应力分布

在半径 r 处取壁厚为 dr 的微圆环,在 dr 上可视速度 u 为常数,圆环截面上的微流量 dq 为

$$dq = udA = u \times 2\pi r dr = \frac{2\pi \Delta p}{4\mu L}(R^2 - r^2)r dr \qquad (5-2-4)$$

对上式积分,可求圆管流量 q,即

$$q = \int_0^R dq = \int_0^R \frac{2\pi \Delta p}{4\mu L}(R^2 - r^2)r dr = \frac{\pi d^4}{128\mu L}\Delta p \qquad (5-2-5)$$

式(5-2-5)称为哈根-泊肃叶定律(Hagen-Poiseuille law),它与实测结果完全一致。

3. 最大流速与平均流速

由式(5-2-3)可知

$$u_{max} = \frac{R^2 \Delta p}{4\mu L} \qquad (5-2-6)$$

由式(5-2-5)可求平均流速 v,即

$$v = \frac{q}{A} = \frac{\Delta p d^2}{32\mu L} = \frac{\Delta p}{8\mu L}R^2 = \frac{1}{2}u_{max} \qquad (5-2-7)$$

4. 剪应力分布规律

由式(5-2-3)并根据牛顿内摩擦定律可求剪应力 τ,即

$$\tau = -\mu \frac{\mathrm{d}u}{\mathrm{d}r} = -\mu \frac{\mathrm{d}}{\mathrm{d}r}\left[\frac{\Delta p}{4\mu L}(R^2 - r^2)\right] = \frac{\Delta p}{2L}r \qquad (5-2-8)$$

由上式可知,剪应力 τ 服从线性分布,如图5-4所示,且 $r=R$ 时管壁上的剪应力 τ_0 即为最大值 τ_{max},即

$$\tau_0 = \tau_{max} = \frac{\Delta p}{2L}R = \frac{8\mu v}{d} \qquad (5-2-9)$$

5. 压力损失 Δp 或 h_L

由式(5-2-5)可求流体在圆管流经 L 距离后的压降 Δp,即

$$\Delta p = \frac{128\mu qL}{\pi d^4} = \frac{32\mu Lv}{d^2} \qquad (5-2-10)$$

压力损失 Δp 也可用下列液柱高度形式表示

$$h_L = \frac{\Delta p}{\rho g} = \frac{32\mu L}{\rho g d^2}v = \frac{64}{Re}\frac{L}{d}\frac{v^2}{2g} = \lambda\frac{L}{d}\frac{v^2}{2g} \qquad (5-2-11)$$

式(5-2-11)为圆管层流时的损失计算公式,称为达西公式(Darcy equation),式中 λ 称为沿程阻力系数。对于水,$\lambda = \frac{64}{Re}$;对于油液,λ 为 $\frac{75}{Re} \sim \frac{80}{Re}$。

6. 功率损失 N

$$N = \Delta pq = \frac{\pi d^4}{128\mu L}\Delta p^2 = \frac{128\mu q^2 L}{\pi d^4} = 8\pi\mu Lv^2 \qquad (5-2-12)$$

【例题 5-1】 在长度 $l=1000$m、直径 $d=300$mm 的管路中输送密度 $\rho=0.95$kg/m³ 的重油,其重量流量 $q_G=2371.6$kN/h,求油温分别为10℃(运动黏度 $\nu=25$cm²/s)和40℃(运动黏度 $\nu=15$cm²/s)时的水头损失。

【解】 体积流量

$$q = \frac{q_G}{\rho g} = \frac{2371.6}{0.95 \times 9.8 \times 3600} \approx 0.0708(\mathrm{m^3/s})$$

平均速度

$$v = \frac{q}{A} = \frac{0.0708}{\frac{\pi}{4} \times 0.3^2} \approx 1(\mathrm{m/s})$$

10℃ 时的雷诺数

$$Re_1 = \frac{vd}{\nu} = \frac{100 \times 30}{25} = 120 < 2320$$

40℃ 时的雷诺数

$$Re_2 = \frac{vd}{\nu} = \frac{100 \times 30}{15} = 200 < 2320$$

该流动属层流,故可以应用达西公式计算 10℃ 时的沿程水头损失。

$$h_{f1} = \frac{\lambda l}{d} \frac{v^2}{2g} = \frac{75}{Re_1} \frac{l}{d} \frac{v^2}{2g} = \frac{75 \times 1000 \times 1^2}{120 \times 0.3 \times 2 \times 9.8} = 106.293(\text{m 油柱})$$

同理,可计算 40℃ 时的沿程水头损失

$$h_{f2} = \frac{75 \times 1000 \times 1^2}{200 \times 0.3 \times 2 \times 9.8} = 63.776(\text{m 油柱})$$

5.3　圆管中流体的湍流运动

　　自然界以及工程中的流动大多数为湍流,实际流体在管内流动时大部分也是这种情况,因此研究湍流流动更具有实际意义。

5.3.1　研究湍流的方法 —— 时均法

　　流体做湍流运动时,流体微团在任意时刻都是做无规则运动的,质点的运动轨迹曲折无序,这就给研究湍流的规律带来了极大的困难。因此,要运用湍流分析中的时均法来研究,因为它们的平均值有一定的规律可循,所以可将湍流各物理量的瞬时值看成由时均值和脉动值两部分构成,如将瞬时流速表示为

　　湍流瞬时流速＝时均流速＋脉动流速

　　如图 5-5 所示,时均流速 $\bar{u}$

$$\bar{u} = \frac{1}{T} \int_0^T u \mathrm{d}t \qquad (5-3-1)$$

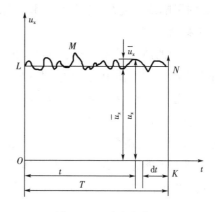

图 5-5　湍流真实流速

　　在时间间隔 T 内,尽管 u 随时间变化,但时均流速 $\bar{u}$ 不随时间变化,它只是空间点的函数。

　　瞬时流速 u 与时均流速 $\bar{u}$ 的差值称为脉动流速 u',即

$$u - \bar{u} = u' \qquad (5-3-2)$$

脉动流速 u' 的均值 $\overline{u'}$ 为

$$\overline{u'} = \frac{1}{T} \int_0^T u' \mathrm{d}t = \frac{1}{T} \left(\int_0^T u \mathrm{d}t - \int_0^T \bar{u} \mathrm{d}t \right) = (\bar{u} - \bar{u}) = 0 \qquad (5-3-3)$$

同样,也可引出其他物理量的时均值,如时均压强为

$$p = \frac{1}{\Delta t} \int_0^{\Delta t} p_i \mathrm{d}t \qquad (5-3-4)$$

则其瞬时压强为

$$p_i = p + p' \tag{5-3-5}$$

式中：p_i——瞬时压强；

p'——脉动压强。

5.3.2 湍流流动中的黏性底层光滑管概念

在湍流运动中，整个流场并不全是湍流。由于流体具有黏性，流体黏附于壁面，流速为零；离开壁面的流体，速度也不可能突然增加，靠近壁面的流体仍比较安定，即在壁面附近存在一层呈层流状态的薄层，称为层流边层。层流边界外的流体，流速逐渐变大，但还没有达到杂乱无章的程度，这一薄层称为过渡层。过渡层之外的流体处于杂乱无章的流动状态，才是湍流层，称为湍流核心区。

层流边层的厚度很薄。在层流区，雷诺数 $Re \leqslant 2320$；过渡区也很薄，雷诺数 Re 为 $2320 \sim 4000$；工程上，雷诺数处于该区域内的情况并不多，人们对它的研究甚少，一般按湍流处理。

实验研究表明，层流边层厚度 δ 与主流的湍流程度有关。湍流程度愈剧烈，层流边层愈薄，则计算式为

$$\delta \approx 30d/(Re\sqrt{\lambda}) \tag{5-3-6}$$

式中：λ——摩擦阻力系数；

d——圆管直径（或水力直径）。

λ 的影响因素复杂，与管径 d、管中流速 u 和管壁的光滑程度有关，这就引出光滑管和粗糙管的概念。

管壁面凹凸不平部分的绝对尺寸的均值 Δ 称为绝对粗糙度。当 $\delta > \Delta$ 时，管壁的凹凸部分完全淹没在层流中，流体的湍流核心（区）不直接与管壁接触，Δ 对液体湍流无影响。由于层流边层的存在，Δ 对层流阻力有一定影响，这种管称为水力（流动）光滑管。当 $\delta < \Delta$ 时，管壁粗糙（凹凸）部分突出到湍流中，层流边层被破坏，这时流体的阻力主要取决于管的粗糙度 Δ，而与雷诺数 Re 或黏度 μ 无关，这时的管道称为水力（流动）粗糙管。管壁的几何粗糙度 Δ 并不能完全描述管壁对流体的影响。同一管道，可为水力光滑管，也可为水力粗糙管，主要取决于层流边层厚度 δ 或雷诺数 Re。

5.3.3 剪应力

如图 5-6 所示，湍流的剪应力 τ 由两部分组成，其一为因时均流层相对运动而产生的黏性剪应力，由牛顿内摩擦定律，得

$$\overline{\tau_1} = \mu \frac{\mathrm{d}\bar{u}}{\mathrm{d}y} \tag{5-3-7}$$

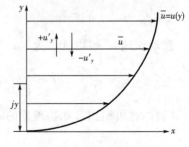

图 5-6 湍流的剪应力

式中：$\dfrac{\mathrm{d}\bar{u}}{\mathrm{d}y}$——时均流速梯度。

另一个为上下层质点相互掺混，动量交换引起的附加剪应力，称为雷诺应力，即

$$\overline{\tau_2} = -\rho\,\overline{u'_x u'_y} \qquad\qquad (5-3-8)$$

式中：$\overline{u'_x u'_y}$ 为涨落流速乘积的时均值，因 u'_x、u'_y 异号，为了使它们表示相同的方向，所以前面加负号。湍流剪应力为

$$\tau = \overline{\tau_1} + \overline{\tau_2} = \mu\frac{\mathrm{d}\bar{u}}{\mathrm{d}y} - \rho\,\overline{u'_x u'_y} \qquad\qquad (5-3-9)$$

当雷诺数较小时，湍流运动不是很激烈，$\overline{\tau_1}$ 占主导作用；随着雷诺数的增大、湍流涨落剧烈，$\overline{\tau_2}$ 会不断增大，即当雷诺数很大，湍流运动很剧烈时，$\overline{\tau_1} \ll \overline{\tau_2}$，从而前者可忽略不计。

5.3.4　普朗特混合长度理论

如前所述，湍流中存在流层间的质点交换。当质点从某流层进入相邻的另一流层时，产生能量交换，其动量发生变化，引起雷诺应力。因而在湍流中，除因流体黏性产生的阻力外，还有因质点混杂而产生的阻力，通常后者占主导地位，但探求这种阻力规律十分困难。

1925 年，德国力学家普朗特（Prandtl）提出的著名的混合长度理论（动量输运理论），使湍流理论研究取得了重要进展。他首先做了两条假设：

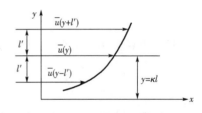

图 5-7　混合长度示意图

（1）类似于分子的平均自由行程，湍流流体微团有一个"混合长度"l'。如图 5-7 所示，对于某一给定的 y 点，$(y+l')$ 和 $(y-l')$ 的流体微团各以时间间隔 $\mathrm{d}t$ 到达 y 点，在此之前，保持原来的时均速度 $\bar{u}(y+l')$ 和 $\bar{u}(y-l')$ 不变；一旦达到 y 点，就与该处原流体微团发生碰撞而产生动量交换。

（2）横向和纵向的流速涨落（脉动）量为同阶量，即有一定的比例关系

$$u'_y = k u'_x \qquad\qquad (5-3-10)$$

式中：k——常数。

根据如上假设，$(y+l')$ 处的流体微团以 $\bar{u}(y+l')$ 到达 y 处混合安定下来时，$u(y+l')$ 与 $\bar{u}(y)$ 的差异使 y 处流体微团产生 x 方向的脉动速度 u'_x 为

$$u'_x = \bar{u}(y+l') - \bar{u}(y) = l'\frac{\mathrm{d}\bar{u}}{\mathrm{d}y} \qquad\qquad (5-3-11)$$

式中：l'——假设的长度参数，即普朗特混合长度的物理意义。

同理 y 方向的脉动速度 u'_y 为

$$u'_y = k u'_x = k l'\frac{\mathrm{d}\bar{u}}{\mathrm{d}y} \qquad\qquad (5-3-12)$$

式中:k—— 常数。

把式(5 - 3 - 11)和式(5 - 3 - 12)代入式(5 - 3 - 8),得

$$\overline{\tau_2} = -\rho \overline{u'_x u'_y} = \rho l^2 \left(\frac{\mathrm{d}\overline{u}}{\mathrm{d}y}\right)^2 \tag{5 - 3 - 13}$$

式中:l—— 普朗特混合长度,且 $l = \sqrt{k} l'$。

普朗特假设混合长度 l 与离壁面的距离 y 成正比例

$$l = ky \tag{5 - 3 - 14}$$

则式(5 - 3 - 13)可写为

$$\overline{\tau_2} = \rho k^2 y^2 \left(\frac{\mathrm{d}\overline{u}}{\mathrm{d}y}\right)^2 \tag{5 - 3 - 15}$$

5.3.5　圆管内湍流速度分布

在黏性底层,无流体质点混杂,附加或湍流切应力 τ_1 可忽略;在层流条件下,速度梯度 $\frac{\mathrm{d}u}{\mathrm{d}y}$ 为常数,则剪应力 τ 为常数,即(以后的书写中一般以 u 代替 $\overline{u}$ 作为时均速度)

$$\tau_0 = \tau_1 = \mu \frac{\mathrm{d}u}{\mathrm{d}y} \tag{5 - 3 - 16}$$

根据边界条件:$y = 0$,$u = 0$,可知速度分布规律为

$$u = \frac{\tau_0}{\mu} y \quad (y \leqslant \delta) \tag{5 - 3 - 17}$$

在研究湍流时,通常引入特征速度(摩擦或剪切速度)u_*

$$u_* = \sqrt{\frac{\tau_0}{\rho}} \tag{5 - 3 - 18}$$

则式(5 - 3 - 17)可改写为

$$\frac{u}{u_*} = \frac{\rho u_* y}{\mu} \quad (y \leqslant \delta) \tag{5 - 3 - 19}$$

式(5 - 3 - 17)和式(5 - 3 - 19)含义相同,引入后者是为了研究的方便。

当湍流发展充分时,$\overline{\tau_1} \ll \overline{\tau_2}$,雷诺应力占主导地位,$\tau_1$ 可忽略不计,则有

$$\tau_0 = \tau_2 = \rho l^2 \left(\frac{\mathrm{d}u}{\mathrm{d}y}\right)^2 = \rho k^2 y^2 \left(\frac{\mathrm{d}u}{\mathrm{d}y}\right)^2 \tag{5 - 3 - 20}$$

假定在整个湍流区内,剪应力只考虑雷诺应力,则上式有

$$\mathrm{d}u = \frac{1}{k} \sqrt{\frac{\tau_0}{\rho}} \frac{\mathrm{d}y}{y} \tag{5 - 3 - 21}$$

代入式(5 - 3 - 18)并积分,则有

$$\frac{u}{u_*} = \frac{1}{k}\ln y + C \qquad (5-3-22)$$

式中:积分常数 C 可由边界条件 $(y = \delta, u = u_0)$ 确定

$$\frac{u_0}{u_*} = \frac{1}{k}\ln\delta + C \qquad (5-3-23)$$

由上式可确定常数 C 为

$$C = \frac{u_0}{u_*} - \frac{1}{k}\ln\delta \qquad (5-3-24)$$

引入 $a = u_0/u_*$ 并代入 $\delta = v_0\mu/\tau_0$, $\tau_0 = \rho u_*^2$, 则有

$$C = a - \frac{1}{k}\ln\frac{\mu a}{\rho u_*} \qquad (5-3-25)$$

将式 $(5-3-25)$ 代入式 $(5-3-22)$, 则有

$$\frac{u}{u_*} = \alpha + \frac{1}{k}\ln\frac{y}{\delta} = a - \frac{1}{k}\ln a + \frac{1}{k}\ln\frac{\rho u_* y}{\mu} \qquad (5-3-26)$$

式中:δ——层流边界厚度;

y——流体质点到圆管边壁距离。

实验证明,当 $\frac{\rho u_*}{\mu}y \geqslant 30$ 时,完全进入湍流区,式 $(5-3-26)$ 成立,但对过渡层和层流层不成立。尼古拉兹(J. Nikuradse)等人的实验证明,对湍流的三个边层,速度分布经验公式如下。

层流层:$\frac{\rho u_* y}{\mu} \leqslant 8$, 则有

$$\frac{u}{u_*} = \frac{\rho u_* y}{\mu} \qquad (5-3-27)$$

过渡层:$8 \leqslant \frac{\rho u_* y}{\mu} \leqslant 30$, 则有

$$\frac{u}{u_*} = -3.05 + 5\ln\frac{\rho u_* y}{\mu} \qquad (5-3-28)$$

湍流层:$\frac{\rho u_* y}{\mu} > 30$, 则有

$$\frac{u}{u_*} = 5.5 + 2.5\ln\frac{\rho u_* y}{\mu} \qquad (5-3-29)$$

5.4　流体运动的两种流动阻力

流体存在黏性,在管路中流动要受到阻力作用,根据引起阻力的成因不同,阻力可以分为沿程阻力和局部阻力两种形式。

5.4.1 沿程阻力及其损失

沿程阻力是指流体在过流断面沿程不变的均匀流道中所受到流体阻力。沿程阻力主要是由流体与管路壁面的摩擦及内摩擦引起的,由沿程阻力造成的流体流动过程中的能量损失称为沿程损失。沿程损失均匀地分布在整个均匀流段上,与管段长度成正比,并用符号 h_f 表示。根据长期工程实践的经验总结,沿程阻力损失的计算公式为

$$h_f = \lambda \frac{l}{d} \frac{v^2}{2g} \qquad (5-4-1)$$

式中:λ—— 沿程阻力系数;

l—— 管长;

d—— 管径;

v—— 断面平均流速。

如图 5-8 所示,流体在直管段 1、3、5、7 内流动时,受到沿程阻力,所以有沿程损失,分别为 h_{f1}、h_{f3}、h_{f5}、h_{f7}。总沿程损失等于直管段各沿程损失之和,即

$$\sum h_f = h_{f1} + h_{f3} + h_{f5} + h_{f7}$$

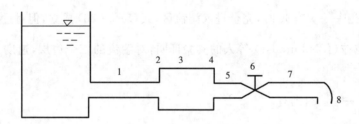

图 5-8   沿程和局部损失

5.4.2 局部阻力及其损失

局部阻力是指流体在流过局部装置(如阀门、接头、弯管等)时,因流体与这些装置内部件的冲击以及流体内质点流速大小和方向发生急剧变化引起的碰撞从而形成的阻力。由局部阻力造成的水头损失称为局部损失,用符号 h_j 表示。同样根据经验总结,局部阻力损失的计算公式为

$$h_j = \zeta \frac{v^2}{2g} \qquad (5-4-2)$$

式中:ζ—— 局部阻力系数。

如图 5-8 所示,2、4、6、8 处形成局部阻力,故造成的局部损失为 h_{j2}、h_{j4}、h_{j6}、h_{j8}。总局部损失等于各局部损失之和,即

$$\sum h_j = h_{j2} + h_{j4} + h_{j6} + h_{j8}$$

5.4.3　整个流道的总能量损失 h_w

流体在整个流动过程中的总能量损失等于该流程中所有沿程损失与所有局部损失之和,即

$$h_w = \sum h_f + \sum h_j \qquad\qquad (5-4-3)$$

5.5　圆管湍流运动的沿程损失

前面已经给出了圆管沿程水头损失的计算方程,但由于湍流的复杂性,目前还没有像层流那样严格地从理论上推导出 λ 值。工程上一般有两种方法确定 λ 值:一种是以湍流的半经验、半理论为基础,结合实验结果,整理成 λ 的半经验公式;另一种是直接根据实验结果,综合成 λ 的经验公式。一般情况下前者更有普遍意义。

5.5.1　尼古拉兹实验

1933 年,德国力学家和工程学家尼古拉兹(J. Nikuradse)进行了管流沿程摩擦阻力系数 λ 和断面速度分布的实验测定。他将沙粒粘贴在管道的内壁,制成六种相对粗糙度 $\dfrac{\Delta}{d}$ 不相同的管道。实验表明,沿程阻力损失系数与管道的相对粗糙度和管道的雷诺数有关。实验结果所绘成的曲线称为尼古拉兹曲线,如图 5-9 所示。

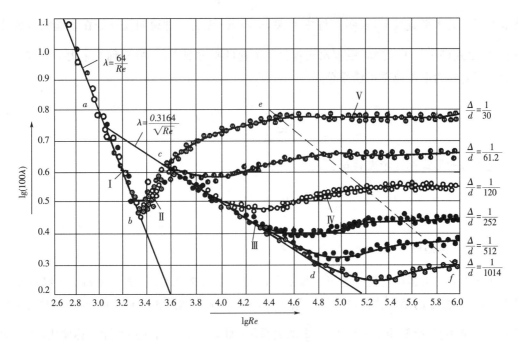

图 5-9　尼古拉兹曲线

根据 λ 的变化特性，尼古拉兹曲线可分为五个区。

（Ⅰ）层流区（ab 线，$Re < 2320$），所有的实验点都落在同一直线上，表明 λ 与相对粗糙度无关，即 $\lambda = \dfrac{64}{Re}$。由此验证了圆管层流理论公式的正确性。

（Ⅱ）层流向湍流的过渡区（bc 线，Re 为 $2320 \sim 4000$），所有的实验点也都在同一直线上，表明 λ 与相对粗糙度无关，只是 Re 的函数。这个区意义不大，在此不予讨论。

（Ⅲ）光滑区$\left[cd \text{ 线}, 4000 < Re < 26.98\left(\dfrac{d}{\Delta}\right)^{\frac{8}{7}} \right]$，不同的实验点都落在同一直线上，$\lambda$ 仍与相对粗糙度无关，只是 Re 的函数。只不过相对粗糙度 $\dfrac{\Delta}{d}$ 很小的管道在 Re 较大时，会稍微偏离直线。该区可由布拉休斯（Blasius）公式进行计算

$$\lambda = \frac{0.3164}{Re^{1/4}} \qquad (4 \times 10^3 < Re < 10^5) \qquad\qquad (5-5-1)$$

$$\lambda = 0.0032 + 0.221Re^{-0.237} \qquad (10^5 < Re < 10^6) \qquad\qquad (5-5-2)$$

（Ⅳ）湍流过渡区$\left[cd \text{ 和 } ef \text{ 线之间的区域}, 26.98\left(\dfrac{d}{\Delta}\right)^{\frac{8}{7}} < Re < \dfrac{191.2}{\sqrt{\lambda}}\left(\dfrac{d}{\Delta}\right) \right]$，该区是光滑区向粗糙区转变的区域。不同相对粗糙度的管道的实验点分别落在不同的曲线上，表明 λ 既与 Re 有关，也和 $\dfrac{\Delta}{d}$ 有关。

（Ⅴ）粗糙区$\left[ef \text{ 线右侧的区域}, R > \dfrac{191.2}{\sqrt{\lambda}}\left(\dfrac{d}{\Delta}\right) \right]$，不同相对粗糙度的管道的实验点分别落在不同的水平直线上，表明 λ 与 $\dfrac{\Delta}{d}$ 有关，而与 Re 无关。这说明流动处在发展完全的湍流状态，由式（5-4-1）可知，沿程水头损失与流速的平方成正比，故又称为阻力平方区。该区的计算公式为尼古拉兹粗糙管公式

$$\lambda = \frac{1}{\left(2\lg\dfrac{\gamma}{\Delta} + 1.74\right)^2} \qquad\qquad (5-5-3)$$

简化后的形式称为希夫林松公式

$$\lambda = 0.11\left(\frac{\Delta}{d}\right)^{0.25} \qquad\qquad (5-5-4)$$

5.5.2　莫迪图

实际工业管道粗糙度情况与尼古拉兹所用的人工粗糙度不同，难以用相对粗糙度来直接表征，尼古拉兹的结果就无法直接应用。1940 年美国普林斯顿的莫迪（Moody）对工业用管做了大量实验，绘制出了 λ 与 Re 及 $\dfrac{\Delta}{d}$ 的关系图（如图 5-10 所示）供实际计算使用，简便而准确，并经过多次实际验算，都符合实际情况。因而莫迪图得到了广泛应用。

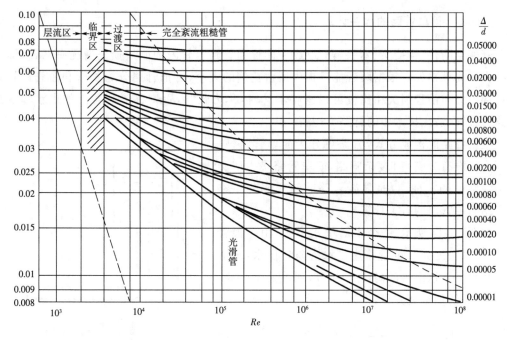

图 5 - 10　莫迪图

5.5.3　非圆管的湍流沿程损失

对于非圆管中湍流时的阻力,其计算方法是将非圆管折算成圆管计算。根据水力半径 R 和圆管几何直径 d 的关系 $d = 4R$,则有

$$h_f = \lambda \frac{l}{d} \frac{v^2}{2g} = \lambda \frac{l}{4R} \frac{v^2}{2g} = \lambda \frac{l}{R} \frac{v^2}{8g} \qquad (5-5-5)$$

式中:R——非圆管的水力半径,且 $R = \dfrac{A}{\chi}$(χ 为湿周长度,A 为过流面积);

λ——阻力系数,且 $\lambda = \dfrac{0.3164}{\sqrt[4]{4Re}}$($Re$ 为非圆管雷诺数)。

在工程上,通常根据谢才公式计算水头损失。该公式是 1796 年由法国工程师谢才根据大量的实验数据,提出的断面平均流速与水力坡度和水力半径的关系式。谢才公式为

$$v = C\sqrt{RJ}$$

将 $J = \dfrac{h_f}{l}$ 代入上式并整理,得

$$h_f = \frac{2g}{C^2} \frac{l}{R} \frac{v^2}{2g} = \lambda \frac{l}{4R} \frac{v^2}{2g} \qquad (5-5-6)$$

式中:$\dfrac{h_f}{l}$——水力坡度;

C——谢才系数,且 $C = \sqrt{\dfrac{8g}{\lambda}}$,此数据可从有关资料中查取。

5.5.4 简单管路的水头计算

管件与附件(管接头、弯头等)组成一体称为管路。管内的能量损失情况有两种,即沿程损失和局部损失。根据两者能量损失所占比例的大小,可把管路分为长管和短管。管路中局部损失与沿程损失相比较可以忽略不计时,称为长管,否则称为短管。如供水和输油管路为长管,液压技术中的管路为短管。

根据管路的构成方式,管路可分为简单管路(管径不变且没有分支)和复杂管路,简单管路是生产实践中最常见的一种,也是复杂管路的组成部分。本节介绍简单管路的有关计算。

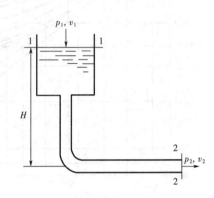

图 5-11 简单管路

如图 5-11 所示,一个水塔供水系统,由一根管径不变,总长度为 L 的管路连接水塔向外供水,水塔液面和水平管道出口的高度差为 H,列截面 1—1 和截面 2—2 的伯努利方程,得

$$H+\frac{p_1}{\rho g}+\frac{v_1^2}{2g}=\frac{p_1}{\rho g}+\frac{v_2^2}{2g}+h_w \quad (5-5-7)$$

由于 $v_1 \ll v_2$,$p_1=p_2=p_a$,简化上式

$$H=h_w+\frac{v_2^2}{2g} \qquad\qquad (5-5-8)$$

式中:h_w—— 整个管路的水头损失(m);

v_2—— 出口处液体的流速(m/s)。

上式就是简单管路的水头计算公式。

【例题 5-2】 无介质磨矿送风管道(钢管),长度 $l=30$m,直径 $d=750$mm,在温度 $t=20℃(\nu=0.157$cm^2/s$)$的情况下,送风量 $q=30000$m^3/h。求:(1)此风管中的沿程阻力损失是多少? (2)使用一段时间后其绝对粗糙度 $\Delta=1.2$mm,其沿程损失又是多少?

【解】 因为

$$v=\frac{q}{A}=\frac{30000}{\frac{\pi}{4}\times 0.75^2 \times 3600}\approx 18.9(\text{m/s})$$

$$Re=\frac{vd}{\nu}=\frac{1890\times 75}{0.157}\approx 902866 > 2320 \quad 湍流$$

查相关手册得 $\Delta=0.39$mm,则 $26.98\left(\dfrac{d}{\Delta}\right)^{\frac{8}{7}}=26.98\left(\dfrac{750}{0.39}\right)^{\frac{8}{7}}\approx 152985 < Re$

根据 $\dfrac{\Delta}{d}=\dfrac{0.39}{750}=0.00052$ 及 $Re=902866$,查莫迪图,得 $\lambda=0.017$。也可应用半经验公式计算出 $\lambda=0.0173$。

所以,风管中的沿程损失为

$$h_f = \lambda \frac{l}{d} \frac{v^2}{2g} = 0.0173 \times \frac{30}{0.75} \times \frac{18.9^2}{2 \times 9.8} = 12.61 (\text{m 气柱})$$

当 $\Delta = 1.2\text{mm}$ 时，$\dfrac{\Delta}{d} = \dfrac{1.2}{750} = 0.0016$，按 $Re = 902866$，查莫迪图，得 $\lambda = 0.022$。则此风管中的沿程损失为

$$h_f = \lambda \frac{l}{d} \frac{v^2}{2g} = 0.022 \times \frac{30}{0.75} \times \frac{18.9^2}{2 \times 9.8} = 16.038 (\text{m 气柱})$$

【例题 5-3】　直径 $d = 200\text{mm}$、长度 $l = 300\text{m}$ 的新铸铁管，输送重度 $\gamma = 8.82\text{kN/m}^3$ 的石油，已测得流量 $q = 882\text{kN/h}$。如果冬季时，油的运动黏性系数 $\nu_1 = 1.092\text{cm}^2/\text{s}$；夏季时，油的运动黏性系数 $\nu_2 = 0.355\text{cm}^2/\text{s}$。问冬季和夏季输油管中沿程水头损失 h_f 是多少？

【解】　（1）计算雷诺数

$$q = \frac{882}{3600 \times 8.82} \approx 0.0278 (\text{m}^3/\text{s})$$

$$v = \frac{q}{A} = \frac{0.0278}{\frac{\pi}{4} \times 0.2^2} \approx 0.885 (\text{m/s})$$

$$Re_1 = \frac{vd}{\nu_1} = \frac{88.5 \times 20}{1.092} \approx 1621 < 2320 \quad \text{层流}$$

$$Re_2 = \frac{vd}{\nu_2} = \frac{88.5 \times 20}{0.355} \approx 4986 > 2320 \quad \text{紊流}$$

（2）计算沿程水头损失 h_f

冬季为层流，则

$$h_f = \lambda \frac{l}{d} \cdot \frac{v^2}{2g} = \frac{80}{Re_1} \times \frac{300 \times 0.885^2}{0.2 \times 2 \times 9.8} \approx 2.96 (\text{m 油柱})$$

夏季时为湍流，查相关手册得，新铸铁管的 $\Delta = 0.25\text{mm}$，则 $\dfrac{\Delta}{d} = 0.00125$，结合 $Re_2 = 4986$，查莫迪图得 $\lambda = 0.0387$，则

$$h_f = \lambda \frac{l}{d} \frac{v^2}{2g} = 0.0387 \times \frac{300 \times 0.885^2}{0.2 \times 2 \times 9.8} \approx 2.32 (\text{m 油柱})$$

5.6　管流局部损失

在工业管道中，由于设有进出口、弯头、三通、水表、过滤器以及各种阀等部件或装置，因此流体在流经这些器件时，或流速变化，或流向变化，或兼而有之，从而干扰了流体的正常运动，产生撞击、分离脱流、漩涡等现象，带来附加阻力，增加了能量损失，这种在管道局部范围内产生的损失就是局部损失。本章 5.1 节中已经提到了计算局部损失的公式

$$h_j = \zeta \frac{v^2}{2g} \qquad\qquad (5-6-1)$$

式中:ζ—— 局部阻力系数。

公式的含义就是将局部水头损失折合成管中平均速度水头的若干倍,这个倍数就是局部阻力系数。

大量的实验表明,由于这类流体的运动比较复杂,影响因素较多,除少数几种可做一定的理论分析之外,一般都依靠实验方法求得实用局部阻力系数。下面分别介绍几种常见的局部阻力损失系数的计算方法。

5.6.1　管道进口处损失

在管道的进口处,由于存在的流动很复杂,难以用理论知识来计算局部损失的系数,因此通过大量的科学实验,前人总结了很多情况下进口处的局部水头损失,下面就简单介绍几种。

如图 5-12 所示,根据实验可得各个情况下的局部损失系数为:

管口未做圆整时如图 5-12(a) 所示,$\zeta = 0.5$;

管口稍做圆整时如图 5-12(b) 所示,$\zeta = 0.2 \sim 0.25$;

管口做圆整时如图 5-12(c) 所示(喇叭口),$\zeta = 0.05 \sim 0.1$。

(a)管口未做圆整　　　　　　(b)管口稍做圆整　　　　　　(c)管口做圆整

图 5-12　管道进口类型

5.6.2　突然扩大损失

突然扩大管如图 5-13 所示,图中 z_1、z_2 分别为截面 1—1 到 0—0 水平面和截面 2—2 到 0—0 水平面的垂直距离,且管道与重力方向成 θ 角,对截面 1—1 至截面 2—2 列出伯努利方程,得

$$z_1 + \frac{p_1}{\rho g} + \frac{v_1^2}{2g} = z_2 + \frac{p_2}{\rho g} + \frac{v_2^2}{2g} + h_j$$

式中:p_1—— 截面 1—1 处压强;

$\quad\ \ v_1$—— 截面 1—1 处流速;

$\quad\ \ p_2$—— 截面 2—2 处压强;

$\quad\ \ v_2$—— 截面 2—2 处流速。

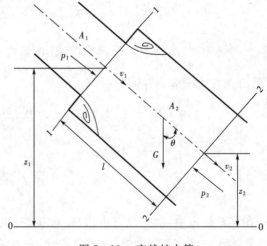

图 5-13　突然扩大管

整理得

$$h_j = \left(z_1 + \frac{p_1}{\rho g}\right) - \left(z_2 + \frac{p_2}{\rho g}\right) + \frac{v_1^2 - v_2^2}{2g} \tag{5-6-2}$$

根据动量定理,流体动量的变化等于外力给予它的冲量,截面 1—1 至截面 2—2 的流体动量变化量 dM 为

$$dM = \rho q (v_2 - v_1) dt \tag{5-6-3}$$

冲量有三部分:其一为静压力变化量 $dK_1 = (p_1 A_1 - p_2 A_2) dt$;其二为环状管断面对流体的作用力 $dK_2 = p_1 (A_2 - A_1) dt$;其三为液体重力的分力 $dK_3 = G\cos\theta\, dt = \rho g A_2 (z_1 - z_2) dt$。按动量定理 $dM = \sum dK = dK_1 + dK_2 + dK_3$,则有

$$\rho q (v_2 - v_1) = p_1 A_1 - p_2 A_2 + p_1 (A_2 - A_1) + \rho g A_2 (z_1 - z_2) \tag{5-6-4}$$

根据连续性方程 $q = A_1 v_1 = A_2 v_2$,则有

$$(z_1 - z_2) + \frac{p_1 - p_2}{\rho g} = \frac{v_2 (v_2 - v_1)}{g} \tag{5-6-5}$$

将上式代入式(5-6-2)得

$$h_j = \frac{v_2}{g}(v_2 - v_1) + \frac{v_1^2}{2g} - \frac{v_2^2}{2g} = \frac{(v_1 - v_2)^2}{2g} \tag{5-6-6}$$

上式称为包达(Borda)公式,表明突然扩大的局部水头损失,等于以平均流速差计算的流速水头。

由 $A_1 v_1 = A_2 v_2$,得

$$h_j = \left(1 - \frac{A_1}{A_2}\right)^2 \frac{v_1^2}{2g} = \zeta_1 \frac{v_1^2}{2g}$$

或

$$h_j = \left(\frac{A_2}{A_1} - 1\right)^2 \frac{v_2^2}{2g} = \zeta_2 \frac{v_2^2}{2g}$$

则突然扩大的局部水头损失系数为

$$\zeta_1 = \left(1 - \frac{A_1}{A_2}\right)^2 \tag{5-6-7}$$

或

$$\zeta_2 = \left(\frac{A_2}{A_1} - 1\right)^2 \tag{5-6-8}$$

上面两个局部损失系数分别与突然扩大前和突然扩大后两个断面的平均流速对应。

5.6.3　线性渐扩管

线性渐扩管如图 5-14 所示,线性扩散角为 θ,

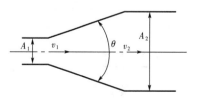

图 5-14　线性渐扩管

这时局部损失比较复杂,与 A_1/A_2 比值、θ 角相关。对于渐扩管,局部阻力系数 ζ 可表示,即为

$$\zeta = \frac{\lambda}{\gamma \sin\dfrac{\theta}{2}}\left[1-\left(\frac{A_1}{A_2}\right)^2\right]+k\left(1-\frac{A_1}{A_2}\right) \tag{5-6-9}$$

式中:λ——沿程阻力系数;

k——和扩张角 θ 有关的系数。

上式过于复杂,也可按突扩流动理论引入修正系数 k 表示为

$$h_{\mathrm{j}}=\begin{cases} k\left(1-\dfrac{A_1}{A_2}\right)^2\dfrac{v_1^2}{2g}=k\zeta_1\dfrac{v_1^2}{2g} \\[3mm] k\left(\dfrac{A_2}{A_1}-1\right)^2\dfrac{v_2^2}{2g}=k\zeta_2\dfrac{v_2^2}{2g} \end{cases} \tag{5-6-10}$$

式中:k——修正系数,$k=1.025+2.5\left(\dfrac{d_2}{d_1}\right)^2\times10^{-3}+0.8d_1\times10^{-3}$,其中直径 d_1 以 mm 计。

当 d 为 $25\sim76$ mm,v 为 $1.16\sim9.6$ m/s,A_2/A_1 为 $1.45\sim9.32$ 时,局部损失的经验公式也可表示为

$$h_{\mathrm{j}}=1.08\frac{(v_1-v_2)^{1.92}}{2g} \tag{5-6-11}$$

5.6.4　出口处损失

如图 5-15 所示,当液体从管道流到足够大体积的液体中,可以看成是突然扩大且 $A_1/A_2\to0$,有 $\zeta=1.0$,则 $h_{\mathrm{j}}=\dfrac{v^2}{2g}$。这表示液体流出出口后动能全部消失。

5.6.5　收缩管道处的局部损失

收缩管道可分为突然缩小和逐渐缩小两种情况。

(1)如图 5-16 所示为突然缩小管,它的局部水头损失主要发生在细管收缩截面 C—C 附近的旋涡区。突然缩小的局部水头损失系数取决于收缩面积比 A_2/A_1,管径突缩时局部损失阻力系数 ζ 见表 5-1 所列。

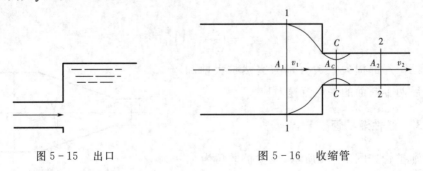

图 5-15　出口　　　　　　　　　　　　图 5-16　收缩管

表 5-1　管径突缩时局部损失阻力系数 ζ

A_2/A_1	0.01	0.1	0.2	0.3	0.4	0.5	0.6	0.7	0.8	0.9	1
ζ	0.50	0.47	0.45	0.38	0.34	0.30	0.25	0.20	0.15	0.09	0

（2）图 5-17 为渐缩管,这种管道不会出现流线脱离壁面的问题,其局部水头损失系数由收缩面积比 A_2/A_1 和收缩角 α 决定。局部水头损失系数由图 5-18 查得。

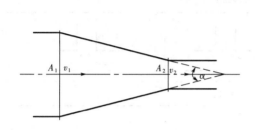

图 5-17　渐缩管

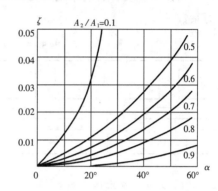

图 5-18　局部水头损失系数

5.6.6　弯管处的水头损失

如图 5-19 所示,在圆滑弯管和折角管中,由于管径不变,因此流速大小不变,但流动方向的变化造成了能量损失。

（a）圆滑弯管　　　　　　　　（b）折角弯管

图 5-19　弯管

圆滑弯管的局部损失为

$$h_{\mathrm{j}} = \zeta \frac{v^2}{2g} = k\frac{\theta}{90°}\frac{v^2}{2g} = \left[0.131 + 0.163\left(\frac{d}{R}\right)^{3.5}\right]\frac{\theta}{90°}\frac{v^2}{2g} \qquad (5-6-12)$$

式中:θ——弯管过渡角,且 $\theta = 90°$ 时,$k = \zeta = \left[0.131 + 0.163\left(\frac{d}{R}\right)^{3.5}\right]$;

　　d——弯管直径;

　　R——弯管中线曲率半径。

折角弯管局部损失公式为

$$h_{\mathrm{j}} = \zeta \frac{v^2}{2g} = \left[0.946\sin^2\left(\frac{\alpha}{2}\right) + 2.047\sin^4\left(\frac{\alpha}{2}\right)\right]\frac{v^2}{2g} \qquad (5-6-13)$$

5.6.7 附件处流动损失

由于管道中存在着很多部件和装置,这些部件都会引起流体的局部损失。下面列出几种常见的附件。

1. 三通接头

三通接头在各种管道中很常见,特别是直三通的应用最为广泛,表 5-2 列出了其局部阻力系数。

表 5-2 直三通接头的局部阻力系数

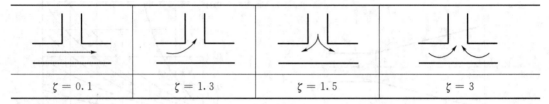

$\zeta = 0.1$	$\zeta = 1.3$	$\zeta = 1.5$	$\zeta = 3$

2. 闸板阀与截止阀

阀门在管路中是必不可少的装置,阀门如图 5-20 所示。两种常见阀门的局部阻力系数见表 5-3 所列。

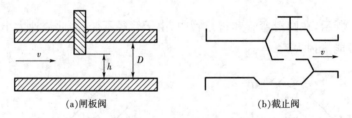

(a)闸板阀   (b)截止阀

图 5-20 阀门

表 5-3 两种常见阀门的局部阻力系数

开度/%	10	20	30	40	50	60	70	80	90	100
闸板阀 ζ	60	15	6.5	3.2	1.8	1.1	0.6	0.3	0.18	0.1
截止阀 ζ	85	24	12	7.5	5.7	4.8	4.4	4.1	4.0	3.9

3. 液压附件

在各种管道中有很多液压附件,液压附件也存在局部水头损失,表 5-4 列举了几种常见的液压附件的局部阻力系数。

表 5-4 几种常见的液压附件的局部阻力系数

锥形阀口		$\zeta = 0.6 + 0.15\left(\dfrac{d}{h}\right)^2$

（续表）

球形阀口		$\zeta = 2.7 - 0.8\left(\dfrac{d}{h}\right) + 0.14\left(\dfrac{d}{h}\right)^2$
平口阀口		$\zeta = 1 \sim 3$
过滤网络		$\zeta = (0.0675 \sim 1.575)(A/A_0)^2$ 式中：A——吸口面积； 　　　A_0——网孔有效过滤面积

5.7　复杂管路计算

在 5.5 节中,已经定义了管路的两种分法,并对其中的简单管路进行了简要分析,以下将对复杂管路的计算问题进行讨论。根据管路的构成方式,复杂管路可以分成串联管道和并联管道。本节简单介绍有关计算。

5.7.1　串联管道

由直径不同的管段连接起来的管道,称为串联管道。串联管道中传输的流量不变,即 $q_1 = q_2 = \cdots = q_n = q$;由于管径不同,每段管路长短不同,管路的总损失为沿程损失和局部损失之和,即

$$h_{\mathrm{w}} = \sum h_{\mathrm{f}} + \sum h_{\mathrm{j}} = \sum \lambda_i \frac{l_i}{d_i} \frac{v_i^2}{2g} + \sum \zeta_j \frac{v_j^2}{2g} \tag{5-7-1}$$

式中：l_i——每一段管路长度;

　　　λ_i——第 i 段管路的阻力系数(查表);

　　　v_i——第 i 段管路的流速,且 $v_i = q/A_i$;

　　　ζ_j——第 j 个局部阻力系数;

　　　v_j——第 j 个局部后的流速,且 $v_j = q/A_j$(i 不一定等于 j)。

对于长管,沿程损失占主导地位,局部损失 $\sum \zeta_j \dfrac{v_j^2}{2g}$ 可不计,则有

$$h_{\mathrm{w}} = \sum h_{\mathrm{f}} = \sum \lambda_i \frac{l_i}{d_i} \frac{v_i^2}{2g} = \sum \lambda_i \frac{l_i}{d_i} \frac{q^2}{A_i^2 \times 2g} = \sum \lambda_i \frac{l_i}{d_i} (\overline{A_i})^2 \frac{q^2}{2A_1^2 g} \tag{5-7-2}$$

式中：$\overline{A_i}$——无因次面积(面积比值),且 $\overline{A_i} = A_1/A_i$。

对于管径不变的单一管路,式(5 - 7 - 1)可简化为

$$h_w = \left(\sum \lambda_i \frac{l_i}{d_i} + \sum \zeta_j \right) \frac{v^2}{2g} = \left(\frac{\lambda}{d} \sum l_i + \sum \zeta_j \right) \frac{v^2}{2g} \qquad (5 - 7 - 3)$$

对于管径不变的单一长管,局部损失不计($\sum h_j = 0$),则有

$$h_w = \frac{\lambda}{d} \frac{v^2}{2g} \sum l_i = \lambda \frac{L}{d} \frac{v^2}{2g} = BLq^2 = \frac{Lq^2}{K^2} = H \qquad (5 - 7 - 4)$$

式中:H—— 净水头损失(作用水头);

L—— 管路总长,且 $L = \sum l_i$,其中 l_i 为分段长度;

K—— 流量系数(m^3/s),可以从有关手册中查出;

B—— 系数,且 $BK^2 = 1$,$B = \dfrac{8\lambda}{g\pi^2 d^5}$($m^3/s$)$^{-2}$,其中 d 为管内径,B 可从有关手册中查出。

式(5 - 7 - 4)为计算长管流的基本公式,该式略去了对 λ 的烦琐分析和计算,可根据管径大小、新旧和光滑程度,从有关手册中查出 K 或 B 的值,在工程上这种计算方法比较方便。

5.7.2   并联管道

有分支且并接两根以上管段的管道,称为并联管道。

并联管路如图 5 - 21 所示,液流自 A 点 3 支分流到 B 点又 3 支并流。管路 1、2、3 的损失水头是相同的,即 AB 间的损失水头

$$h_{w1} = h_{w11} = h_{w12} = h_{w13}$$

或者

$$h_{w1} = B_1 l_1 q_1^2 = B_2 l_2 q_2^2 = B_3 l_3 q_3^2 \qquad (5 - 7 - 5)$$

按流量连续定理

$$q = q_1 + q_2 + q_3 = \sqrt{\frac{h_{w1}}{B_1 l_1}} + \sqrt{\frac{h_{w1}}{B_2 l_2}} + \sqrt{\frac{h_{w1}}{B_3 l_3}} \qquad (5 - 7 - 6)$$

以上两式即为并联管路的基本方程。

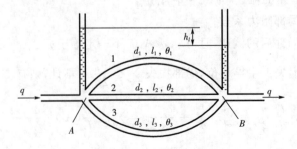

图 5 - 21   并联管路

5.7.3　分叉管路系统

分支管路如图 5-22 所示,分支点 A 的位置高度为 z,压力水头为 h。3 个分支管路的位置标高依次为 z_1、z_2、z_3,压力水头依次为 h_1、h_2、h_3,流量依次为 q_1、q_2、q_3,则有

$$\begin{cases} q_1 + q_2 + q_3 = q \\ H - (z + h) = Blq^2 \\ (z + h) - (z_1 + h_1) = B_1 l_1 q_1^2 \\ (z + h) - (z_2 + h_2) = B_2 l_2 q_2^2 \\ (z + h) - (z_3 + h_3) = B_3 l_3 q_3^2 \end{cases} \quad (5-7-7)$$

根据式(5-7-7)可解决分支管路的各种问题。

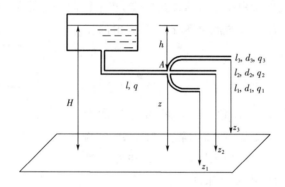

图 5-22　分支管路

5.7.4　管网计算

由简单管道、串联管道和并联管道组合而成的管道称为管网。管网广泛应用在供水供热、中央空调等系统中,从结构上区分,管网又可分为枝状管网和环状管网。

1. 枝状管网的水力计算

如图 5-23 所示,$A—B—C—D$ 为管网主干管,由三段管串联组成,在 B 点和 C 点处各分出一个分枝管,枝状管网因此得名。枝状管网的水力计算主要是确定各管段管径;根据水头损失的大小,确定总作用水头;最后计算或校核各管道的流量。

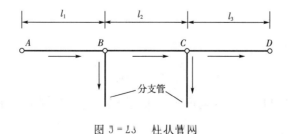

图 5-23　枝状管网

(1) 管网的计算要用到经济流速 v_e，即能使管网系统综合费用最小化的流速。在确定了经济流速后，根据经验公式计算出管段管径 d。

$$d = \sqrt{\frac{4q}{\pi v_e}} \qquad (5-7-8)$$

(2) 选择流量最大且水头最高的管为主干管，由下到上计算各管段的水头损失。则总水头损失就是各管段水头损失之和 $\sum h_w$ 加上各出口处的压强水头之和 $\sum h_e$，即

$$H = \sum h_w + \sum h_e \qquad (5-7-9)$$

(3) 最后根据连续性方程，计算出各管段的流量。

2. 环状管网的水力计算

如图 5-24 所示为一种环状管网，该管网由两个闭合管环组成，水流由 A 点进入，分别从 B、C、D、E、F 结点流出。根据水流流动的特点，有下面两个计算条件。

(1) 任意结点处所有流入的流量等于所有流出的流量，即

$$\sum q_r = 0 \qquad (5-7-10)$$

(2) 对于任意闭合管环，任意两结点间，沿不同的管线计算的水头损失相等。如图 5-24 所示，对于 A、C 两点，水流沿 $A—B—C$ 方向流动的水头损失之和等于沿 $A—E—C$ 方向流动的水头损失之和，即

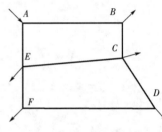

图 5-24　环状管网

$$h_{fAB} + h_{fBC} = h_{fAE} + h_{fEC} \qquad (5-7-11)$$

对于上面的六个结点分别列出方程，联立求解的计算过于繁杂，所以工程上一般采用逐步渐进法进行计算。首先根据各结点的情况，初步拟定管网各管段的流动方向，并对各管段的流量进行分配，使之满足 $\sum q_r = 0$；然后根据经济流速公式，选定各管径；计算各段的水头损失，使之满足条件(2)；如水头损失的代数和不为零，则要对分配的流量进行修正，直至满足为止。

校正流量公式为

$$\Delta q = -\frac{\sum h_f}{2 \sum \dfrac{h_{fr}}{q_r}} \qquad (5-7-12)$$

校正后的各段流量为

$$q' = q + \Delta q \qquad (5-7-13)$$

除上面解法外，还可以使用有限单元法进行计算。此外，把管网的参数编成程序由计算机辅助执行，不仅速度更快，计算结果也更准确，计算机编程请参考有关书目。

【**例题 5-4**】 如图 5-25 所示,两水池的水位差 $H =$ 24m,$l_1 = l_2 = l_3 = l_4 = 100$m,$d_1 = d_2 = d_4 = 100$mm,$d_3 =$ 200mm,沿程阻力系数 $\lambda_1 = \lambda_2 = \lambda_4 = 0.025$,$\lambda_3 = 0.02$,除阀门外,其他局部阻力损失忽略。

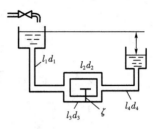

图 5-25 两水池形成的
并联管道

(1)阀门局部阻力损失系数 $\zeta = 30$,试求当阀门打开时管路中的流量。

(2)如果阀门关闭,求管路中的流量。

【**解**】 首先求得短路的阻力综合系数 $k = Bl$,则

$$k_1 = \frac{8\lambda_1 l_1}{\pi^2 g d_1^5} = 20656.7$$

$$\zeta = \lambda \frac{l_e}{d} ; l_e = \frac{\zeta d}{\lambda}$$

$$k_3 = \frac{8\lambda_3 (l_3 + l_e)}{\pi^2 g d_3^5} = 2065.67$$

于是 $k_1 = k_2 = k_4 = 10k_3$

(1)当阀门打开时管路中的流量

$$\frac{1}{\sqrt{k}} = \frac{1}{\sqrt{k_2}} + \frac{1}{\sqrt{k_3}} ; k = \left(\frac{\sqrt{k_2}\ \sqrt{k_3}}{\sqrt{k_2} + \sqrt{k_3}} \right)^2$$

$$H = (k + k_1 + k_4)q^2$$

$$q = 23.5(\text{L/s})$$

(2)串联时的流量

$$H = (k_1 + k_2 + k_4)q^2$$

$$q = 19.6(\text{L/s})$$

5.8 压力管路中的水锤

由于阀门突然关闭、水泵突然起动或停止等原因,管路中液体局部压强发生瞬间变化而引起压力波在管内振荡的现象,称为水锤或水击。急剧上升的压力波在管中传播,会产生一种犹如锤子敲击管道的声音,因而得名水锤。

5.8.1 水锤现象的发展过程

如图 5-26 所示,长度为 L 的管道一端连接大容器,另一端通过阀门出流。正常流动时各点流速均为 v_0,即 $v_A = v_B = v_0$;忽略水头损失,管内各点压强也相等,即 $p_A = p_B = p_0$(其中 $p_0 = H\rho g$)。下面将分四个阶段分析水锤的发生过程。

1. 从阀门向管口全线静止和增压的过程

当阀门突然关闭时 $t = 0^+$,靠近 A 点的薄层流度立即降为零,压力升高 Δp,这 过程依次

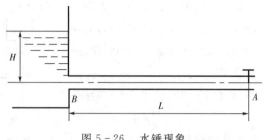

图 5 - 26　水锤现象

以一定的速度从 A 向 B 传播,当 $t = \dfrac{L}{c} = T$ 时,B 点的状态就为 $t = 0^+$ 时 A 点的状态。因而当 $0^+ \leqslant t \leqslant T$ 时,是全线由 A 到 B 的依次停止流动和增压的过程。这一过程在 $t = T$ 时完成。

2. 从管口向阀门全线减压过程

当 $t = T$ 时,B 点的速度 $v_B = 0$,$p_B = p_0 + \Delta p$。由于 p_B 高于大容器 B 左侧的压力 p_0,因此当 $t = T^+$ 时,B 处的流体反向流动。这一速度为 $v_B = -v_0$(流体以 v_0 冲入容器),同时压力由 $p_0 + \Delta p$ 恢复到 p_0。当 $t = 2T$ 时,A 点处的压力由 $p_0 + \Delta p$ 恢复到 p_0,A 点流速 $v_A = -v_0$。在 $t = 2T$ 瞬间,液流以 $-v_0$ 反向流动,各点压力与 $t = 0$ 时相等。

3. 从阀门向管口全线流速由 $-v_0$ 到零的降压过程

当 $t = 2T^+$ 瞬间,A 处的液体开始向 B 方向流动,使 A 处形成真空趋势,但压力下降抑制了液体的反向流动,故 $t = 2T^+$ 瞬间,$v_A = 0$,$p_A = p_0 - \Delta p$,这一过程依次向 B 点传播,当 $t = 3T$ 时完成这一过程。在 $t = 3T$ 瞬间,AB 之间的管路中液体速度归零,各点压力均下降 Δp,B 点压力降为 $p_B = p_0 - \Delta p$。

4. 从管口向阀门全线流速恢复和压力恢复过程

在 $t = 3T^+$ 时,大容器内的液体压力高于 B 点压力,以速度 v_0 流过 B 点,使 B 点附近液体压力升高为 p_0,这一过程依次从 B 向 A 推进,即当任意点的速度由零变为 v_0 的瞬间,压力升高 Δp;当 $t = 4T$ 时,A 点的速度为 v_0,压力($p_0 - \Delta p$)升为 p_0,如同 $t = 0$ 时的状态。

在理想的条件下,它将一直周而复始地以这四个阶段传播下去。实际中,压力波的传播过程中必然有能量损失,水锤压强不断衰弱。如图 5 - 27 所示分别为理想情况下和实际情况下阀门 A 点的压力变化规律。

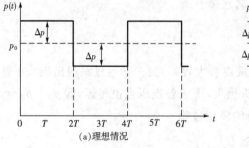

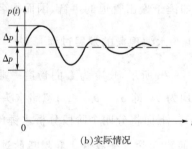

图 5 - 27　理想情况下和实际情况下阀门 A 点的压力变化规律

5.8.2　水锤压强计算公式

在了解了水锤现象产生的原因和传播过程后,下面进一步研究水锤压强的计算公式,为设计压力管道及其控制运行提供依据。

如图 5-28 所示,在阀门突然关闭时,假定在 dt 时间内,水波传播了 dx,则水波的传播速度 $c = \dfrac{dx}{dt}$,且 1—1 面上的压力增量 dp 传递到 2—2 面上,在管道的 dx 段,dt 瞬间液体压力变为 $(p + dp)$,则液体受压缩,密度 ρ 增加为 $(\rho + d\rho)$;同时管道为弹性体,其面积 A 变为 $(A + dA)$。

根据动量定理,列 1—1 面和 2—2 面之间的动量方程,得

$$[(p + dp)(A + dA) - pA]dt = (\rho A dx)v_0 \tag{5-8-1}$$

代入 $c = \dfrac{dx}{dt}$ 并略去高阶无穷小项,化简得

$$dp = \rho c v_0 \tag{5-8-2}$$

上式即为水锤压强的计算公式。

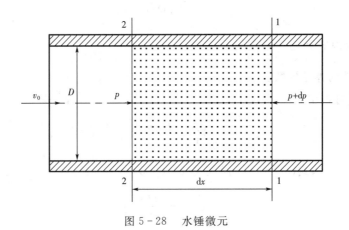

图 5-28　水锤微元

5.8.3　水锤压强波传播速度

上一小节中已经分析了水锤压强,同样地,如图 5-28 所示,取 dx 微元柱体,阀门突然关闭,假定在 dt 时间内,质量增加量 dm 为

$$dm = (\rho + d\rho)(A + dA)dx - \rho A dx \tag{5-8-3}$$

根据流量连续定理,dx 段内的质量增加量等于管内流体以速度 v_0 在 dt 时间内流过未变形管道断面 A 的液面的质量 $\rho v_0 A dt$,则有

$$(\rho + d\rho)(A + dA)dx - \rho A dx = \rho v_0 A dt \tag{5-8-4}$$

代入 $c = \dfrac{dx}{dt}$ 并在左边展开后略去高阶无穷小项,化简得

$$v_0 = c\left(\frac{\mathrm{d}\rho}{\rho} + \frac{\mathrm{d}A}{A}\right) \tag{5-8-5}$$

根据流体可压缩性公式 $\mathrm{d}V = -V\dfrac{\mathrm{d}p}{\beta_p}$，可得出

$$\frac{\mathrm{d}\rho}{\rho} = -\frac{\mathrm{d}V}{V} = \frac{\mathrm{d}p}{\beta_p} \tag{5-8-6}$$

式中：$\rho, \mathrm{d}\rho$—— 流体密度及其增量；

   $\mathrm{d}p$—— 压力增量；

   β_p—— 流体的体积弹性模数；

   $V, \mathrm{d}V$—— 控制域内的流体体积及增量。

由于 $A = \dfrac{\pi}{4}D^2, \mathrm{d}A = \dfrac{\pi}{2}D\mathrm{d}D$，则有

$$\frac{\mathrm{d}A}{A} = 2\frac{\mathrm{d}D}{D} \tag{5-8-7}$$

由材料力学知，管壁弹性模数 E 与管件径向变形的关系为

$$E = \frac{\mathrm{d}\sigma}{\mathrm{d}D/D} \tag{5-8-8}$$

式中：σ—— 管壁内应力，$\mathrm{d}\sigma = \dfrac{\mathrm{d}pD}{2\delta}$；

   E—— 管件的弹性模数。

由上述分析可得出

$$\frac{\mathrm{d}A}{A} = \frac{D\mathrm{d}p}{\delta E} \tag{5-8-9}$$

将式(5-8-6)和式(5-8-9)代入式(5-8-5)

$$v_0 = c\left(\frac{1}{\beta_p} + \frac{D}{\delta E}\right)\mathrm{d}p \tag{5-8-10}$$

或者

$$\mathrm{d}p = \frac{v_0 \beta_p}{c\left(1 + \dfrac{D\beta_p}{\delta E}\right)} \tag{5-8-11}$$

将上式和式(5-8-2)联立并化简，得

$$c = \sqrt{\frac{\beta_p}{\rho}} \bigg/ \sqrt{\left(1 + \frac{D\beta_p}{\delta E}\right)} \tag{5-8-12}$$

c 即为压力波的传播速度。对于刚性管壁 $E \to \infty$，则有

$$c_0 = \sqrt{\frac{\beta_p}{\rho}} \tag{5-8-13}$$

式(5-8-13)即压力液(声波)传播速度的计算公式,称儒科夫斯基公式。

5.8.4　减小水锤危害的方法

形成水锤现象的压力冲击对管路是十分有害的。在不能完全消除水锤现象的情况下,必须设法减弱水锤的影响。由前文分析知,突然关闭阀闸的压力波变化周期 $T_0 = 4T = 4\dfrac{L}{c}$,保持稳定周期 $t_0 = 2\dfrac{L}{c}$。若闸阀关闭时间为 T_s,当 $T_s < T_0$ 时,压力波将在管路中交替传播,形成的水击为直接水击;当 $T_s > T_0$ 时,若压力波折回阀门处时,因阀门尚未完全关闭,这时的水击为间接水击。间接水击压强近似为

$$\Delta p = \frac{\rho c v_0 t_0}{T_s} = 2\frac{\rho v_0 L}{T_s} \qquad (5-8-14)$$

由式(5-8-14)知,采取以下措施可以减弱水锤的影响:

(1) 缓慢关闭阀门(延长关闭时间 T_s)和缩短管道长度可显著减小 Δp;

(2) 在管路中安装蓄能器可吸收冲击带来的能量,减弱压力冲击;

(3) 在管路中可以安装安全阀,限制最大冲击压力,从而保护管路安全。

本 章 小 结

(1) 流体在管道内的流动有层流和湍流两种状态。用 $Re = \dfrac{\rho v d}{\mu} = \dfrac{v d}{\nu}$ 判别。临界雷诺数 $Re = 2320$。

(2) 管路中的水头损失由管道内因黏性摩擦产生的沿程损失和因管路构件对流体扰动产生的局部损失组成。管路中两点间的总水头损失是沿程损失和局部损失之和,即

$$h_w = h_w + \sum h_j = \left(\sum \lambda_i \frac{l_i}{d_i} + \sum \zeta_j \right) \frac{v^2}{2g} = \left(\frac{\lambda}{d} \sum l_i + \sum \zeta_j \right) \frac{v^2}{2g}$$

(3) 沿程阻力损失的计算公式为 $h_f = \lambda \dfrac{l}{d} \dfrac{v^2}{2g}$,其中沿程阻力系数 λ 可以用公式计算或查莫迪图得到。

(4) 局部损失可表示为 $h_j = \zeta \dfrac{v^2}{2g}$,局部阻力系数 ζ 与构件形状有关,可以查相关图表得到。

(5) 工程中有多种管路结构,它们具有相应的流动特征,可以根据流动特征进行管道流动计算,具体有:

① 串联管路　$q_1 = q_2 = q_3 = \cdots$ 和 $h_f = h_{wl1} + h_{wl2} + h_{wl3} + \cdots$;

② 并联管路　$q = q_1 + q_2 + q_3 + \cdots$ 和 $h_f = h_{wl1} = h_{wl2} = h_{wl3} = \cdots$;

③ 分叉管路系统　$q = q_1 + q_2 + q_3$;

④ 管网:流进某个节点的流量必然等于流出节点的流量,单管内的流动满足黏性摩擦定律,任意一个闭合环路内水头损失的代数和为 0。

(6) 管路中阀门突然关闭,导致管路中液体速度和动量发生急剧变化,引起液体压力大幅度波动的现象,称为水锤或水击现象。

思考与练习

5-1 简述水力半径的概念及其对流动阻力的影响,黏性流体运动和流动阻力的形式。

5-2 简述均匀流动基本方程,均匀流动中的水头损失与摩擦损失的关系。

5-3 试述流体流动的两种状态,流动状态与水头损失的关系,流动状态的判断准则及其表达式。并回答在直径相同的管中流过相同的流体,当流速相等时,它们的雷诺数是否相等? 当流过不同的流体时,它们的临界雷诺数相等吗? 考虑同一种流体分别在直径为 d 的圆管和水力直径为 d_i 的矩形管中做有压流动,当 $d = d_i$,且速度相等时,它们的流态是否相同?

5-4 试述圆管层流速度分布及其剪切力分布形式、平均流速与最大流速的关系。

5-5 半径为 r_0 的管中的流动是层流,流速恰好等于管内平均流速的地方距管轴的距离等于多少?

5-6 如图所示,流量 $q = 0.3L/s$ 的油泵与长度 $l = 0.7m$ 的细管组成一循环油路,借以保持直径 $D = 30mm$ 的调速阀位置保持恒定。已知油的动力黏度 $\mu = 0.03Pa \cdot s$,密度 $\rho = 900kg/m^3$,调速阀上的弹簧压缩量 $s = 6mm$,弹簧刚度 $k = 8N/mm$,为使调速阀恒定,细管直径 d 应为多少?(管路中其他阻力忽略不计,只计细管中的沿程阻力,忽略高程差)

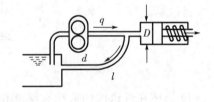

题 5-6 图

5-7 做沿程水头损失实验的管道直径 $d = 1.5cm$,测量段长度 $l = 4m$,水温 $t = 5℃$。试求:

(1) 当流量 $q = 0.03L/s$ 时,管中的流态?

(2) 此时的沿程水头损失系数 λ 是多少?

(3) 此时测量段的沿程水头损失 h_f 为多少?

(4) 为保持管中为层流,测量段最大水头差 $\dfrac{p_1 - p_2}{r}$ 为多少?

5-8 有一旧的生锈铸铁管路,直径 $d = 300mm$,长度 $l = 200mm$,流量 $q = 0.25m^3/s$,取粗糙度 $\Delta = 0.6mm$,水温 $t = 10℃$,试分别用公式法和查图法求沿程水头损失 h_f。

5-9 某矿山一条通风巷道的断面积 $A = 2.5 \times 2.5m^2$,用毕托管测得其中某处风速 $v_{max} = 0.3125m/s$,并知均速 $v = 0.8v_{max}$,井下气温 $t = 20℃$,问该处处于什么状态?

5-10 如图,某矿采用湿式凿岩设备,耗水量为 $10.6m^3/h$,所需表压强为 $784kPa$,问水塔液面 H 应比工作面 2—2 高出多少米才能满足生产

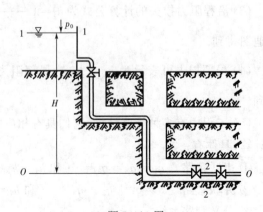

题 5-10 图

需要？已知供水管路 $d = 50\text{mm}, l = 500\text{m}$，断面 1—1 到 2—2 之间装有两个全开闸阀，$\dfrac{D}{r} = 0.5$ 的 $90°$ 圆管头四个，供水管为新的表面光滑的无缝钢管。

5-11　如图所示为某离心式水泵的吸水管，已知：$d = 100\text{mm}, l = 8\text{m}, q = 20\text{L/s}$，泵进口处最大允许真空度 $P_2 = 68.6\text{kPa}$，此管路中有带单向底阀的吸水网一个，$\dfrac{d}{r} = 1$ 的 $90°$ 圆管弯头两处，问允许装机高度（即 H_s）为多少？（管子系旧的生锈钢管）

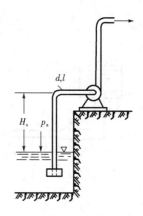

题 5 - 11 图

5-12　一直径为 100mm 的清洁铸铁管，自高位水池取水泄入低位水池。已知管长 $l = 150\text{m}$，管路出口低于高位水池水面 12m，但高于低位水池水面，求水管中流量是多少？

5-13　如图所示，水塔通过长度 $l = 3500\text{m}$、管径 $d = 300\text{mm}$ 的新铸铁管向工厂供水，水塔地面标高为 130m，由地面到水塔水面的距离 $H = 17\text{m}$，工厂地面标高为 110m，工厂要求有 25m 的水头，求此输水管通过的流量。如要保证工厂供水量为 85 L/s，水塔高度 H 应为多少？

5-14　如图所示为正常铸铁管串联供水管路。已知 $d_1 = 300\text{mm}, l_1 = 150\text{m}, q_1 = 80 \text{ L/s}; d_2 = 200\text{mm}, l_2 = 100\text{m}, q_2 = 50 \text{ L/s}; d_3 = 100\text{mm}, l_3 = 50\text{m}, q_3 = 30 \text{ L/s}$。求水塔高度 H。

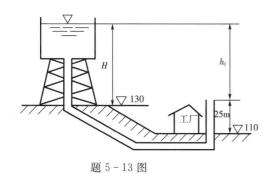

题 5 - 13 图

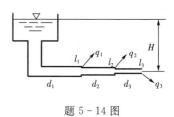

题 5 - 14 图

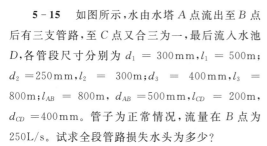

5-15　如图所示，水由水塔 A 点流出至 B 点后有三支管路，至 C 点又合三为一，最后流入水池 D，各管段尺寸分别为 $d_1 = 300\text{mm}, l_1 = 500\text{m}$；$d_2 = 250\text{mm}, l_2 = 300\text{m}; d_3 = 400\text{mm}, l_3 = 800\text{m}; l_{AB} = 800\text{m}, d_{AB} = 500\text{mm}, l_{CD} = 200\text{m}, d_{CD} = 400\text{mm}$。管子为正常情况，流量在 B 点为 250L/s。试求全段管路损失水头为多少？

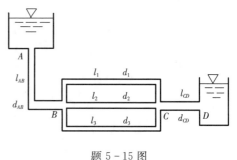

题 5 - 15 图

5-16　如图所示的由水塔供水的输水管，由三段铸铁管（$n = 0.0125$）串联而成，中段为均匀泄流管段。已知 $l_1 = 300\text{m}, d_1 = 200\text{mm}; l_2 = 200\text{m}, d_2 = 150\text{mm}; l_3 = 100\text{m}, d_3 = 100\text{mm}$。节点 B 分出流量 $q_1 = 15\text{L/s}$；中段单位管长泄出的流量 $q = 0.1\text{L/s}$；管路末端通过的流量 $q_2 = 10\text{L/s}$。求需要的水头。

5-17   如图所示,虹吸管将 A 池中的水输入 B 池,已知管长 $l_1 = 3\text{m}$,$l_2 = 5\text{m}$,直径 $d = 75\text{mm}$,两池的水面高差 $H = 2\text{m}$,最大超高 $h = 1.8\text{m}$,进口阻力系数 $\zeta_{\text{in}} = 1.0$,出口阻力系数 $\zeta_{\text{out}} = 1.0$,转弯的阻力系数 $\zeta_{\text{b}} = 0.2$,沿程阻力系数 $\lambda = 0.025$,求流量 q 及管道 C 点的真空度。

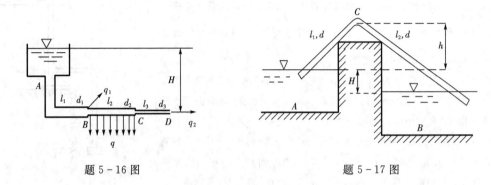

题 5-16 图   题 5-17 图

第 6 章　　边界层流动基础

本章学习目的和任务

（1）掌握边界层的基本概念。

（2）讨论流体绕过物体的流动，理解边界层微分方程式及动量积分方程式。

（3）理解平板边界层流动及湍流流动的特性，了解平流边界层和湍流分离、分离后再附现象。

（4）掌握不可压缩流场中流体绕过物体周围流场的分布情况及物体受到的流体的作用力。

本章重点

边界层的基本特性，边界层的厚度（位移厚度、动量损失厚度），平板边界层，边界层的分离，绕流物体的作用力。

本章难点

边界层的厚度，曲面边界层分离，绕流物体的作用力。

边界层这一概念是德国科学家普朗特（Ludwig Prandtl）在 1904 年提出的。普朗特以铝粉为示踪剂进行了大雷诺数下的流动显示实验，发现在紧靠物体表面的薄层内，流速变化很大，即从零迅速增加到与来流速度 U_∞ 同数量级的程度。普朗特把紧靠物体表面流速从零迅速增加到与来流速度相同数量级的薄层称为边界层。边界层流动在工程应用和自然现象中非常普遍，如飞机和轮船表面、流体机械叶片附近等。从流体力学角度看，边界层的研究涉及流动分离、漩涡的形成与发展、流动的稳定性、传热传质等。此外，边界层还与流体绕过物体的流动作用力相关。

6.1　边界层概念

在边界层内，流体沿物体表面法线方向的速度梯度很大，即使是黏性很小的流体，也表现出较大的不可忽略的黏滞力，所以边界层内的流体进行的是实际流体的有旋流动。在边界层外，速度梯度很小，即使是黏性较大的流体也表现出很小的黏滞力，可以认为，在边界层外的流动是无旋的势流。因此，在分析实际流动问题时可解耦考虑这两种流动，然后把所得的解耦合起来，即可获得整个流场的解。

图 6—1 为机翼翼型上的边界层示意图。实测表明，起初机翼表面的边界层厚度 δ 非常

薄,其厚度仅为机翼弦长的几百分之一,随后沿流动方向其厚度不断增大。边界层内的黏性有旋流动离开物体表面流向下游并在物体后面形成尾涡区域,该区域起初的速度梯度还相当显著,但随着流向趋于下游,速度分布再次趋于均匀。在实际计算中,要确定边界层和势流区之间的精确界限很难,在实际应用中一般规定,从固体壁面沿外法线到速度达到势流速度99%处的距离为边界层的厚度,用 δ 表示。

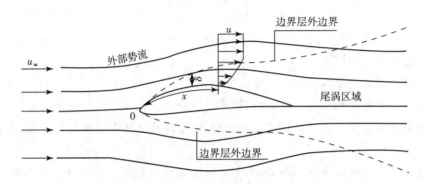

图 6-1   机翼翼型上的边界层示意图

综上所述,边界层的基本特征有:① 与物体的长度相比,边界层的厚度很小;② 边界层内的速度梯度很大;③ 边界层沿流动方向逐渐增厚;④ 由于边界层很薄,可近似地认为,边界层截面上的各点压强等于同一截面边界层外边界处的压强;⑤ 在边界层内,黏滞力相对于惯性力不可忽略,两者处于同一数量级;⑥ 边界层内的流体流动和圆管流动一样,也可以有层流和湍流两种流态。

如图 6-2(a) 所示,以一均匀来流下半无限长平板的流动为例,描述边界层流动的层流和湍流状态。起初,在边界层内的流态是层流;当层流边界层发展到一定程度,到达一定距离 x_k 处,层流过渡为湍流。如第5章圆管流动中所述,在湍流运动的边界层内,靠近壁面附近还有一层极薄的黏性底层,在黏性底层内流动仍保持层流状态。层流边界层转变为湍流边界层的现象称为边界层转捩。事实上,边界层转捩需要经历一定的时间和空间,并不能在某一点瞬间完成。如图 6-2(b) 所示,边界层从层流向湍流的转捩经历二维、三维不稳定性,湍流斑的形成和发展,并最终转变为湍流边界层。

根据第5章雷诺实验,平板上的边界层由层流转化为湍流的条件主要是由某一临界雷诺数来判别的。雷诺数中表征几何特征长度的可以是平板前缘点至流态转化点的距离 x_k,也可以是转化点的边界层厚度 δ_k。速度取来流速度 u_∞,即

$$Re_{x_k} = \frac{u_\infty x_k}{\nu} \text{ 或} Re_{\delta_k} = \frac{u_\infty \delta_k}{\nu} \tag{6-1-1}$$

边界层从层流转变为湍流的临界雷诺数也称为转捩雷诺数,其数值受许多因素影响,如来流的湍流度、壁面的粗糙度等。实验表明,增加湍流度或增加粗糙度都会使临界雷诺数值降低,即提早使层流转变为湍流。如机翼前端的边界层很薄,不大的粗糙凸起就会透过边界层,诱导层流变为湍流。

边界层还与流体的黏性有关。流体的黏性应力与速度梯度有关,但描述黏性流体流动

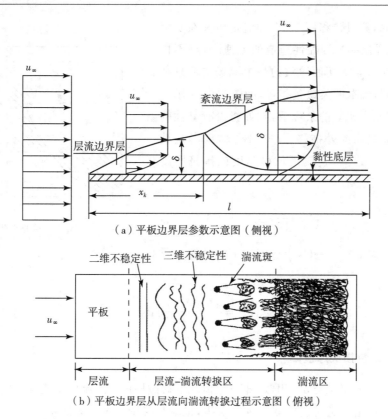

（a）平板边界层参数示意图（侧视）

（b）平板边界层从层流向湍流转捩过程示意图（俯视）

图 6-2　平板上的边界层

示意图的特性还取决于流体的惯性力与黏性力的比值 —— 雷诺数 Re。其中，绕物体的流体流动如图 6-3 所示。在雷诺数非常低时（$Re \ll 1$），流动通常称为蠕动流（creep flow）。在这种情况下，边界层厚度厚得足以使黏性作用影响到整个流场，基本上没有势流区。在大雷诺数下（$Re \gg 1$），边界层只存在于物体表面的薄层中，但不管黏性多小，都能带来相应的尾迹（wake），并产生阻力。

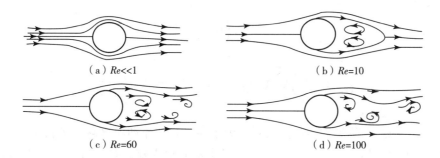

（a）$Re \ll 1$　　　　　　　　　　　　（b）$Re = 10$

（c）$Re = 60$　　　　　　　　　　　　（d）$Re = 100$

图 6-3　绕物体的流体流动示意图

除了前面表述的边界层厚度，在进行边界层计算时，还定义了其他的边界层厚度。

6.1.1　位移厚度 δ^*

位移厚度含义是：对于不可压缩流体，当其处于理想流动（即不存在边界层）、流速均为

主流速度 U 时,流过位移厚度 δ^* 的流量应和在实际
情况下(有边界层时),因黏性造成的流速降低(不再
等于主流速度 U 时)从而导致的整个流场的流量减
小量相同,即与流量的欠缺量相等,如图 6-4 所示。
由此可见,在流量相等的条件下,犹如将没有黏性的
主流区自固体壁面向外推移了一个距离,或者是被
向外排挤了一个距离,这就是位移厚度或排挤厚度
名称的由来。于是有

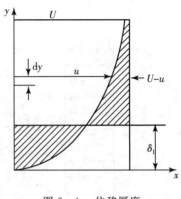

$$\delta^* = \int_0^\infty \left(1 - \frac{u}{U}\right) \mathrm{d}y \qquad (6-1-2)$$

图 6-4　位移厚度

边界层可取 $u = 0.99U$,因此可按下式计算边界
层位移厚度

$$\delta^* = \int_0^\delta \left(1 - \frac{u}{U}\right) \mathrm{d}y \qquad (6-1-3)$$

6.1.2　动量损失厚度 θ

动量损失厚度定义与 δ^* 相似,即理想情况下通过厚度 θ 的流体动量等于实际情况下整
个流场中实际质量流量与速度减小量的乘积,也就是等于动量的欠缺量

$$\rho U^2 \theta = \int_0^\infty \rho u (U - u) \mathrm{d}y$$

即

$$\theta = \int_0^\infty \frac{u}{U}\left(1 - \frac{u}{U}\right) \mathrm{d}y \qquad (6-1-4)$$

亦可表示为

$$\theta = \int_0^\delta \frac{u}{U}\left(1 - \frac{u}{U}\right) \mathrm{d}y \qquad (6-1-5)$$

6.2　边界层流动的基本方程

如 6.1 节所述,把扰流物体的流动划分为边界层和外流两个区域。外流可不考虑黏性
影响,其基本方程可用欧拉方程进行表述。对于边界层内部的基本方程是什么形式,本节
将进行推导。首先介绍边界层微分方程,并在此基础上介绍动量积分方程。

6.2.1　边界层微分方程

边界层中的流动属于黏性流,它符合 N-S 方程,首先根据边界层的特点对 N-S 方程进
行简化。只考虑定常平面流动的边界层,对于空间流动的边界层,处理方法基本相同。在

边界层流动问题中,一般不考虑质量力的影响,对应的定常平面流动的 N－S 方程为

$$\begin{cases} u_x\,\dfrac{\partial u_x}{\partial x}+u_y\,\dfrac{\partial u_x}{\partial y}=-\dfrac{1}{\rho}\,\dfrac{\partial p}{\partial x}+\nu\left(\dfrac{\partial^2 u_x}{\partial x^2}+\dfrac{\partial^2 u_x}{\partial y^2}\right) \\[3mm] u_x\,\dfrac{\partial u_y}{\partial x}+u_y\,\dfrac{\partial u_y}{\partial y}=-\dfrac{1}{\rho}\,\dfrac{\partial p}{\partial y}+\nu\left(\dfrac{\partial^2 u_y}{\partial x^2}+\dfrac{\partial^2 u_y}{\partial y^2}\right) \\[3mm] \dfrac{\partial u_x}{\partial x}+\dfrac{\partial u_y}{\partial y}=0 \end{cases} \tag{6-2-1}$$

普朗特根据边界层特性,应用量级比较法,将上式进行化简:由于边界层厚度很小,因此它与平板尺寸和沿界面的流速 u_x 比起来可以看成是微量。设其数量级为 $\varepsilon \ll 1$,用符号 "$\sim$" 表示数量级相同,$\delta \sim \varepsilon$。而令 x 和 u_x 的数量级为 1,即 $x \sim 1$,$u_x \sim 1$。于是在边界层区域 $\mathrm{d}y \ll \mathrm{d}x$,即 $\mathrm{d}y \sim \varepsilon$。$\dfrac{\partial u_x}{\partial x} \sim \dfrac{1}{1}$,$\dfrac{\partial^2 u_x}{\partial x^2} \sim 1^2=1$,$\dfrac{\partial u_x}{\partial y} \sim \dfrac{1}{\varepsilon}$,$\dfrac{\partial^2 u_x}{\partial y^2} \sim \dfrac{1}{\varepsilon^2}$。由连续方程式已知 $\dfrac{\partial u_x}{\partial x}=-\dfrac{\partial u_y}{\partial y}$,所以 $\dfrac{\partial u_y}{\partial y} \sim 1$,$\partial u_y \sim \varepsilon$,$u_y \sim \varepsilon$。此外 $\dfrac{\partial u_y}{\partial x} \sim \varepsilon$,$\dfrac{\partial^2 u_y}{\partial x^2} \sim \varepsilon$,$\dfrac{\partial^2 u_y}{\partial y^2} \sim \dfrac{1}{\varepsilon}$。在边界层中惯性力和黏性力数量级相同,所以 $\nu \sim \varepsilon^2$,于是 $u\,\dfrac{\partial^2 u_x}{\partial x^2} \sim \varepsilon^2$,因此式(6-2-1)中第 1 式的 $\nu\,\dfrac{\partial^2 u_y}{\partial x^2}$ 可作为高阶微量略去,第 2 式中除去压力项以外都为微量 $\left(u_y\,\dfrac{\partial u_y}{\partial x} \sim \varepsilon,u_y\,\dfrac{\partial u_y}{\partial y} \sim \varepsilon,\nu\,\dfrac{\partial^2 u_y}{\partial x^2} \sim \varepsilon^3,\nu\,\dfrac{\partial^2 u_y}{\partial y^2} \sim \varepsilon\right)$,可以略去。于是式(6-2-1)变成为

$$\begin{cases} u_x\,\dfrac{\partial u_x}{\partial x}+u_y\,\dfrac{\partial u_x}{\partial y}=-\dfrac{1}{\rho}\,\dfrac{\partial p}{\partial x}+\nu\,\dfrac{\partial^2 u_x}{\partial y^2} \\[3mm] \dfrac{\partial p}{\partial y}=0 \\[3mm] \dfrac{\partial u_x}{\partial x}+\dfrac{\partial u_y}{\partial y}=0 \end{cases} \tag{6-2-2}$$

式(6-2-2)即为边界层的微分方程式,亦称普朗特边界层微分方程式。其边界条件是

$$y=0,\ u_x=u_y=0$$

$$y=\delta,\ u_x=U(x)$$

$U(x)$ 表示沿壁面 x 位置的主流区流速,即边界层外缘的流速。当 $\dfrac{\partial p}{\partial x}=0$ 时,主流流速不变,$U(x)$ 为一常数,与 x 无关,用 U 表示。

边界层微分方程式是边界层计算中的基本方程式。但是,由于它的非线性,因此即使对于外形最简单的物体,用其求解也是十分困难的。目前常采用冯·卡门动量积分方程求解。

6.2.2　边界层动量积分方程

这里以图 6-5 边界层局部图为例,推导边界层动量积分方程。取边界层中与 x 轴垂直

的两个平行平面 AB、CE，宽度为单位值。x 方向距离为 $\mathrm{d}x$，BC 为边界层边缘，AE 为平板壁面，则 $ABCE$ 为边界层中的微元控制体 R。因为在边界层中 $\dfrac{\partial p}{\partial y}=0$［见式（6-2-2）］，所以在 AB、CE 界面上的压力是定值。于是沿 x 方向作用在控制体上的力有如下几项，即

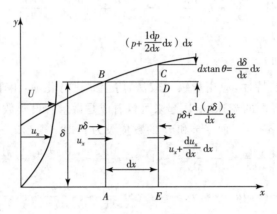

图 6-5   边界层局部图

在 AB 面上 $\qquad\qquad F_x = p\delta$

在 CE 面上 $\qquad\qquad F_x = -\left[p\delta + \dfrac{\mathrm{d}(p\delta)}{\mathrm{d}x}\mathrm{d}x\right]$

在 BC 面上 $\qquad\qquad F_x = \left(p + \dfrac{\mathrm{d}p}{\mathrm{d}x}\dfrac{\mathrm{d}x}{2}\right)\mathrm{d}x\tan\theta = \left(p + \dfrac{\mathrm{d}p}{\mathrm{d}x}\dfrac{\mathrm{d}x}{2}\right)\dfrac{\mathrm{d}\delta}{\mathrm{d}x}\mathrm{d}x$

在 AE 面上 $\qquad\qquad F_x = -\tau_0\mathrm{d}x$

则 x 方向总的作用力为

$$\sum F_x = p\delta + \left(p + \dfrac{\mathrm{d}p}{\mathrm{d}x}\dfrac{\mathrm{d}x}{2}\right)\dfrac{\mathrm{d}\delta}{\mathrm{d}x}\mathrm{d}x - \left[p\delta + \dfrac{\mathrm{d}(p\delta)}{\mathrm{d}x}\mathrm{d}x\right] - \tau_0\mathrm{d}x$$

忽略高次微量，并进行整理后得

$$\sum F_x = -\left(\tau_0 + \delta\dfrac{\mathrm{d}p}{\mathrm{d}x}\right)\mathrm{d}x \qquad\qquad (6-2-3)$$

单位时间通过 AB 面流入的动量为

$$\int_0^\delta \rho u_x^2 \mathrm{d}y$$

单位时间通过 CE 面流入的质量和带入的动量是

$$\int_0^\delta \rho u_x^2 \mathrm{d}y + \dfrac{\mathrm{d}}{\mathrm{d}x}\left(\int_0^\delta \rho u_x^2 \mathrm{d}y\right)\mathrm{d}x$$

通过 BC 面流入的流量应当等于流出 CE 面的流量与流入 AB 面的流量之差

$$\int_0^\delta \rho u_x \mathrm{d}y + \dfrac{\mathrm{d}}{\mathrm{d}x}\left(\int_0^\delta \rho u_x \mathrm{d}y\right)\mathrm{d}x - \int_0^\delta \rho u_x \mathrm{d}y = \dfrac{\mathrm{d}}{\mathrm{d}x}\left(\int_0^\delta \rho u_x \mathrm{d}y\right)\mathrm{d}x$$

经过 BC 面的速度为 U，则单位时间内通过 BC 面流入的动量为

$$U \frac{\mathrm{d}}{\mathrm{d}x} \left(\int_0^\delta \rho u_x \, \mathrm{d}y \right) \mathrm{d}x$$

根据动量守恒原理,作用在控制体上的力应等于控制体内动量的增加量与净流出控制面的动量通量之和,即

$$- \left(\tau_0 + \delta \frac{\mathrm{d}p}{\mathrm{d}x} \right) \mathrm{d}x$$

$$= \int_0^\delta \rho u_x^2 \, \mathrm{d}y + \frac{\mathrm{d}}{\mathrm{d}x} \left(\int_0^\delta \rho u_x^2 \, \mathrm{d}y \right) \mathrm{d}x - \int_0^\delta \rho u_x^2 \, \mathrm{d}y - U \frac{\mathrm{d}}{\mathrm{d}x} \left(\int_0^\delta \rho u_x \, \mathrm{d}y \right) \mathrm{d}x \qquad (6-2-4)$$

$$= \frac{\mathrm{d}}{\mathrm{d}x} \int_0^\delta \left(\rho u_x^2 \, \mathrm{d}y - U \int_0^\delta \rho u_x \, \mathrm{d}y \right)$$

式(6-2-4)即为冯·卡门边界层动量积分方程式。它适用于二元恒定流动的层流或湍流边界层。对于不可压缩流体的恒定流动,式(6-2-4)变成

$$\tau_0 = -\delta \frac{\mathrm{d}p}{\mathrm{d}x} - \rho \frac{\mathrm{d}}{\mathrm{d}x} \int_0^\delta u_x^2 \, \mathrm{d}y + \rho U \frac{\mathrm{d}}{\mathrm{d}x} \int_0^\delta u_x \, \mathrm{d}y \qquad (6-2-5)$$

由于边界层外的流动可以看成是理想流体的势流流动,上式中压力梯度项可以用伯努利方程表示

$$\frac{\mathrm{d}p}{\mathrm{d}x} = -\rho U \frac{\mathrm{d}U}{\mathrm{d}x} \qquad (6-2-6)$$

另外,因为 $\dfrac{\mathrm{d}p}{\mathrm{d}x}$ 和 $\dfrac{\mathrm{d}U}{\mathrm{d}x}$ 与 y 无关,只随 x 改变,所以可进行下列变换

$$\int_0^\delta \frac{\mathrm{d}p}{\mathrm{d}x} \mathrm{d}y = \frac{\mathrm{d}p}{\mathrm{d}x} \int_0^\delta \mathrm{d}y = \frac{\mathrm{d}p}{\mathrm{d}x} \delta = -\rho \frac{\mathrm{d}U}{\mathrm{d}x} U \int_0^\delta \mathrm{d}y$$

并把式(6-2-5)最后一项也改写成

$$\rho U \frac{\mathrm{d}}{\mathrm{d}x} \int_0^\delta u_x \, \mathrm{d}y = \rho \frac{\mathrm{d}}{\mathrm{d}x} \left(U \int_0^\delta u_x \, \mathrm{d}y \right) - \rho \frac{\mathrm{d}U}{\mathrm{d}x} \int_0^\delta u_x \, \mathrm{d}y$$

$$= \rho \frac{\mathrm{d}}{\mathrm{d}x} \int_0^\delta U u_x \, \mathrm{d}y - \rho \frac{\mathrm{d}U}{\mathrm{d}x} \int_0^\delta u_x \, \mathrm{d}y$$

于是式(6-2-5)变成

$$\tau_0 = \rho \frac{\mathrm{d}U}{\mathrm{d}x} \int_0^\delta U \, \mathrm{d}y - \rho \frac{\mathrm{d}}{\mathrm{d}x} \int_0^\delta u_x^2 \, \mathrm{d}y + \rho \frac{\mathrm{d}}{\mathrm{d}x} \int_0^\delta U u_x \, \mathrm{d}y - \rho \frac{\mathrm{d}U}{\mathrm{d}x} \int_0^\delta u_x \, \mathrm{d}y$$

$$= \rho \left[\frac{\mathrm{d}}{\mathrm{d}x} \int_0^\delta (U u_x - u_x^2) \, \mathrm{d}y + \frac{\mathrm{d}U}{\mathrm{d}x} \int_0^\delta (U - u_x) \, \mathrm{d}y \right]$$

最后利用式(6-1-2)、式(6-1-3)将上式写成

$$\tau_0 = \rho \left[\frac{\mathrm{d}}{\mathrm{d}x} U^2 \theta + U \frac{\mathrm{d}U}{\mathrm{d}x} \delta^* \right] \qquad (6-2-7)$$

式(6-2-7)适用于不可压缩流体具有压力梯度的恒定流流动,该流动可以是层流或

湍流。

若作用在边界层内的压力梯度 $\dfrac{\mathrm{d}p}{\mathrm{d}x}=0$，由式（6-2-6）知 $\dfrac{\mathrm{d}U}{\mathrm{d}x}=0$，这时动量积分方程简化为

$$\frac{\tau_0}{\rho U^2}=\frac{\mathrm{d}\theta}{\mathrm{d}x} \qquad (6-2-8)$$

对于式（6-2-4）中的边界层积分方程，未知量只有 τ_0、δ 和 u_x，U 和 $\dfrac{\mathrm{d}p}{\mathrm{d}x}$ 可由主流区的势流方程式求得。因此，除了动量方程式以外还需要有另外两个补充条件：一个是边界层内的速度分布函数 $u_x=f(y)$，另一个是与速度分布有关的 τ_0 与 δ 的关系。这样就可使所求的未知数数目与条件数相符，便可求得边界层内的流动特性。

6.3　平板边界层流动

虽然上节所述边界层方程较原始的 N-S 方程已有了很大的简化，但是除了平板边界层等少数工况，在绝大多数情况下，仍然无法求其解析解。不可压缩流动的平板层流边界层流动在 1908 年已由德国科学家布拉修斯运用相似性方法进行了求解。本节我们在前人的基础上，通过合理的近似，直接推导出了层流和湍流边界层的扰流阻力系数和边界层厚度计算公式，以便于工程应用参考。

6.3.1　层流边界层

对于平板绕流边界层流动，沿流向不存在压力梯度，因此，边界层内流动满足式（6-1-2）。考虑速度分布相似，$\dfrac{u_x}{U}$ 为 $\dfrac{y}{\delta}$ 的函数，即

$$\frac{u_x}{U}=f\left(\frac{y}{\delta}\right) \qquad (6-3-1)$$

上述函数应当满足下面三个边界条件：

① $y=0$，$u_x=0$；② $y=\delta$，$u_x=U$；③ $y=\delta$，$\dfrac{\partial u_x}{\partial y}=0$

在此边界条件下，假设速度分布函数为

$$\frac{u_x}{U}=2\,\frac{y}{\delta}-\left(\frac{y}{\delta}\right)^2 \qquad (6-3-2)$$

若流动是层流，符合牛顿内摩擦定律，则切应力 τ_0 与 δ 的关系可表示为

$$\tau_0=\mu\left.\frac{\mathrm{d}u_x}{\mathrm{d}y}\right|_{y=0}=\mu U\left(\frac{2}{\delta}-\frac{2y}{\delta^2}\right)\Big|_{y=0}=\frac{2\mu U}{\delta}$$

边界层动量损失厚度为

$$\theta = \int_0^\delta \frac{u_x}{U}\left(1 - \frac{u_x}{U}\right)\mathrm{d}y = \int_0^\delta \left(2\frac{y}{\delta} - \frac{y^2}{\delta^2}\right)\left(1 - 2\frac{y}{\delta} + \frac{y^2}{\delta^2}\right)\mathrm{d}y$$

$$= \int_0^\delta \left[2\frac{y}{\delta} - 5\left(\frac{y}{\delta}\right)^2 + 4\left(\frac{y}{\delta}\right)^3 - \left(\frac{y}{\delta}\right)^4\right]\mathrm{d}y$$

$$= \left(\frac{y^2}{\delta} - \frac{5}{3}\frac{y^3}{\delta^2} + \frac{y^4}{\delta^3} - \frac{1}{5}\frac{y^5}{\delta^4}\right)\Big|_0^\delta = \frac{2}{15}\delta \qquad (6-3-3)$$

将式(6-3-2)、式(6-3-3)代入式(6-2-8),得到

$$\frac{2\mu U}{\delta} = \rho U^2 \frac{2}{15}\frac{\mathrm{d}\delta}{\mathrm{d}x}$$

于是

$$\int_0^\delta \delta \mathrm{d}\delta = \frac{15\mu}{\rho U}\int_0^x \mathrm{d}x$$

$$\frac{\delta^2}{2} = \frac{15\mu x}{\rho U} \qquad (6-3-4)$$

$$\frac{\delta}{x} = \sqrt{\frac{30\mu}{\rho U x}} = \frac{5.48}{\sqrt{Re}}$$

可得当地阻力系数

$$C_f = \frac{\tau_0}{\rho U^2/2} = \frac{2\mu U/\delta}{\rho U^2/2} = \frac{4\mu}{\rho U \delta}$$

$$= \frac{4\mu}{\rho U}\frac{\sqrt{Re}}{5.48x} = \frac{0.730}{\sqrt{Re}} \qquad (6-3-5)$$

宽度为 b、长度为 L 的平板总阻力为

$$D = \int_0^L b\tau_0 \mathrm{d}x = \int_0^L \frac{2\mu U \sqrt{Re}}{5.48x}b\mathrm{d}x = \frac{2\mu U b}{5.48}\int_0^L \sqrt{\frac{\mu U}{\rho x}}\mathrm{d}x = \frac{4\mu U \sqrt{Re}}{5.48} = 0.730\mu Ub\sqrt{Re_L}$$

平板总阻力系数为

$$C_D = \frac{4\mu U \sqrt{Re_L}}{5.48}\Big/ \frac{\rho U^2 Lb}{2} = \frac{1.46}{\sqrt{Re_L}} \qquad (6-3-6)$$

边界层的位移厚度 δ^* 为

$$\delta^* = \int_0^\delta \left(1 - \frac{u_x}{U}\right)\mathrm{d}y = \int_0^\delta \left(1 - 2\frac{y}{\delta} + \frac{y^2}{\delta^2}\right)\mathrm{d}y = \frac{\delta}{3} = \frac{1}{3}\frac{5.48}{\sqrt{Re}}x = \frac{1.826x}{\sqrt{Re}}$$

$$(6-3-7)$$

对于平板层流边界层的计算,通过补充式(6-3-1)和式(6-3-2)两个方程,得出了平板边界层流动的特性。

6.3.2　湍流边界层

假设整个平板上边界层流动全部是湍流流动,速度分布近似选择指数公式

$$u_x = U \left(\frac{y}{\delta} \right)^{\frac{1}{7}} \tag{6-3-8}$$

相应地,切应力公式为

$$\tau_0 = 0.0225 \rho U^2 \left(\frac{\nu}{U\delta} \right)^{\frac{1}{4}} \tag{6-3-9}$$

将式(6-3-8)代入式(6-2-8)和式(6-3-9)

$$\tau_0 = \rho U^2 \frac{\mathrm{d}}{\mathrm{d}x} \int_0^\delta \frac{u_x}{U} \left(1 - \frac{u_x}{U} \right) \mathrm{d}y$$

积分整理得

$$\frac{7}{72} \rho U^2 \mathrm{d}\delta = 0.0225 \rho U^2 \left(\frac{\nu}{U\delta} \right)^{\frac{1}{4}} \mathrm{d}x$$

再积分

$$\left(\frac{7}{72} \right) \left(\frac{4}{5} \right) \delta^{\frac{5}{4}} = 0.0225 \left(\frac{\nu}{U} \right)^{\frac{1}{4}} x + C$$

代入边界条件

$$x = 0, \delta = 0$$

由此 $C=0$,所以化简

$$\delta = 0.37 \left(\frac{\nu}{Ux} \right)^{\frac{1}{5}} x$$

将上式代入式(6-3-9),并化简

$$\tau_0 = 0.029 \rho U^2 \left(\frac{\nu}{Ux} \right)^{\frac{1}{5}}$$

宽度为 b、长度为 L 的平板总阻力为

$$D = \int_0^L b\tau_0 \mathrm{d}x = 0.036 \rho U^2 bL \left(\frac{\nu}{UL} \right)^{\frac{1}{5}}$$

平板总阻力系数为

$$C_D = \frac{D}{\frac{1}{2} \rho U^2 Lb} = 0.072 \left(\frac{\nu}{UL} \right)^{\frac{1}{5}}$$

与实验研究相比,调整系数并用雷诺数 Re 表示

$$C_D = \frac{0.074}{\sqrt[5]{Re}} \tag{6-3-10}$$

式(6-3-10)表示平板湍流边界层的阻力系数公式,适用的雷诺数范围为 $5 \times 10^5 \leqslant Re_L \leqslant 10^7$。当雷诺数增加时,由于流速分布不适用于 1/7 定律,施里希廷采用对数速度分布,得到以下阻力系数的计算公式

$$C_D = \frac{0.445}{(\lg Re)^{2.58}} \qquad\qquad (6-3-11)$$

适用的雷诺数范围为:$10^7 \leqslant Re_L \leqslant 10^9$。

6.4　曲面边界层的分离

根据前面的讨论我们知道,对于平板的边界层问题,边界层以外流动的压强保持为常量。然而当物面不是平板而是曲面壁时,压强沿着流动方向将发生变化,边界层内的流动会受到很大的影响。下面我们来讨论曲面边界层的流动问题。当边界层流体不能够沿着物体外形流动而离开壁面的现象称为边界层分离(boundary layer separation)。

6.4.1　边界层的分离

以图 6-6 的圆柱绕流为例,上下流场对称,从 D 点到 E 点再到 F 点,流场经历加速然后再减速的过程,由伯努利方程可知,加速阶段的 D—E 段,速度增加、压力减小,属于顺压流动,即 $\frac{\mathrm{d}p}{\mathrm{d}x} < 0$;而 E—F 段正好相反,属于逆压流动,$\frac{\mathrm{d}p}{\mathrm{d}x} > 0$。整个 D—E—F 段的压力变化展示于图6-6中的下方。在靠近柱面的边界层附近流场中,流体质点因黏性作用其动量沿程降低,在 D—E 的顺压段,压差足以克服黏性作用使流体质点以一定的动量向前运动。但在 E—F 的逆压段,流体质点前方压力大,流体质点既要克服黏性作用又要抵抗压差,当其自身动量不足以克服两者的阻碍作用时,流体质点将停滞不前甚至向后

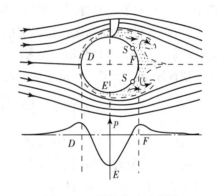

图 6-6　圆柱绕流示意图

运动并产生回流。回流使得边界层内的流体质点挤向外部的主流,从而使边界层脱离壁面,这个现象就是边界层分离。

图 6-7 为边界层分离及速度剖面。在分离点上游,速度均为正值,对应速度梯度 $\frac{\partial u}{\partial y}$ 处处大于 0。在分离点 S 处,速度虽然还是正值,但在壁面上已经出现速度梯度 $\frac{\partial u}{\partial y} = 0$,一般把壁面上 $\frac{\partial u}{\partial y} = 0$ 的点定义为分离点。在分离点下游,靠近壁面处的速度已经出现负值,而且 $\frac{\partial u}{\partial y} < 0$,流场呈明显的回流,流线迅速往外扩张,原有的边界层已不复存在。边界层一旦出现分离,流动损失将增剧。对于流线型壁面,由于逆压梯度不大,基本上能避免边界层的分

离。这就是运动物体为减少阻力要设计成流线型的原因。

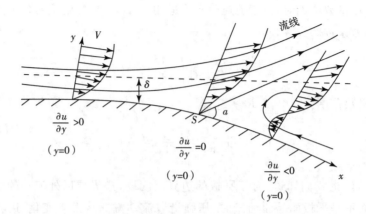

图 6-7　边界层分离及速度剖面

6.4.2　曲面湍流边界层分离

层流边界层与湍流边界层均会发生分离,一般来讲,层流边界层较湍流边界层更容易分离,因为湍流边界层壁面附近的流体质点因强脉动更容易与外层流速较高的流体质点发生动量交换,从而获得更多的动量以克服逆压的影响而向前运动。当然,这一因素一般并不能消除分离,只能起到延缓分离的作用。

此外,现有研究表明,湍流边界层的分离往往不是发生在一个固定点的过程,而是一个非定常的脉动过程,这种脉动性主要由湍流自身的脉动特性造成,具体体现为涡的周期性与非周期性脱落。为了定量描述流场在分离过程中的非定常性,可以定义一个间隙因子 γ_d

$$\gamma_d = \lim \frac{1}{T}\int_{t_0}^{t_0+T} \alpha \, dt, \text{其中 } \alpha = \begin{cases} 0, \text{流体倒流} \\ 1, \text{流体顺流} \end{cases} \tag{6-4-1}$$

由式(6-4-1)可知 γ_d 表示流体顺流所占时间与总时间的百分比,通过 γ_d 的大小可以知道流场中某处分离的情况,公式中周期 T 的选择应足够长,能够包含湍流研究过程。

湍流边界层分离的脉动性决定了不可能简单地在某一点上沿 x 方向将流场分成分离区和非分离区,只能由 γ_d 的大小来判断某一点处的分离特性。图6-8为湍流边界层分离前后示意图,图中最上游的 ID(incipient detachment)点是早期脱离点,该处的 γ_d 为0.99,倒流只占1%的时间。ID 点下游的 ITD(intermittent transitory detachment)点为间歇性的短暂脱离点,此处的 γ_d 为80%。再下游的 TD(transitory detachment)点为暂时脱离点,此处的 γ_d 为50%,即顺流与倒流的时间各占一半,该处壁面切应力的平均值 τ_w 为零,通常都认为流场从这点开始分离,实际上从 ID 点开始,自由流的压力就已开始很快地下降。

湍流边界层一旦分离,分离区内的雷诺正应力明显增大,雷诺切应力明显降低,实验结果表明,分离区的雷诺正应力通常为分离前的5倍左右。在二维湍流边界层中,生成总的湍流能量为

$$-\left(\overline{u_x'^2}\frac{\partial \bar{u}_x}{\partial x} + \overline{u_y'^2}\frac{\partial \bar{u}_y}{\partial y}\right) - \overline{u_x'u_y'}\left(\frac{\partial \bar{u}_x}{\partial y}\right) \tag{6-4-2}$$

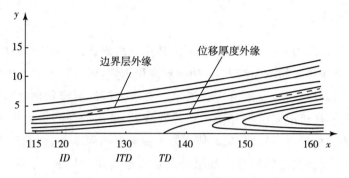

图 6 - 8　湍流边界层分离前后示意图

式中第一个括号表示正应力生成的湍能,第二个括号表示切应力生成的湍能,引入表示生成的总的湍流能量与雷诺切应力生成的湍流量之比的无量纲参数 Ω,则

$$\Omega = \frac{-\overline{u'_x u'_y}\left(\dfrac{\partial \bar{u}_x}{\partial y}\right) - \left(\overline{u'^2_x}\dfrac{\partial \bar{u}_x}{\partial x} + \overline{u'^2_y}\dfrac{\partial \bar{u}_y}{\partial y}\right)}{-\overline{u'_x u'_y}\left(\dfrac{\partial \bar{u}_x}{\partial y}\right)}$$

$$= 1 - \frac{\left(\overline{u'^2_x} - \overline{u'^2_y}\right)\left(\dfrac{\partial \bar{u}_x}{\partial x}\right)}{-\overline{u'_x u'_y}\left(\dfrac{\partial \bar{u}_x}{\partial y}\right)} \tag{6 - 4 - 3}$$

第二个等式利用了连续性方程 $\dfrac{\partial \bar{u}_x}{\partial x} = -\dfrac{\partial \bar{u}_y}{\partial y}$,由上式可知,$\Omega - 1$ 表示正应力与切应力生成的湍动能之比。

6.5　绕流物体的作用力

当流体绕过一个物体运动时,流体对物体都会施加一个力,这个力可以分解为沿来流方向的阻力 F_D 和垂直于来流方向上的升力 F_L。若定义阻力系数 C_D 和升力系数 C_L,则升力和阻力系数计算公式可表示为

$$F_D = C_D A \frac{\varrho U^2_\infty}{2} \tag{6 - 5 - 1}$$

$$F_L = C_L A \frac{\varrho U^2_\infty}{2} \tag{6 - 5 - 2}$$

式中:A—— 特征面积,通常为垂直于流动方向的物体投影面积,公式中 $\dfrac{\varrho U^2_\infty}{2}$ 通常称为来流的动压。物体的阻力系数 C_D 和升力系数 C_L 一般取决于流动雷诺数 Re,可通过实验确定。本节主要分析阻力和升力形成的物理机制,并分析推导相关的理论计算方法。

6.5.1　绕流阻力

绕流阻力由摩擦阻力 F_{Df} 和压差阻力 F_{Dp} 两部分组成。其中摩擦阻力 F_{Df} 主要产生于边界层内的壁面与流体之间的黏滞力,由边界层理论求解,压差阻力 F_{Dp} 产生于物体相对于来流方向壁面前后的压强差,一般由实验测定。对于一般的绕流物体,流动在物体后部发生分离并形成尾迹,尾迹中充满不规则运动着的漩涡,漩涡的强烈运动将不断地消耗流体的机械能,因此尾迹中的压强较低,从而使物体表面前后压强不等,引起压差阻力。压差阻力的大小主要取决于分离点的位置。如果分离点靠近物体的尾部,尾迹区域很小,从而造成压差阻力很小,这时物体受到的总阻力几乎完全是由摩擦阻力引起的,这样的物体称为流线体,否则称为非流线体或钝体。

一般来说我们关心的是物体的总阻力。以圆球绕流为例,设圆球直径为 d,来流速度为 D,流体的黏性系数为 μ,当雷诺数很低时,圆球附近很大范围内都会受到黏性的影响,这时流体所受的惯性力与黏性力相比可以忽略,斯托克斯从理论上解得

$$F_D = 3\pi\mu dU_\infty \tag{6-5-3}$$

式(6-5-3)称为斯托克斯公式,表示为阻力系数形式为

$$F_D = 3\pi\mu dU_\infty = \frac{24}{\dfrac{\varrho U_\infty d}{\mu} \Big/ (\dfrac{\pi d^2}{4} \dfrac{\varrho U_\infty{}^2}{2})} = \frac{24}{Re} A \frac{\varrho U_\infty{}^2}{2}$$

所以

$$C_D = \frac{24}{Re} \tag{6-5-4}$$

以下通过图6-9讨论圆球绕流时阻力系数随雷诺数的变化曲线。当流体缓慢地流过圆球时,也就是雷诺数很小时,圆球附近很大范围内都受黏性的影响,这时摩擦阻力是主要作用力,惯性力与黏性力相比可以忽略,斯托克斯从理论上解得圆球所受的阻力 $F_D = 3\pi\mu dU$,阻力系数 $C_D = \dfrac{24}{Re}$。当 $Re < 1$ 时,斯托克斯公式与实验结果非常吻合。随着雷诺数的增大,黏性影响的范围减小,形成的层流边界层越来越薄,直到在圆球的后驻点处发生边界层的分离。随着雷诺数的进一步增大,分离点向上游移动,当 $Re \approx 1000$ 时,分离点稳定在从前驻点算起约80°的位置,这时压差阻力成为阻力的主要部分,而且阻力系数 C_D 渐渐变得与雷诺数无关。当 $Re \approx 3 \times 10^5$ 时,在分离点前,边界层内的流态变成湍流,因此分离点的位置向下游移动,尾流范围变小,阻力系数 C_D 会突然下降。

6.5.2　绕流升力

在绕流中,流体作用在物体上的力除了有平行于来流方向的阻力,还有垂直于来流方向的升力。这里通过流体绕过机翼流动来分析绕流升力的产生过程。

如图6-10(a)所示,速度为 U_∞ 的平行流以攻角 α 流向机翼,在前驻点 A 处分成两股,沿

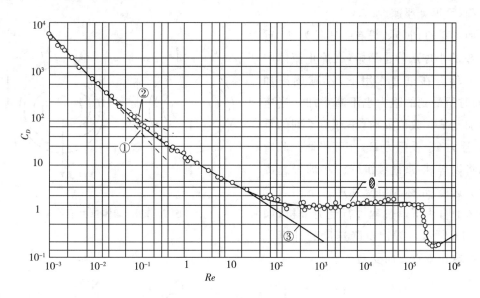

图 6-9　圆球的阻力系数

曲线 ①：Stokes 公式，$C_D = 24/Re$；曲线 ②：Oseen 理论，$C_D = 24/Re[1 + 3Re/16]$，

曲线 ③：Fornberg（1988）数值结果。

上、下表面流动。下表面的流体在流经机翼后缘点 B 时速度很大，相应的压强很小，而在后驻点 C 处压强最大。从 B 点到 C 点的这一段边界层内存在很大的逆压梯度，因此边界层内的流动在机翼后缘 B 处发生分离，卷起一个漩涡，该漩涡称为起动涡。起动涡被主流迅速带到下游，使得其围绕机翼产生了一个环量大小与之相等但方向相反的附着涡，如图 6-10(b) 所示。由于附着涡的形成，相当于在机翼周围叠加了一个速度环量等于 Γ 的顺时针方向的纯环流，使机翼背面的速度增加，压力下降，而腹面速度减小，压力升高，因而产生升力。在机翼外，升力对于轴流水泵和轴流风机的叶片设计也有着重要意义，良好的叶片应具有较大的升力与阻力比值。

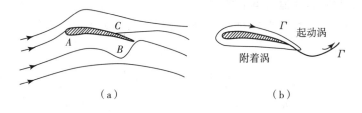

图 6-10　起动涡与附着涡

6.5.3　悬浮速度

悬浮速度是指固体或液体的颗粒在流体中处于悬浮状态时该流体的速度。悬浮速度对于固体颗粒的气力输运、除尘室中沉降条件设计、水中泥沙颗粒沉降分析等有着重要意义，通常而言，通过分析上升气流中微小颗粒受力，根据绕流阻力、颗粒浮力和重力相平衡

的方程,可得悬浮速度。

如图 6-11 所示,设有一直径为 d_s、重量为 G 的小球从静止开始,在静止流体中自由下落。在重力作用下,小球逐渐加速,同时所受到的阻力也不断增加。当速度增加至某一数值 u 时,小球所受到的重力 G、浮力 F_B 及阻力 F_D 相互平衡。此后小球将以等速 u_i 继续沉降。小球等速沉降时的速度 u_i 称为沉降速度。下面通过对球体的自由下落过程进行受力分析(如图 6-11 所示),导出沉降速度的计算公式。小球在垂直方向受到 3 个力,即

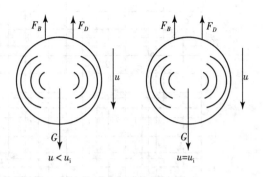

图 6-11　球体自由下落

$$阻力 \qquad F_D = C_D\,\frac{\rho}{2}\,u^2 = \frac{\pi C_D}{8}\rho d_s^2 u^2$$

$$浮力 \qquad F_B = \gamma V = \rho g\,\frac{\pi}{6}\,d_s^3$$

$$重力 \qquad G = \gamma_s V = \rho_s g\,\frac{\pi}{6}\,d_s^3$$

小球等速沉降时,由受力平衡(阻力加浮力等于重力),从而解得 u_i 为

$$u_i = \sqrt{\frac{4}{3}\,\frac{gd_s}{C_D}\,\frac{\rho_s - \rho}{\rho}} \qquad\qquad (6-5-5)$$

式中：ρ_s—— 小球的密度;

$\qquad \rho$—— 流体的密度;

$\qquad d_s$—— 小球的直径;

$\qquad C_D$—— 阻力系数,其值与雷诺数有关。

参考图 6-9 中流体绕流圆球时的 C_D-Re 曲线。可归纳出以下 3 个计算阻力系数 C_D 的经验公式

$$Re < 1 \qquad C_D = 24/Re \qquad\qquad (6-5-6)$$

$$Re = 10 \sim 10^3 \qquad C_D = 13.33/\sqrt{Re} \qquad\qquad (6-5-7)$$

$$Re = 10^3 \sim 2 \times 10^5 \qquad C_D = 0.45 \sim 0.48 \qquad\qquad (6-5-8)$$

将以上 3 式分别代入式(6-5-5)中,同时将 $Re = v_t d_s/\nu$ 代入,可得到相应的球形颗粒沉降速度的计算公式。对于 $Re < 1$ 的情况,相应的计算公式为

$$u_i = \frac{1}{18\mu}d_s^2(\rho_s - \rho)g \qquad\qquad (6-5-9)$$

沉降速度是分析球形颗粒在静止流体中做自由沉降运动得到的;反过来,当流体以速

度 u_i 自下向上吹向颗粒时,颗粒就可悬浮在流体中静止不动。这时流体上吹的速度称为流体的悬浮速度,二者在数值上是相等的,当流体上升的速度大于悬浮速度 u_i 时,颗粒将被带走。

沉降速度(或悬浮速度)在物料输送、颗粒分选以及通风除尘中是非常重要的参数。从式(6-5-9)可以判断,对应于一定的流体速度,必然有一个临界粒径,直径小于临界粒径的颗粒将被流体带走,直径大于临界粒径的颗粒将被分选出来或沉降下来。

【例题 6-1】 煤粉炉膛中,若上升气流的速度 $v_0=0.5 \mathrm{m/s}$,烟气的运动黏度 $\nu=223\times 10^{-6}\mathrm{m^2/s}$,试计算在这种流速下,烟气中直径 $d_s=90\times10^{-6}\mathrm{m}$ 的煤粉颗粒是否会沉降。烟气密度 $\rho=0.2\mathrm{kg/m^2}$,煤的密度 $\rho_m=1.1\times10^3\mathrm{kg/m^3}$。

【解】 先求直径 $d_s=90\times10^{-6}\mathrm{m}$ 的煤粉颗粒的悬浮速度,如气流速度大于悬浮速度,则煤粉不会沉降;反之,煤粉将沉降。由于悬浮速度未知,无法求出其相应的雷诺数 Re 值,这样就不能确定阻力系数 C_D,因此要应用试算法。不妨先假设悬浮速度相应的雷诺数小于1,因此可用式(6-5-9)来计算悬浮速度。

$$u_i=\frac{1}{18\mu}d_s^2(\rho_m-\rho)g=\frac{1}{18\nu\rho}d_s^2(\rho_m-\rho)g$$

$$=\frac{1}{18\times223\times10^{-6}\times0.2}(90\times10^{-6})^2\times(1.1\times10^3-0.2)\times9.8$$

$$=0.109(\mathrm{m/s})$$

校核:悬浮速度相应的雷诺数

$$Re=\frac{ud_s}{\nu}=\frac{0.109\times90\times10^{-6}}{223\times10^{-6}}=0.0440<1$$

假设成立,悬浮速度 $u_i=0.109\mathrm{m/s}$ 正确。如果校核计算所得值不在假设范围内,则需重新假设 Re 范围,重复上述步骤,直至 Re 值在假设范围内。

由于气流速度大于悬浮速度,因此这样大小的煤粉颗粒不会沉降,而是随烟气流动。

【例题 6-2】 一竖井式的磨煤机,空气流速 $u_t=2\mathrm{m/s}$,空气的运动粘度 $\nu=20\times 10^{-6}\mathrm{m^2/s}$,密度 $\rho=1\mathrm{kg/m^3}$。煤的密度 $\rho_s=1000\mathrm{kg/m^3}$。试求此气体能带走最大煤粉颗粒的直径为多少?

【解】 由于颗粒直径 d_s 未知,无法求得 Re 值。先假设 $Re=10\sim10^3$。将 $C_D=\dfrac{13.33}{\sqrt{Re}}$ 代入式(6-5-5)中,同时将 $Re=\dfrac{ud_s}{\nu}$ 代入,可得

$$u_t=\left(\frac{g}{10\sqrt{\nu}}\frac{\rho_s-\rho}{\rho}\right)^{\frac{2}{3}}d_s$$

则

$$d_s = u_t \left(\frac{10\sqrt{\nu}}{g} \frac{\rho}{\rho_s - \rho} \right)^{\frac{2}{3}} = 2 \times \left(\frac{10 \times \sqrt{20 \times 10^{-6}}}{9.8} \frac{1}{1000 - 1} \right)^{\frac{2}{3}} = 0.544 (\text{mm})$$

校核 $$Re = \frac{u_t d}{\nu} = \frac{2 \times 5.44 \times 10^{-4}}{20 \times 10^{-6}} = 54.4$$

此值在原假设范围内,故计算成立。在题中给出的条件下,直径小于临界直径 0.544mm 的颗粒将被气流带走。

本 章 小 结

(1) 边界层概念

边界层的概念及其基本特性。

边界层厚度:一般规定从固体壁面沿外法线到速度达到势流速度 99% 处的距离为边界层的厚度,用 δ 表示,可以分为位移厚度 δ^* 和动量损失厚度 θ。

① 位移厚度 δ^*

$$\delta^* = \int_0^\infty \left(1 - \frac{u}{U} \right) \mathrm{d}y$$

边界层可取 $u = 0.99U$,因此边界层位移厚度可按下式计算

$$\delta^* = \int_0^\delta \left(1 - \frac{u}{U} \right) \mathrm{d}y$$

② 动量损失厚度 θ

$$\theta = \int_0^\infty \frac{u}{U} \left(1 - \frac{u}{U} \right) \mathrm{d}y \quad \text{或者} \quad \theta = \int_0^\delta \frac{u}{U} \left(1 - \frac{u}{U} \right) \mathrm{d}y$$

(2) 边界层微分方程

边界层的微分方程也称普朗特边界层微分方程

$$\begin{cases} u_x \dfrac{\partial u_x}{\partial x} + u_y \dfrac{\partial u_x}{\partial y} = -\dfrac{1}{\rho} \dfrac{\partial p}{\partial x} + \nu \dfrac{\partial^2 u_x}{\partial y^2} \\[2mm] \dfrac{\partial p}{\partial y} = 0 \\[2mm] \dfrac{\partial u_x}{\partial x} + \dfrac{\partial u_y}{\partial y} = 0 \end{cases}$$

边界条件满足下列条件

$$y = 0, u_x = u_y = 0$$

$$y = \delta, u_x = U(x)$$

式中:$U(x)$—— 沿壁面 x 位置的主流区流速。

（3）边界层动量积分方程

常见的边界层动量积分方程为冯·卡门边界层动量积分方程，它适用于二元恒定流动的层流或湍流边界层，对于不可压缩流体具有压力梯度的恒定流动

$$\tau_0 = \rho \left[\frac{\mathrm{d}}{\mathrm{d}x} U^2 \theta + U \frac{\mathrm{d}U}{\mathrm{d}x} \delta^* \right]$$

若作用在边界层内的压力梯度 $\frac{\mathrm{d}p}{\mathrm{d}x} = 0$，由式（6-3-4）知 $\frac{\mathrm{d}U}{\mathrm{d}x} = 0$，这时动量积分方程可简化为

$$\frac{\tau_0}{\rho U^2} = \frac{\mathrm{d}\delta_0}{\mathrm{d}x}$$

（4）平板边界层

① 层流边界层

位移厚度 δ^* 为

$$\delta^* = \frac{1.826x}{\sqrt{Re}}$$

② 湍流边界层

位移厚度 δ^* 为

$$\delta^* = 0.37 \left(\frac{\nu}{Ux} \right)^{\frac{1}{5}} x$$

当雷诺数 Re_L 满足 $5 \times 10^5 \leqslant Re_L \leqslant 10^7$ 时，平板湍流边界层的阻力系数公式

$$C_D = \frac{0.074}{\sqrt[5]{Re}}$$

当雷诺数 Re_L 满足 $10^7 \leqslant Re_L \leqslant 10^9$ 时，流速采用对数速度分布，此时的平板湍流边界层的阻力系数公式

$$C_D = \frac{0.445}{(\lg Re)^{2.58}}$$

（5）边界层的分离

分析了边界层的分离、曲面湍流边界层的分离等。

（6）绕流物体的作用力

流体绕过物体，对物体都会施加一个力，这个力可以分解为沿来流方向的阻力 F_D 和垂直于来流方向上的升力 F_L，有

$$\begin{cases} F_D = C_D A \dfrac{\rho U^2_\infty}{2} \\[3mm] F_L = C_L A \dfrac{\rho U^2_\infty}{2} \end{cases}$$

当雷诺数很低时,圆球附近很大范围内都受到黏性的影响,这时流体所受的惯性力与黏性力相比可以忽略,绕流阻力可以按照斯托克斯公式求解

$$F_D = 3\pi\mu dU_\infty$$

物体的悬浮速度 u_i 可以采用下式进行求解

$$u_i = \sqrt{\frac{4}{3}\frac{gd_s}{C_D}\frac{\rho_s - \rho}{\rho}}$$

式中：ρ_s—— 小球的密度；

$\qquad \rho$—— 流体的密度；

$\qquad d_s$—— 小球的直径；

$\qquad C_D$—— 阻力系数。

思考与练习

6-1　流线型物体的绕流阻力为什么较小?

6-2　对于低速不可压缩流动,其在渐缩管中会不会产生边界层的分离? 为什么?

6-3　绕流物体的升力和阻力是如何定义的?

6-4　试分析边界层分离与内部流动的各种损失有何关系?

6-5　试分析为什么高尔夫球的表面是粗糙的而不是光滑的?

6-6　足球比赛中的"香蕉球"为什么是弧线走向?

6-7　试分析流体绕过球、柱(轴垂直于速度)、圆盘和薄平板(垂直于速度)、薄平板(平行于速度)、良好流线型物体的阻力特性。

6-8　若球形尘粒的密度 $\rho_s = 2500\text{kg/m}^3$,空气温度为 20℃,采用斯托克斯公式计算允许尘粒在空气中悬浮的最大粒径($Re = 1$)。

6-9　某气动输送管路,要求风速 u_0 为砂粒悬浮速度 u_t 的 5 倍,已知砂粒粒径 $d = 0.3\text{mm}$,密度 $\rho_s = 2650\text{kg/m}^3$,空气密度为 20℃,求风速 u_0 的值。

6-10　一块 3m×1.2m 的光滑平板,在空气中($\nu = 14.6\times10^{-6}\text{m}^2/\text{s}, \rho = 1.22\text{kg/m}^3$)以 1.2m/s 的相对速度运动,试求以下三种情况中该板一侧的阻力：

(1) 整个平板为层流状态；

(2) 整个平板为湍流状态；

(3) 层流状态下平板中点和尾部的边界层厚度。

第 7 章　　流体的出流

本章学习目的和任务

（1）掌握影响薄壁孔口出流的性能系数：收缩系数、流速系数和流量系数。

（2）掌握不同孔口与管嘴的特点、出流系数与适用场合。

（3）掌握孔口与机械中的气穴现象、产生原因和预防措施。

本章重点

孔口出流系数，气穴现象。

本章难点

孔口出流，节流气穴。

　　流体的出流主要包括：孔口出流、射流和通过多孔介质的流动等。其中孔口出流是一个具有广泛应用的问题，孔口包括水利工程中的阀孔、各种液压阀的阀口、实验仪器上的针孔、发动机上的油嘴等。孔口出流液体具有一定的流速，即形成射流。射流的问题常见于输油管的小孔泄流、消防水枪向空气中喷射的水流、中央空调系统出风口向室内输送的气流等，多孔介质流动在液压和气动过滤器以及地质领域有实际的应用。

　　本章将简要介绍流体的出流。首先分类介绍孔口出流的主要概念，分析孔口出流的性能系数等现象，接着介绍典型液压阀口流量的系数、变水头孔口出流和节流气穴问题。

7.1　薄壁孔口出流

　　在这里首先介绍孔口出流的一些主要概念，一般的孔口出流边界长度都比较短，所以孔口出流只考虑局部损失。根据孔口直径 d 和壁厚 s 间的大小关系将孔口分为薄壁孔口和厚壁孔口。当 $\dfrac{s}{d} < 0.5$ 时，称为薄壁孔口，如图 7-1 所示，此时的孔口出流，水流与孔壁仅在一条周线上接触，壁厚对出流无影响。当 $2 < \dfrac{s}{d} < 4$ 时，称为厚壁孔口或外伸管嘴，将在后面章节介绍。

　　流体出流的速度取决于孔口处的水头高度 H 和孔径 d 的大小，孔口又可根据水头高度与孔径比值的大小分为小孔口和大孔口。在实际工程计算中，如

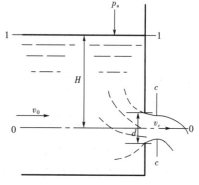

图 7-1　孔口自由出流

$H \geqslant 10d$ 时，称为小孔口，此时可认为孔口断面上的各点水头相等；当 $H < 10d$ 时，称为大孔口，必须考虑不同高度上水头的差异。

7.1.1　薄壁孔口的恒定自由出流

在流体出流的问题上，流体通过孔口直接流入大气，称为自由出流；若孔口流出的总水头 H_0 保持不变，称恒定自由出流，否则称变水头自由出流。变水头自由出流问题将在以后章节中介绍，下面先讨论薄壁孔口恒定自由出流的问题。

如图 7-1 所示，在大气压强 p_a 和水头 H 的压力下，流体经过薄壁孔口出流，由于流线不能突然弯折，在孔口内形成一个收缩面 c—c，设收缩断面面积为 A_c，孔口断面面积为 A，为了研究的方便，首先引入收缩断面面积与孔口断面面积的比

$$C_c = \frac{A_c}{A} \tag{7-1-1}$$

则称 C_c 为收缩系数。

如图 7-1 所示，设大容器内液体流速为 v_0，收缩面 c—c 处的压强为 p_c、流速为 v_c；建立过流断面 1—1 和收缩断面 c—c 的伯努利方程

$$H + \frac{p_a}{\rho g} + \frac{\alpha_1 v_0^2}{2g} = \frac{p_c}{\rho g} + \frac{\alpha_c v_c^2}{2g} + \zeta \frac{v_c^2}{2g} \tag{7-1-2}$$

式中：ζ—— 孔口的局部水头损失系数。

又 $p_a = p_c$，代入上式化简得

$$H + \frac{\alpha_0 v_0^2}{2g} = (\alpha_c + \zeta) \frac{v_c^2}{2g} \tag{7-1-3}$$

令 $H_0 = H + \frac{\alpha_0 v_0^2}{2g}$（称为作用水头），代入上式，并整理得出收缩断面流速为

$$v_c = \frac{1}{\sqrt{\alpha_c + \zeta}} \sqrt{2gH_0} \tag{7-1-4}$$

令上式 $C_v = \frac{1}{\sqrt{\alpha_c + \zeta}} = \frac{1}{\sqrt{1 + \zeta}}$（取 $\alpha_c = 1$），则 C_v 称为孔口的流速系数。经过孔口出流的体积流量为

$$q = A_c v_c = C_v C_c A \sqrt{2gH_0} \tag{7-1-5}$$

令 $C_q = C_c C_v = \frac{C_c}{\sqrt{1 + \zeta}}$，则 C_q 称为孔口的流量系数。

7.1.2　孔口出流系数

上面导出的孔口出流收缩系数 C_c、流速系数 C_v、流量系数 C_q 决定了孔口出流的主要性能，其中流速系数 C_v 和流量系数 C_q 取决于收缩系数 C_c 和孔口处的局部水头损失系数 ζ。在实际工程中，由于孔口出流大多为湍流，雷诺数都很大，可忽略雷诺数对孔口系数

的影响,因此认为上述系数主要和边界条件有关。

在边界条件中,孔口形状、孔口在壁面上的位置和孔口的边缘情况是影响流速系数 C_v 的主要因素。实验表明:不同形状孔口的流速系数 C_v 差别不大,而孔口在壁面上的位置对收缩系数 C_c 影响较大,进而影响了流速系数 C_v。

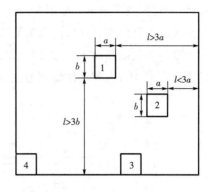

图 7 - 2　孔口位置

如图 7-2 所示,孔口 1 周边距离邻近壁面较远,侧壁对流束的收缩没有影响,称为完善收缩。薄壁孔口各项系数见表 7-1 所列。

表 7 - 1　薄壁孔口各项系数

收缩系数 C_c	流速系数 C_v	流量系数 C_q
$0.62 \sim 0.63$	$0.97 \sim 0.98$	$0.60 \sim 0.62$

图 7-2 中孔口 2 右边距离邻近壁面较近,流束的收缩因受到侧壁的影响而减弱,称为非完善收缩。对应的流量系数将比完善收缩的大。其收缩系数可按下列经验公式估算

$$C_c = 0.63 + 0.37 \left(\frac{A}{A'} \right)^2 \qquad (7-1-6)$$

式中:A'——孔口在壁面的湿周面积。

图 7-2 中孔口 3 和孔口 4 与壁面接触,流束的收缩称为部分收缩,收缩系数可按下式估算

$$C_c = 0.63 \left(1 + \frac{kL}{\chi} \right)^2 \qquad (7-1-7)$$

式中:k——孔口的形状系数(若为圆孔口,取 $k = 0.13$);

　　　L——无收缩周界的长度;

　　　χ——孔口的周长。

上面讨论的是小孔口出流,对于大孔口出流,由于大孔口的收缩系数 C_c 较大,因此流量系数 C_q 也较大,大孔口的流量系数见表 7-2 所列。

表 7 - 2　大孔口的流量系数

收缩情况	流量系数 C_q
全部不完善收缩	0.70
底部无收缩,侧向收缩较大	$0.65 \sim 0.70$
底部无收缩,侧向收缩较小	$0.70 \sim 0.75$
底部无收缩,侧向收缩极小	$0.80 \sim 0.85$

7.1.3　薄壁阻尼孔的出流(淹没孔口出流)

在机械工程中常用节流器或阻尼器来控制流量或压强,这些器件的下游大都并不与大气

直接接触,而是充满了液体。如图 7-3 所示,流体通过孔口直接流入另一部分流体中,称为阻尼孔的出流或淹没出流。孔口淹没出流和自由出流一样,由于流线不能突然弯折,流体经孔口流出时形成一个收缩断面 c—c,断面面积为 A_c。设左侧液体流速为 v_1,液面压强为 p_1,孔口轴线到液面高度为 H_1;右侧液体流速为 v_2,液面压强为 p_2,孔口轴线到液面高度为 H_2。

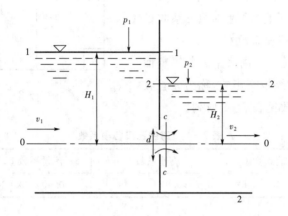

图 7-3   薄壁阻尼孔的出流

同样地,建立过流断面 1—1,2—2 和收缩断面 c—c 的伯努利方程

$$H_1 + \frac{p_1}{\rho g} + \frac{\alpha_1 v_1^2}{2g} = H_2 + \frac{P_2}{\rho g} + \frac{\alpha_2 v_2^2}{2g} + (\zeta + \zeta') \frac{v_c^2}{2g} \qquad (7-1-8)$$

式中:ζ—— 孔口的局部损失系数;

ζ'—— 收缩断面 c—c 至过流断面 2—2 流束突然扩大的局部损失系数。

令 $H_0 = H_1 - H_2 + \dfrac{\alpha_1 v_1^2 - \alpha_2 v_2^2}{2g}$(称为作用水头)。又 $p_1 = p_2$,v_2 很小可忽略不计,代入上式,整理得收缩断面流速为

$$v_c = \frac{1}{\sqrt{\zeta + \zeta'}} \sqrt{2gH_0} \qquad (7-1-9)$$

令 $C_v = \dfrac{1}{\sqrt{\zeta + \zeta'}}$(称为淹没孔口出流的流速系数),得液体流过孔口的体积流量为

$$q = v_c A_c = C_v C_c A \sqrt{2gH_0} \qquad (7-1-10)$$

令 $C_q = C_c C_v$,则 C_q 称为淹没孔口出流的流量系数。

比较孔口恒定自由出流和淹没出流,自由出流基本公式中的作用水头 H_0 是折算作用水面到孔口的形心高度,而淹没孔口出流的水头 $H_0 = H_1 - H_2$($v_1 = v_2 = 0$)是上下游液面的高度差,与孔口位置无关,因而淹没出流孔口断面各点的水头相同,所以淹没出流不区分大小孔口。

【例题 7-1】   如图 7-4 所示,水箱内部用一带薄壁孔口的板隔开,孔口及两出流管嘴

直径 d 均为 $100\,\mathrm{mm}$，为保证水位不变，流入水箱左边的流量 $Q=80\mathrm{L/s}$，求两管嘴出流的流量 q_1、q_2。

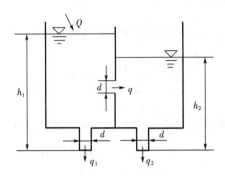

图 7-4　水箱出流示意图

【解】　设孔口的流量为 q，则

$$q = C_q A \sqrt{2g(h_1 - h_2)}, \quad C_q = 0.62$$

对管嘴

$$q_1 = C_{q1} A \sqrt{2gh}, \quad C_{q1} = 0.82$$

$$q_2 = C_{q2} A \sqrt{2gh}, \quad C_{q2} = 0.82$$

连续性方程　　$Q = q_1 + q_2, \ q = q_2$

解得

$$q_1 = 49(\mathrm{L/s}), \ q_2 = 31(\mathrm{L/s})$$

7.2　厚壁孔口出流

在前一节中我们已经定义了当 $2 < s/d < 4$ 时，孔口称为厚壁孔口或外伸管嘴。当外伸管嘴长度 $s = (2 \sim 4)d$ 时，可作为厚壁孔口的特例考虑。

7.2.1　厚壁孔口的自由出流

厚壁孔口的出流特点为，流体进入管嘴后，流线同样不能突然弯折，流束先收缩后扩张，形成 c—c 断面，即流束最小截面，流体在出管嘴前充满整个截面，如图 7-5 所示。设左侧流体速度为 v_0，液面压强为 p_a，孔口轴线至液面的高度为 H；孔口出口处的流速为 v。建立过流截面 1—1 和出口处截面 2—2 的伯努利方程

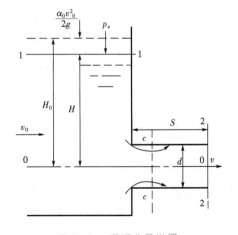

图 7-5　厚壁孔口出流

$$H + \frac{p_a}{\rho g} + \frac{\alpha_0 v_0^2}{2g} = \frac{p_a}{\rho g} + \frac{\alpha v^2}{2g} + \zeta \frac{v^2}{2g} \qquad (7-2-1)$$

式中:ζ—— 孔口的局部损失系数。

令 $H_0 = H + \frac{\alpha_0 v_0^2}{2g}$,代入上式,整理得厚壁孔口的流速为

$$v = \frac{1}{\sqrt{\alpha + \zeta}} \sqrt{2gH_0} \qquad (7-2-2)$$

令 $C_v = \frac{1}{\sqrt{\alpha + \zeta}}$(称为厚壁孔口出流的流速系数),得流经孔口的体积流量

$$q = vA = C_v A \sqrt{2gH_0} \qquad (7-2-3)$$

令 $C_q = C_v$,C_q 称为厚壁孔口出流的流量系数,且和流速系数相等。

由表 5-1 可知,孔口的局部损失系数 ζ 可取 0.5,一般地,$\alpha = 1$,则

$$C_v = C_q = \frac{1}{\sqrt{\alpha + \zeta}} = \frac{1}{\sqrt{1 + 0.5}} = 0.82$$

比较式(7-2-3)和式(7-1-10),两公式形式完全一样,然而流量系数不同,薄壁孔口完善收缩的出流流量系数可取 $C_q = 0.60 \sim 0.62$,与厚壁孔口出流的流量系数 $C_q = 0.82$ 相比要小,所以在相同的条件下,厚壁孔口出流能力比薄壁孔口出流能力要强。从表 7-1 可以看出,薄壁孔口出流的流速系数要大于厚壁孔口出流的流速系数,即厚壁孔口的流速小于薄壁孔口的流速,但为什么厚壁孔口的流量反而大于薄壁孔口的流量呢?这是由于厚壁孔口在出流过程中,在孔口内出现了流束的收缩截面,收缩截面就形成了一个真空区域,具有抽吸作用,从而增大了流量。下面对 c—c 面的真空区进行分析。

如图 7-5 所示,以 0—0 为轴线基准,建立收缩截面 c—c 和出口处截面 2—2 的伯努利方程

$$\frac{p_c}{\rho g} + \frac{\alpha_c v_c^2}{2g} = \frac{p_a}{\rho g} + \frac{\alpha v^2}{2g} + \zeta_{se} \frac{v^2}{2g} \qquad (7-2-4)$$

在忽略沿程损失的情况下,只计管道的局部损失,则根据管道突然扩大的局部损失计算公式 $\zeta_{se} = (A/A_c - 1)^2 = (1/C_c - 1)^2$,又根据连续性方程得 $v_c = \frac{Av}{A_c} = \frac{v}{C_c}$,代入上式,整理得

$$\frac{p_a - p_c}{\rho g} = \left[\frac{\alpha_c}{C_c^2} - \alpha - \left(\frac{1}{C_c} - 1 \right)^2 \right] \frac{v^2}{2g} = \left[\frac{\alpha_c}{C_c^2} - \alpha - \left(\frac{1}{C_c} - 1 \right)^2 \right] C_v^2 H_0 \qquad (7-2-5)$$

将 $C_c = 0.64$,$C_v = 0.82$,$\alpha = \alpha_c = 1$ 代入上式,p_a 为当地大气压强,得厚壁孔口内最小截面的真空度为

$$\frac{p_a - p_c}{\rho g} = 0.75 H_0 \qquad (7-2-6)$$

上式表明,厚壁孔口内最小截面的真空度达到了作用水头的 0.75 倍,相当于增加了 75% 的作用水头高度,这就是厚壁孔口出流量比薄壁孔口出流量大的原因。

7.2.2　阻尼长孔的出流

阻尼长孔在机械工程中的应用非常广泛,例如控制元件中的阻尼器本身尺寸很小,阻尼孔直径只有几毫米,甚至在 1 毫米以下,要加工成薄壁孔口很难,所以往往做成长孔。

如图 7-6 所示,设阻尼长孔长为 s、直径为 d,元件直径为 D,其左侧液体压强和流速分别为 p_1 和 v_1,阻尼孔出口处的压强和流速分别为 p_2 和 v_2,孔口右侧液体的压强和流速分别为 p_3 和 v_3。由于油液的黏性较大,而孔径很小且孔长也较长,阻尼孔内的流动可能呈现湍流也可能为层流。

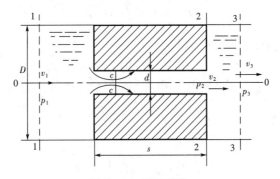

图 7-6　阻尼长孔

建立过流断面 1—1 和阻尼孔出口处断面 2—2 的伯努利方程

$$\frac{p_1}{\rho g} + \frac{\alpha_1 v_1^2}{2g} = \frac{p_2}{\rho g} + \frac{\alpha_2 v_2^2}{2g} + \zeta \frac{v_2^2}{2g} \qquad (7-2-7)$$

式中:ζ——孔口的局部损失系数,由表 5-1,取 $\zeta = 0.5$。

由连续性方程得

$$A_1 v_1 = A_2 v_2$$

即

$$v_1 = \frac{A_2}{A_1} v_2 = \left(\frac{d}{D}\right)^2 v_2 = C_A v_2 \qquad (7-2-8)$$

式中:A_1——元件断面面积;

A_2——阻尼孔断面面积;

C_A——阻尼孔断面面积与元件断面面积比,$C_A = \dfrac{A_2}{A_1} = \left(\dfrac{d}{D}\right)^2$。

将式(7-2-8)代入式(7-2-7)并整理,得

$$p_1 - p_2 = (\alpha_2 - \alpha_1 C_A^2 + \zeta)\rho \frac{v_2^2}{2}$$

在湍流时,可取 $\alpha_1 = \alpha_2 = 1$,$\zeta = 0.5$;C_A 比较小,$\alpha_1 C_A^2$ 可忽略不计,则上式可写成

$$p_1 - p_2 = \frac{3}{2}\rho\frac{v_2^2}{2} \tag{7-2-9}$$

流体出流后从阻尼孔出口处断面 2—2 至过流断面 3—3 为一扩散过程,由动量定理得

$$\rho A_1 v_3 (\beta_2 v_2 - \beta_3 v_3) = (p_3 - p_2)A_1 \tag{7-2-10}$$

同理,将连续性方程代入并整理式(7-2-10),得

$$p_3 - p_2 = 2C_A(\beta_2 - \beta_3 C_A)\rho\frac{v_2^2}{2}$$

同样地,在湍流时,取 $\beta_2 = \beta_3 = 1$;又 C_A 比较小,$\beta_3 C_A$ 可忽略不计,得

$$p_3 - p_2 = 2C_A\rho\frac{v_2^2}{2} \tag{7-2-11}$$

式(7-2-9)减去式(7-2-11)得

$$\Delta p = p_1 - p_3 = \left(\frac{3}{2} - 2C_A\right)\rho\frac{v_2^2}{2} \tag{7-2-12}$$

则阻尼孔出口处的流速为

$$v_2 = \frac{1}{\sqrt{(1.5 - 2C_A)}}\sqrt{\frac{2\Delta p}{\rho}} \tag{7-2-13}$$

令 $C_v = \dfrac{1}{\sqrt{(1.5 - 2C_A)}}$(称为阻尼长孔的流速系数),流过阻尼孔的体积流量为

$$q = v_2 A_2 = C_v A_2 \sqrt{\frac{2\Delta p}{\rho}} \tag{7-2-14}$$

令 $C_q = C_v$(称为阻尼长孔出流的流量系数),当 C_A 比较小时,可忽略不计,则 $C_q = C_v \approx 0.82$。在层流时,必须考虑起始段影响,在这里不进行讨论。

7.3　节流气穴

在标准大气压强下,水在 100℃ 开始沸腾,称为汽化;当大气压强降低时(如在高原地区),水将在低于 100℃ 的温度下开始沸腾汽化。这一现象表明:作用于水的绝对压强较低时,水可在较低温度下发生汽化。水在某一温度发生汽化时的绝对压强,称为饱和蒸气压强,用 p_v 表示。

在 7.2 节中介绍了厚壁孔口(外伸管嘴)内收缩断面上存在一个真空区域,随着流速的不断增高,压强将进一步降低,当真空度增大到一定程度,即压强下降到该液体的饱和蒸气压以下时,液体即汽化沸腾,产生大量的气泡,这些现象称为气穴。这种气穴是通过节流口而形成的,称为节流气穴。

气穴是机械系统中一种常见的有害现象,经常发生在阀口或泵口附近。它不仅破坏了

流体的连续性,降低了介质的物理特性,而且会引起振动和产生噪声,同时降低系统效率,使动态特性恶化。

如图 7 - 7 所示,建立过流断面 1—1 和收缩断面 c—c 的伯努利方程

$$\frac{p_1}{\rho g} + \frac{\alpha_1 v_0^2}{2g} = \frac{p_c}{\rho g} + \frac{\alpha_c v_c^2}{2g} + \zeta \frac{v_c^2}{2g} \qquad (7 - 3 - 1)$$

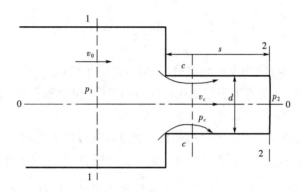

图 7 - 7　节流气穴

为了研究的方便,上式中 $v_0 \ll v_c$,故 v_0 可忽略不计,令 $\alpha_1 = \alpha_c = 1$,而 $v = C_c v_c$,代入并整理得

$$\frac{p_1}{\rho g} = \frac{p_c}{\rho g} + \left(\frac{1 + \zeta}{C_c^2}\right)\frac{v^2}{2g} \qquad (7 - 3 - 2)$$

又

$$v = C_v \sqrt{\frac{2\Delta p}{\rho}} = C_v \sqrt{\frac{2(p_1 - p_2)}{\rho}} \qquad (7 - 3 - 3)$$

由上面介绍的内容可知,对于厚壁孔口(外伸管嘴)或阻尼长孔,有 $C_v = C_q$,则

$$\frac{v^2}{2} = C_q^2 \frac{\Delta p}{\rho} = C_q^2 \frac{p_1 - p_2}{\rho} \qquad (7 - 3 - 4)$$

代入上式,并整理得

$$\left(\frac{1 + \zeta}{C_c^2}\right) C_q^2 = \frac{p_1 - p_c}{\Delta p} \qquad (7 - 3 - 5)$$

或

$$\left(\frac{1 + \zeta}{C_c^2}\right) C_q^2 - 1 = \frac{p_1 - p_c}{\Delta p} - 1 = \frac{p_2 - p_c}{\Delta p} \qquad (7 - 3 - 6)$$

从上式可以看出,对于同一器件,孔口局部损失系数 ζ 和断面收缩系数 C_c 是一定的,若 p_1 一定,p_c 的降低将使流量系数 C_q 增大,当 p_c 降低到饱和蒸汽压强 p_v 以下时产生气穴现象,此时,流量系数 C_q 增加到一定值,该值记为 C_{qc},即发生气穴现象的临界状态。

$$\left(\frac{1 + \zeta}{C_c^2}\right) C_{qc}^2 = \frac{p_1 - p_v}{\Delta p} \qquad (7 - 3 - 7)$$

或

$$\left(\frac{1 + \zeta}{C_c^2}\right) C_{qc}^2 - 1 = \frac{p_2 - p_v}{\Delta p} \qquad (7 - 3 - 8)$$

在流体力学中,定义了描述气穴现象的气穴系数 σ 为

$$\sigma = \frac{p_2 - p_v}{p_1 - p_2} = \frac{p_2 - p_v}{\Delta p} \tag{7-3-9}$$

一般地,设 $\zeta = 0.042$, $C_c = 0.61$,则 $\left(\dfrac{1+\zeta}{C_c^2}\right) = 2.80$,将其和式(7-3-9)代入式(7-3-8),并整理得

$$C_{qc} = \left(\frac{\sigma+1}{2.80}\right)^{\frac{1}{2}} \tag{7-3-10}$$

上式就是节流孔口气穴现象的判定公式,即当流量系数 $C_q > C_{qc}$ 时,发生气穴现象;反之,不发生气穴现象。上式适用于厚壁孔口(外伸管嘴)、阻尼长孔(阻尼器)出流情况下气穴现象的判定。

上式中的 σ 为表征气穴发生倾向的系数。通过实验可以得出,实际上在 p_c 未达到饱和蒸汽压 p_v 前,溶解气体已经分离形成气泡。通过实验证明,当气穴系数 σ 下降到 0.4 左右时就开始有气穴产生,即 $\sigma = \dfrac{p_2 - p_v}{p_1 - p_2}$ 为气穴系数的临界值;相对于 p_1 和 p_2,p_v 很小可忽略,则有

$$\frac{p_1}{p_2} = 3.5 \tag{7-3-11}$$

上式表明了节流孔口前后的压强比 $\dfrac{p_1}{p_2} = 3.5$ 时是产生气穴的临界点,故为了避免气穴的产生,必须使 $\dfrac{p_1}{p_2} < 3.5$,此式一般应用在薄壁孔口的气穴判定中。

7.4 变水头作用下的孔口出流

在 7.1 节已经提到,非恒定出流的孔口出流,称为变水头出流,即孔口在出流过程中,容器内水位或压强随时间变化,从而导致孔口出流的流量也随时间变化。对于变水头出流,人们通常关心的问题是放空容器中的液体所需的时间 t 是多少。研究该类问题的方法是根据小孔出流理论和流量连续定理,以积分的方式确定时间 t。

如图 7-8 所示,有一任意形状的容器,孔口面积为 A_0,其液面(容器横断面积)A 为 z 的函数,记为 $A(z)$。液面初始面积为 $A(H) = A(z)\big|_{z=H}$;当 t 时刻,液面下降 h 而位于 z 处时,小孔瞬态流量为 $q(t)$,按小孔出流理论则有

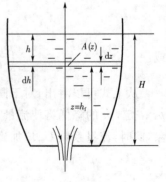

图 7-8 变水头孔口流

$$q(t) = C_q A_0 \sqrt{2gz(t)} \tag{7-4-1}$$

式中: C_q —— 流量系数;

　　$z(t)$ —— 自由液面瞬态高度。

在 t 时刻, 液面高度为 z, 设液面 $A(z)$ 的瞬态下降速度为 v, 即为总水头 z 的下降速度 v, 液面下降速度 v 与 z 轴方向相反, 即 $v = \dfrac{\mathrm{d}h}{\mathrm{d}t} = -\dfrac{\mathrm{d}z}{\mathrm{d}t}$, 则有

$$-\frac{\mathrm{d}z}{\mathrm{d}t}A(z) = C_q A_0 \sqrt{2gz}$$

即

$$\mathrm{d}t = -\frac{A(z)\mathrm{d}z}{C_q A_0 \sqrt{2gz}} \tag{7-4-2}$$

积分上式可求放空时间 t, 即

$$t = \int_0^t \mathrm{d}t = \int_{H_0}^0 \left[-\frac{A(z)\mathrm{d}z}{C_q A_0 \sqrt{2gz}} \right] \mathrm{d}z = \frac{1}{C_q A_0 \sqrt{2g}} \int_0^{H_0} \frac{A(z)\mathrm{d}z}{\sqrt{z}} \tag{7-4-3}$$

从上式可以看出, 只要知道容器的几何形状, 得出 $A(z)$ 关于 z 的函数表达式, 就可以通过上式求出放空时间 t; 若容器为简单形状, $A(z) = A$, 则上式就可以写成

$$t = \frac{2A\sqrt{H_0}}{C_q A_0 \sqrt{2g}} = \frac{2AH_0}{C_q A_0 \sqrt{2gH_0}} = \frac{2V}{q_{\max}} \tag{7-4-4}$$

式中: V —— 容器放空的体积;

　　H_0 —— 容器液面的原始高度;

　　$q_{\max}$ —— 开始出流时的最大流量。

式(7-4-4)表明, 容器在变水头出流的情况下的放空时间, 是起始水头为 H_0 作用下时恒定出流同体积液体的近 2 倍。

7.5　典型液压阀口流量系数

液压阀是液体流动中最常用的控制元件, 如广泛应用的方向控制阀、流量控制阀和压力控制阀。液压阀口流量系数在工程实际计算中有很大的作用, 下面简要介绍三种典型的液压阀口的流量系数。

对于各种滑阀、锥阀、球阀和节流孔口, 通过阀口的流量均可用式(7-2-14)表示, 即

$$q = C_q A \sqrt{\frac{2\Delta p}{\rho}} \tag{7-5-1}$$

式中: C_q —— 流量系数;

　　A —— 阀口通流断面积;

　　Δp —— 阀口前、后压差;

　　ρ —— 液体密度。

7.5.1　滑阀阀口流量系数

如图 7-9 所示,滑阀的开度为 x,阀芯直径为 d,阀芯与阀体内孔的径向间隙为 Δ,则阀芯通流面积为

$$A = w\sqrt{x^2 + \Delta^2} \qquad (7-5-2)$$

式中:w—— 滑阀开口周长,又称为过流面积梯度,它表示阀口过流面积随阀芯位移的变化率。对于孔口为全周边的圆柱滑阀,$w = \pi d$;若为理想滑阀(即 $\Delta = 0$),则 $A = \pi d x$。

流量系数 C_q 与雷诺数 Re 有关。前面已经提到当雷诺数较大($Re > 260$)时,C_q 变化不大,可视为常数;一般,阀门液体流速较大,若阀口为锐边

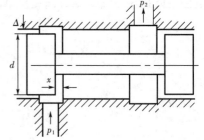

图 7-9　圆柱滑阀阀口

时,可取 $C_q = 0.60 \sim 0.65$;如果阀口有圆边或小的倒角,则取 $C_q = 0.80 \sim 0.90$。节流口或阀口的形状对 C_q 基本没有影响,环缝与圆孔的 C_q 几乎是一样的。

7.5.2　锥阀阀口流量系数

如图 7-10 所示为锥阀阀口,锥角为 2α,锥座直径为 d_1。当阀口开度为 x 时,阀芯与阀座间的过流间隙为 $l = x\sin\alpha$,阀口处的平均直径 $d_m = \dfrac{d_1 + d_2}{2}$,则阀口的过流截面积为

$$A = \pi d_m x\sin\alpha\left(1 - \frac{x}{2d_m}\sin 2\alpha\right) \qquad (7-5-3)$$

一般地,$x \ll d_m$,上式可写为

$$A = \pi d_m x\sin\alpha \qquad (7-5-4)$$

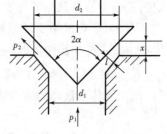

图 7-10　锥阀阀口

锥阀阀口流量系数理论公式可表示为

$$C_q = \left[\frac{12d_m}{lRe\sin\alpha}\ln\left(\frac{d_2}{d_1}\right) + \frac{54}{35}\left(\frac{d_m}{d_2}\right)^2 + \zeta\left(\frac{d_m}{d_1}\right)^2\right]^{-\frac{1}{2}} \qquad (7-5-5)$$

式中:$Re = \dfrac{v_m l}{\nu} = \dfrac{v_m x\sin\alpha}{\nu} = \dfrac{q}{\pi d_m \nu}$($v_m$ 为阀口平均速度);ζ 为径向流动的起始段的附加压力损失系数,一般取 $\zeta = 0.18$。

实验表明,上述理论公式与实验数据基本符合,通过实验得,当 $Re < 80$ 时,$C_q = 0.08Re^{1/2}$;当 $Re = 80 \sim 200$ 时,$C_q = 0.42Re^{1/8}$;当 $Re > 200$ 时,流量系数基本为恒定值,可取 $C_q = 0.80 \sim 0.82$。

7.5.3　喷嘴-挡板阀阀口流量系数

在气动控制系统中,常用到喷嘴-挡板阀作为控制元件。一般喷嘴-挡板阀应用在液压

伺服阀的第一级。

如图 7-11 所示，喷嘴-挡板阀的固定节流孔的直径为 d_1，孔长为 l_1；喷嘴节流孔直径为 d_2，孔嘴长为 l_2。该喷嘴-挡板阀由固定节流和喷嘴节流两部分构成，对其流量系数的分析也分成两部分。

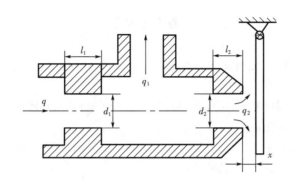

图 7-11　喷嘴-挡板阀

对于固定节流孔口的流量系数 C_{q1}，当 $Re > 200$ 时

$$C_{q1} = 0.886 - 0.046\sqrt{l_1/d_1} \tag{7-5-6}$$

对于喷嘴节流孔，当孔口开度为 x，阀口的过流截面积可近似取 $A = \pi d_2 x$，当 $x/d_2 < 0.32$ 时，喷嘴孔口的流量系数 C_{q2} 为

$$C_{q2} = \frac{0.8}{\sqrt{1 + 16(x/d_1)^2}} \tag{7-5-7}$$

实验表明，喷嘴-挡板阀出流的流量系数 C_{q2}，不但和 Re 有关，而且与喷嘴前端的几何形状和开度 x 的大小有关。如果喷嘴的前端是锐缘的，流量系数 C_{q2} 可取 $0.61 \sim 0.62$，即与上述公式相符。当喷嘴前端的边缘较大时，流量系数 C_{q2} 增大，而且随着 Re 的增大而增大，因此流量系数是不稳定的，所以要把喷嘴做得锐利些。

本 章 小 结

（1）孔口出流理论：根据伯努利方程 $z_1 + \dfrac{p_1}{\rho g} + \dfrac{v_1^2}{2g} = z_2 + \dfrac{p_2}{\rho g} + \dfrac{v_2^2}{2g} + \sum h_w$，一般孔口出流边界长度都较短，因此 $\sum h_w$ 仅有局部损失，即 $\sum h_w = h_\zeta = \zeta \dfrac{v^2}{2g}$。

（2）对于自由液面条件下的自由出流或淹没出流，以 $q = C_q A \sqrt{2g\Delta H}$ 计算流量比较方便，对于管道中的压差流，以 $q = C_q A \sqrt{\dfrac{2\Delta p}{\rho}}$ 计算流量比较方便。因 ΔH 和 Δp 可互相折算，

两者本质上是一致的,对于既有位置差又有压力差的情况,$q = C_q A \sqrt{2(g\Delta H + \dfrac{\Delta p}{\rho})}$,其中 $\Delta H = 0$ 或 $\Delta p = 0$ 即为压差流或位置差流。

思考与练习

7-1 一薄壁圆形孔口恒定射流,孔口直径 $d = 10\,\text{mm}$,水头 $H = 2\,\text{m}$,收缩系数 $C_c = 0.63$,流量系数 $C_q = 0.62$,求泄流量 q。

7-2 如图所示,用隔板将水流分成上、下两部分水体,已知小孔口直径 $d = 20\,\text{cm}$,$v_1 \approx v_2 \approx 0$,上下游水位差 $H = 2.5\,\text{m}$,求泄流量 q。

7-3 如图所示,蓄水池长 $L = 10\,\text{m}$,宽 $b = 5\,\text{m}$,在薄壁外开一直径 $d = 40\,\text{cm}$ 的小孔,孔中心处的水头为 $3\,\text{m}$。求水面降至孔口中心处所需的时间。

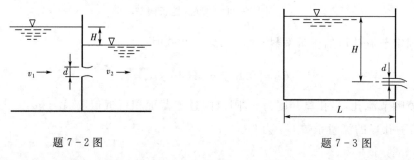

题 7-2 图   题 7-3 图

7-4 如图所示,水经容器侧壁上的薄壁小孔口自由出流。已知小孔中心到水面的高度 $H = 4\,\text{m}$,孔口直径 $d = 5\,\text{cm}$,容器中水面上的表压强 $p_0 = 1 \times 10^5\,\text{Pa}$,若取流速系数 $C_v = 0.98$,流量系数 $C_q = 0.62$。试求孔口收缩断面上的流速及流量。

7-5 如图所示,泄水池侧壁孔口处外加一管嘴,作用水头 $H = 4\,\text{m}$,通过的流量为 $0.5\,\text{m}^3/\text{s}$。试确定管嘴的直径 d。

7-6 如图所示,油槽车的油槽长为 L,直径为 D,油槽底部设卸油孔,孔口面积为 A,流量系数为 C_q。试求该车充满油后所需的卸空时间。

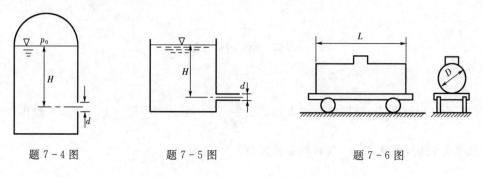

题 7-4 图   题 7-5 图   题 7-6 图

第 8 章　　缝隙流动

本章学习目的和任务

（1）掌握求解平行平板间缝隙流动、同心圆环缝隙流动问题的方法，分析缝隙大小对流量泄漏和功率损失的影响。

（2）掌握平行圆盘间缝隙流动的特性以及圆盘对缝隙的作用力的计算。

（3）了解变间隙宽度缝隙流动。

本章重点

平行平板间缝隙流动，平行圆盘间缝隙流动。

本章难点

平行圆盘间缝隙流动的求解方法，偏心圆盘缝隙流动。

在机械装备中存在着充满油液的各种缝隙，如滑板与导轨间的缝隙、活塞与缸筒间的缝隙、轴与轴承间的缝隙、齿轮泵中齿顶与泵壳之间的缝隙等。这些缝隙流动对机械性能有很大的影响，对机械和液压传动中的影响更为显著。液压泵、液动机、换向阀等液压元件处处存在着缝隙流动的问题。缝隙过小则增大了摩擦，缝隙过大又会增加泄漏量，所以缝隙大小的选择在液压元件设计中是一个重要问题。

本章主要介绍平行平板间的缝隙流、环形缝隙流、变间隙宽度中的流动、两平行圆盘间的缝隙流。由于缝隙一般很小，缝隙流动的雷诺数都不大，在大多数情况下缝隙流动可看作是层流。

8.1　平行平板间的缝隙流

平行平板间流体运动微分方程的导出方法有两种，一是由 N - S 方程简化而来，二是基于牛顿力学的动力平衡分析，并且因坐标系的选择不同，得出的速度分布方程也有所不同，但结论在本质上无差异。

8.1.1　由 N - S 方程简化分析

平行平板间的缝隙流动是其他各种缝隙流动的基础。通常把流体两边的平面简化成水平放置的无限大平板，如图 8 - 1 所示。设一平行平板缝隙流的平板长为 L，宽为 B，缝隙高度为 h。下面首先应用 N - S 方程来讨论平行平板间流体运动。由于黏性力处于主导地

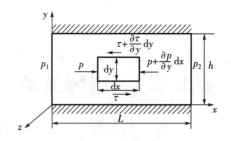

图 8-1   平行平板缝隙流

位,因此惯性力可不计,即$\dfrac{du_x}{dt}=\dfrac{du_y}{dt}=\dfrac{du_z}{dt}=0$;因缝隙甚小,质量力可不计,$f_x=f_y=f_z=0$;假定流动为一维流,即 $u_y=u_z=0,u_x=u$。在上述条件下,由 N-S 方程可得如下方程

$$\begin{cases} -\dfrac{1}{\rho}\dfrac{\partial p}{\partial x}+\nu\dfrac{\partial^2 u}{\partial y^2}=0 \\[2mm] \dfrac{\partial p}{\partial y}=0 \\[2mm] \dfrac{\partial p}{\partial z}=0 \end{cases} \qquad (8-1-1)$$

由式(8-1-1)知,压力 p 仅为 x 的函数,与 y 和 z 无关,即$\dfrac{\partial p}{\partial x}=\dfrac{dp}{dx}$;另外,对于平行平板,单位长度上的压力损失是相同的,或者说压力的减小服从线性分布规律,即$\dfrac{dp}{dx}=-\dfrac{\Delta p}{L}$(其中 $\Delta p=p_1-p_2$);再者,对于充分宽的平行平面,任意宽度坐标 z 处的流动状态都是相同的,即$\dfrac{\partial u}{\partial z}=0$。根据上面的条件,式(8-1-1)等价为

$$\dfrac{d^2 u}{dy^2}=-\dfrac{\Delta p}{\mu L} \qquad (8-1-2)$$

8.1.2   牛顿力学分析法

同样取坐标系如图 8-1 所示,在流体中任意取一边长为 dx、dy 和 dz 的平行六面体微小系统,设六面体左右两个面的压强分别为 p 和 $p+\dfrac{\partial p}{\partial x}dx$,上下两个面上形心点上的切应力分别为 $\tau+\dfrac{\partial \tau}{\partial y}$ 和 τ,考虑到流体流动是定常、连续、不可压缩的,因此沿 x 方向的力平衡方程为

$$p\,dz\,dy-\left(p+\dfrac{\partial p}{\partial x}dx\right)dz\,dy+\tau\,dx\,dz-\left(\tau+\dfrac{\partial \tau}{\partial y}dy\right)dx\,dz=0 \qquad (8-1-3)$$

化简后则有

$$\dfrac{\partial \tau}{\partial y}=\dfrac{\partial p}{\partial x} \qquad (8-1-4)$$

y 方向同样可以得到

$$\frac{\partial \tau}{\partial x} = \rho g + \frac{\partial p}{\partial y} \tag{8-1-5}$$

由于 τ 只是 y 的函数，则上式中的 $\frac{\partial \tau}{\partial x} = 0$，并且缝隙中重力的影响可以忽略不计，所以

$$\frac{\partial p}{\partial y} = 0 \tag{8-1-6}$$

可见在平面缝隙流动中，压强 p 只是 x 的函数，$\frac{\partial p}{\partial x}$ 可以写成 $\frac{\mathrm{d}p}{\mathrm{d}x}$，即 $\frac{\partial p}{\partial x} = \frac{\mathrm{d}p}{\mathrm{d}x} = -\frac{\Delta p}{L}$，切应力只是 y 的函数，$\frac{\partial \tau}{\partial y}$ 可以写成 $\frac{\mathrm{d}\tau}{\mathrm{d}y}$，即式(8-1-4)可写成

$$\frac{\mathrm{d}\tau}{\mathrm{d}y} = -\frac{\Delta p}{L} \tag{8-1-7}$$

缝隙流动一般都是层流，切应力与速度之间满足牛顿内摩擦定律 $\tau = \mu\frac{\mathrm{d}u}{\mathrm{d}y}$，代入上式则有

$$\frac{\mathrm{d}^2 u}{\mathrm{d}y^2} = -\frac{\Delta p}{\mu L} \tag{8-1-8}$$

这就是平板中层流运动的常微分方程，这和 N-S 方程推导出的式(8-1-2)一致。对上式积分得

$$u = -\frac{1}{2\mu}\frac{\Delta p}{L}y^2 + C_1 y + C_2 \tag{8-1-9}$$

积分常数 C_1 和 C_2 由边界条件决定。

1. 在 x 方向压强作用下固定平板之间的缝隙流动

上下平面均固定不动，两端压力差 $\Delta p = p_1 - p_2$ 的作用使流体在 x 方向流动。由边界条件 $y=0, u=0; y=h, u=0$，可以得到积分常数

$$C_1 = \frac{h}{2\mu L}\Delta p, \qquad C_2 = 0$$

代入式(8-1-9)得到

$$u = \frac{\Delta p}{2\mu L}(hy - y^2)(y > 0) \tag{8-1-10}$$

这就是平行平板间的速度分布规律，在压强差 Δp 的作用下，速度 u 与 x 之间是二次抛物线规律。如图8-2所示，这种流动称为压差流，也称为哈根-泊肃叶流。

最大速度发生在两平行平面的中线处，把 $y = \frac{h}{2}$ 代入式(8-1-10)得

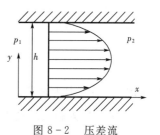

图 8-2　压差流

$$u_{\max} = \frac{\Delta p}{8\mu L}h^2 \qquad\qquad (8-1-11)$$

缝隙宽度为 B 时,平行平面间的流量 q 为

$$q = \int_A u\,\mathrm{d}A = B\int_0^h \frac{\Delta p}{2\mu L}(hy - y^2)\,\mathrm{d}y = \frac{Bh^3}{12\mu L}\Delta p \qquad (8-1-12)$$

缝隙断面上的平均流速 v 为

$$v = \frac{q}{A} = \frac{q}{Bh} = \frac{\Delta p}{12\mu L}h^2 \qquad\qquad (8-1-13)$$

比较式(8-1-13)和式(8-1-11),则有

$$v = \frac{2}{3}u_{\max} \qquad\qquad (8-1-14)$$

切应力分布为

$$\tau = \mu\frac{\mathrm{d}u}{\mathrm{d}y} = \mu\frac{\mathrm{d}}{\mathrm{d}y}\left[\frac{\Delta p}{2\mu L}(hy - y^2)\right] = \left(\frac{h}{2} - y\right)\frac{\Delta p}{L} \qquad (8-1-15)$$

从上式可知,当在两平行平面中线处,即 $y = \dfrac{h}{2}$ 时,$\tau = 0$。切应力分布如图 8-3 所示。

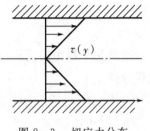

图 8-3   切应力分布

2. 零压强差情况下,上板匀速运动带动的缝隙流动

在压力差 $\Delta p = p_1 - p_2 = 0$ 的条件下,若下平面固定,上平面以速度 u_0 在 x 方向做匀速运动,边界条件为 $y = 0$,$u = 0$;$y = h$,$u = u_0$,可令 $C_1 = \dfrac{u_0}{h}$,$C_2 = 0$;由于 $\Delta p = 0$,则代入式(8-1-9)得

$$u = \frac{u_0}{h}y\,(y \geqslant 0) \qquad (8-1-16)$$

因平行平面间的相对运动而产生的流动称剪切流,也称为库埃特流,剪切流分布如图 8-4 所示。

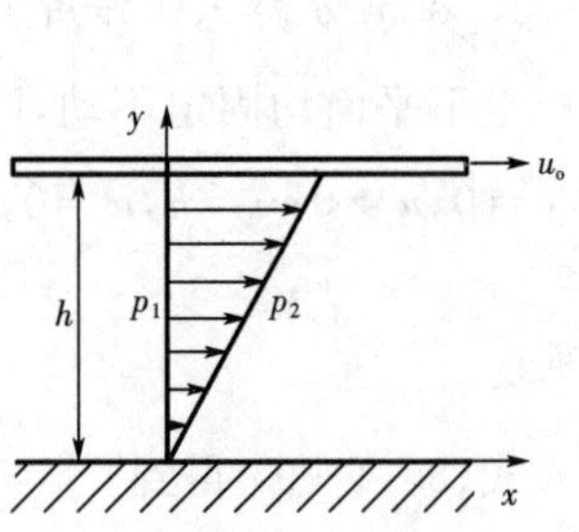

由式(8-1-16)可求剪切流条件下流量 q

$$q = \int_A \mathrm{d}q = \int_A uB\,\mathrm{d}y = B\int_0^h \frac{u_0}{h}y\,\mathrm{d}y = \frac{u_0}{2}Bh \qquad (8-1-17)$$

图 8-4   剪切流分布

切应力分布为

$$\tau = \mu\frac{\mathrm{d}u}{\mathrm{d}y} = \mu\frac{\mathrm{d}}{\mathrm{d}y}\left(\frac{u_0}{h}y\right) = \mu\frac{u_0}{h} \qquad (8-1-18)$$

该情况下,切应力为常数。

3. 在压强差和上板运动共同作用下的缝隙流动

如图 8-5 所示,压差流和剪切流的叠加称压差剪切流(或剪切压差流)。其速度 u 和流

量 q 可按线性叠加原理求出;将式(8-1-10)和式(8-1-16)相加,确定速度 u 分布规律,进而求出流量 q,则压差剪切流的速度和流量方程为

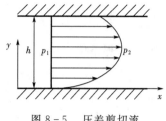

$$u = \frac{\Delta p}{2\mu L}(hy - y^2) \pm \frac{u_0}{h}y \quad (0 \leqslant y \leqslant h) \quad (8-1-19)$$

$$q = B\int_0^h u\mathrm{d}y = B\left(\frac{h^3}{12\mu L}\Delta p \pm \frac{u_0}{2}h\right) \quad (8-1-20)$$

图 8-5 压差剪切流

其切应力为前两种流动切应力的叠加

$$\tau = \mu\frac{\mathrm{d}u}{\mathrm{d}y} = \left(\frac{h}{2} - y\right)\frac{\Delta p}{L} \pm \mu\frac{u_0}{h} \quad (8-1-21)$$

在式(8-1-21)中,当压差流和剪切流的方向相同时,用"+"号,相反则用"-"号。

8.2 环形缝隙流

环形缝隙可以分为同心环形缝隙和偏心环形缝隙两种,现分别介绍如下。

8.2.1 同心环形缝隙流

如图 8-6 所示为同心环形缝隙,在平面上展开以后也就是平行平板缝隙流的问题,只需将平行平板缝隙中的宽度 B 用环形长度 πd 来代替,即 $B = \pi d = 2\pi r_0$,则流量公式为

$$q = \pi d\left(\frac{h^3}{12\mu L}\Delta p \pm \frac{u_0}{2}h\right) \quad (8-2-1)$$

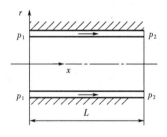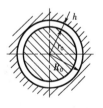

图 8-6 同心环形缝隙

但环形缝隙这一结论有很大局限性,其计算误差比较大,现根据同心环形缝隙流的基本方程重新导出结论。

在图 8-6 中,取 $O-xr\theta$ 圆柱坐标系,引用圆柱坐标系中的 N-S 方程,在不计惯性力、质量力的条件下,假定液体不可压缩和 x 向一维流及轴对称条件,可得环形缝隙中的流体运动微分方程(参看圆管层流内容)

$$\frac{\mathrm{d}^2 u}{\mathrm{d}r^2} + \frac{1}{r}\frac{\mathrm{d}u}{\mathrm{d}r} - \frac{1}{\mu}\frac{\mathrm{d}p}{\mathrm{d}x} = 0$$

因 $\frac{\mathrm{d}p}{\mathrm{d}x} = -\frac{\Delta p}{L}$,积分上式则有

$$u = C_1 \ln r - \frac{\Delta p}{4\mu L} r^2 + C_2 \qquad (8-2-2)$$

根据边界条件 $r = r_0, u = 0; r = R_0, u = 0$ 可定

$$\begin{cases} C_1 = \frac{\Delta p}{4\mu L} \frac{(R_0^2 - r_0^2)}{\ln \dfrac{R_0}{r_0}} \\[4mm] C_2 = \frac{\Delta p}{4\mu L} \frac{(R_0^2 r_0^2 \ln R_0 - R_0^2 \ln r_0)}{\ln \dfrac{R_0}{r_0}} \end{cases} \qquad (8-2-3)$$

将 C_1 和 C_2 代入式 $(8-2-2)$,则有

$$u = \frac{\Delta p}{4\mu L} \Big[\frac{R_0^2 \ln(r/r_0) - r_0^2 \ln(r/R_0)}{\ln(R_0/r_0)} - r^2 \Big] \qquad (8-2-4)$$

则通过环形缝隙流的流量为

$$q = \int_{r_0}^{R_0} \mathrm{d}q = \int_{r_0}^{R_0} 2\pi r u \, \mathrm{d}r = \frac{\pi \Delta p}{8\mu L} \Big[(R_0^4 - r_0^4) - \frac{(R_0^2 - r_0^2)^2}{\ln(R_0/r_0)} \Big] \qquad (8-2-5)$$

引入平均半径 $\bar r = \dfrac{R_0 + r_0}{2}$ 及间隙 $h = R_0 - r_0$,并对 $\ln(R_0/r_0)$ 作一阶线性近似,则有

$$q = \frac{\pi \bar d h^3}{16\mu L} \Delta p \qquad (8-2-6)$$

式中:$\bar d$—— 平均直径,$\bar d = R_0 + r_0 = 2\bar r$。

对于圆管层流 $r_0 \to 0, \bar d = d = 2R_0, h = R_0$,则有

$$q = \frac{\pi d^4}{128\mu L} \Delta p \qquad (8-2-7)$$

通过以上分析及结论可以看出,如果以 $q = \dfrac{\pi \bar d h^3}{16\mu L} \Delta p$ 作为计算同心环形缝隙流流量的公式,比引用平行平面缝隙理论 $q = \dfrac{\pi d h^3}{12\mu L} \Delta p$ 更准确,并且在理论上可将环形缝隙流与圆管层流统一起来。

8.2.2　偏心环形缝隙流

实际上,在机械和液压装置中,由于制造和安装等原因,偏心环形缝隙更常见,因此研究偏心环形缝隙流更有实际意义。

偏心环形缝隙如图 $8-7$ 所示,偏心距 $OO_1 = e$,取 $O_1A = R_0$,偏心环形缝隙 O_1A 与 x 轴夹角为 ϕ,过 O 作 $OC \parallel O_1A$,则间隙 $h(\phi)$ 为

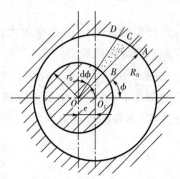

图 $8-7$　偏心环形缝隙

$$h(\phi) = BC = OC - OB = e\cos\phi + R_0 - r_0$$

$$= h_0 + e\cos\phi = h_0(1 + \varepsilon\cos\phi) \qquad (8-2-8)$$

式中：h_0—— 同心时间隙，$h_0 = R_0 - r_0$；

ε—— 偏心率，$\varepsilon = e/h_0$。

再作 OD 使 $\angle DOC = \mathrm{d}\phi$，则微弧长为 $r\mathrm{d}\phi$，根据式（8-2-6）知，单位弧长上的流量为

$$\frac{q}{\pi d} = \frac{h^3(\phi)}{16\mu L}\Delta p \qquad (8-2-9)$$

则微弧长 $r\mathrm{d}\phi$ 上的微流量为

$$\mathrm{d}q = \frac{\Delta p}{16\mu L}h^3(\phi)\overline{r}\mathrm{d}\phi \qquad (8-2-10)$$

则偏心环形缝隙流的流量为

$$q = \int_0^{2\pi}\mathrm{d}q = \frac{\Delta p}{16\mu L}h_0^3\overline{r}\int_0^{2\pi}(1+\varepsilon\cos\phi)^3\mathrm{d}\phi = \frac{\pi\overline{d}h_0^3}{16\mu L}\Delta p(1+1.5\varepsilon^2) = q_0(1+1.5\varepsilon^2)$$

$$(8-2-11)$$

式中：q_0—— 同心环形缝隙流量。

从上式可以看出，在压差 Δp 的情况下，偏心环形缝隙流是同心环形缝隙流的流量的 $(1+1.5\varepsilon^2)$ 倍，相对偏心距 ε 越大，则偏心流量越大。如果偏心率 $\varepsilon = 0$，则为同心流；当偏心率达到最大值 1 时，流量最大，为

$$q_{max} = \frac{5}{2}\frac{\pi\overline{d}h_0^3}{16\mu L}\Delta p \qquad (8-2-12)$$

上式表明，在同样情况下，偏心流最大流量 q_{max} 为同心流的 2.5 倍。

8.3 变间隙宽度中的流动

前面的内容介绍了间隙不变的缝隙流动，在实际中有很多原因都会造成间隙变化的流动，下面主要介绍倾斜平板间隙流动的情况。

如图 8-8 所示，两平板并不平行，而是倾斜成 α 角，它们之间的间隙呈楔形，即间隙 h 随着 x 而变化，当平板间的油液在平板两端有压差或平板间有相对移动时，都会出现倾斜平板间隙的流动，这种情况在机械系统中很常见。

在实际问题中，倾斜角 α 一般都比较小。应用平行平板间缝隙流的研究方法同样可以得出

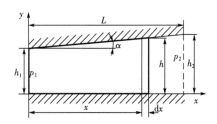

图 8-8 倾斜平板间隙流动

$$u = -\frac{1}{2\mu}\frac{\mathrm{d}p}{\mathrm{d}x}(hy - y^2) \qquad (8-3-1)$$

式(8-3-1)中的$\frac{\mathrm{d}p}{\mathrm{d}x}$不能写成$-\frac{\Delta p}{L}$，是因为在倾斜平板缝隙中沿流动方向的压强变化率$\frac{\mathrm{d}p}{\mathrm{d}x}$不是常数，即不能用$-\frac{\Delta p}{L}$表示，这就是倾斜平板间隙流动和平行平板缝隙压差流速公式的区别。

若平板宽度为B，则流过平板的体积流量为

$$q = \int_0^h uB\,\mathrm{d}y = -\frac{B}{2\mu}\frac{\mathrm{d}p}{\mathrm{d}x}\int_0^h (hy - y^2)\,\mathrm{d}y = -\frac{Bh^3}{12\mu}\frac{\mathrm{d}p}{\mathrm{d}x} \qquad (8-3-2)$$

即

$$\frac{\mathrm{d}p}{\mathrm{d}x} = -\frac{12\mu q}{Bh^3} \qquad (8-3-3)$$

又$h = h_1 + x\tan\alpha$，代入上式并整理得

$$\mathrm{d}p = -\frac{12\mu q}{B(h_1 + x\tan\alpha)^3}\mathrm{d}x \qquad (8-3-4)$$

积分上式得

$$p = -\int \frac{12\mu q}{B(h_1 + x\tan\alpha)^3}\mathrm{d}x = \frac{6\mu q}{B\tan\alpha}\frac{1}{(h_1 + x\tan\alpha)^2} + C \qquad (8-3-5)$$

代入积分常数，$x = 0(h = h_1)$时，且$p = p_1$得

$$C = p_1 - \frac{6\mu q}{B\tan\alpha}\left(\frac{1}{h_1^2}\right) \qquad (8-3-6)$$

将C以及$h_1 + x\tan\alpha = h$代入，得

$$p = p_1 - \frac{6\mu q}{B\tan\alpha}\left(\frac{1}{h_1^2} - \frac{1}{h^2}\right) \qquad (8-3-7)$$

这就是倾斜缝隙中的压强分布规律，表明了压强p与间隙h的关系呈抛物线分布。

如图8-8可知，当$x = L$时，$h = h_2$，$p = p_2$，并有$h_2 = h_1 + L\tan\alpha$或$\tan\alpha = \frac{h_2 - h_1}{L}$，代入上式得

$$\Delta p = p_1 - p_2 = \frac{6\mu q}{B\tan\alpha}\left(\frac{1}{h_1^2} - \frac{1}{h_2^2}\right) = -\frac{6\mu q}{B}\left(\frac{h_2 + h_1}{h_1^2 + h_2^2}\right) \qquad (8-3-8)$$

由此可求得流量q

$$q = \frac{(p_1 - p_2)B}{6\mu L}\frac{(h_1 h_2)^2}{(h_1 + h_2)} = \frac{B\Delta p}{6\mu L}\frac{(h_1 h_2)^2}{(h_1 + h_2)} \qquad (8-3-9)$$

以上就是倾斜平板间隙流的基本公式。

8.4　两平行圆盘间缝隙流

在实际工程中,经常能遇见两平行圆盘间缝隙的径向流动,如在端面推力轴承、柱塞泵转子与配油盘边缘的密封层等处的缝隙流,因此很有必要讨论这种流动的一般特性。

8.4.1　两圆盘固定的情况

如图 8-9 所示,流体从两平行圆盘的间隙沿径向向外流动,设圆盘内径和外径分别为 R_1 和 R_2,内外压强分别为 p_1 和 p_2,两平行圆盘间的距离为 h。在任意半径 r 处取一个微小宽度为 dr 的环形缝隙,展开可得长度为 dr、宽度为 $2\pi r$、高度为 h 的平行平板缝隙。由前面介绍的平行平板缝隙流量公式(8-1-12)可得

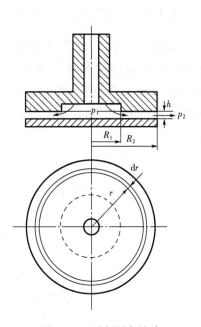

$$q = \frac{2\pi r h^3}{12\mu L}\Delta p \qquad (8-4-1)$$

式(8-4-1)中,$\dfrac{\Delta p}{L} = -\dfrac{\mathrm{d}p}{\mathrm{d}r}$,上式可改写成

$$q = -\frac{2\pi r h^3}{12\mu}\frac{\mathrm{d}p}{\mathrm{d}r} \qquad (8-4-2)$$

即

$$\mathrm{d}p = -\frac{12\mu q}{2\pi h^3}\frac{\mathrm{d}r}{r} \qquad (8-4-3)$$

图 8-9　平行圆盘缝隙

对两边积分得

$$p = -\frac{6\mu q}{\pi h^3}\ln r + C \qquad (8-4-4)$$

将 $r = R_1$ 代入上式,得

$$p = p_1 = -\frac{6\mu q}{\pi h^3}\ln R_1 + C \qquad (8-4-5)$$

同理,代入 $r = R_1$,得

$$p = p_2 = -\frac{6\mu q}{\pi h^3}\ln R_2 + C \qquad (8-4-6)$$

用式(8-4-5)减去式(8-4-6),得

$$p_1 - p_2 = \frac{6\mu q}{\pi h^3}(\ln R_2 - \ln R_1) = \frac{6\mu q}{\pi h^3}\ln\left(\frac{R_2}{R_1}\right) \qquad (8-4-7)$$

压强差 $\Delta p = p_1 - p_2$ 即为

$$\Delta p = \frac{6\mu q}{\pi h^3}\ln\left(\frac{R_2}{R_1}\right) \qquad\qquad (8-4-8)$$

式(8-4-8)就是圆盘内外的压强差公式,由此便可求出圆盘缝隙流的流量公式为

$$q = \frac{\pi h^3}{6\mu\ln\left(\dfrac{R_2}{R_1}\right)}\Delta p \qquad\qquad (8-4-9)$$

8.4.2 上圆盘固定、下圆盘等角速度旋转的情况

如图8-10所示,上圆盘固定,下圆盘以 ω 等角速度
旋转,设上圆盘出流口处的压力为 p_1,圆盘出流口处的
压力 $p_2=0$,上下圆盘的内径分别为 R_1 和 R_2,则流量 q、
缝隙内径向压力分布 p 及作用于下圆盘的总压力 F 分
别为

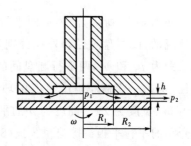

图 8-10 旋转圆盘缝隙流

$$q = \frac{\pi h^3}{6\mu\ln\left(\dfrac{R_2}{R_1}\right)}\left[p_1 + \frac{3}{20}\rho\omega^2(R_2^2 - R_1^2)\right]$$

$$p = p_1 - \frac{6\mu q}{\pi h^3}\ln\left(\frac{R}{R_1}\right) + \frac{3}{20}\rho\omega^2(R^2 - R_1^2)$$

$$F = \frac{\pi p_1(R_2^2 - R_1^2)}{2\ln\left(\dfrac{R_2}{R_1}\right)}\left\{1 - \frac{3\rho R_1^2\omega^2}{20 p_1}\left[\left(\left(\frac{R_2}{R}\right)^2 + 1\right)\ln\left(\frac{R_2}{R_1}\right) - \left[\left(\frac{R_2}{R}\right)^2 - 1\right]\right]\right\}$$

本 章 小 结

(1)平行平板间缝隙流动

① 速度分布 $u = \dfrac{\Delta p}{2\mu L}(hy - y^2) \pm \dfrac{u_0}{h}y \quad (0 \leqslant y \leqslant h)$

② 流量 $q = B\left(\dfrac{h^3}{12\mu L}\Delta p \pm \dfrac{u_0}{2}h\right)$

③ 切应力 $\tau = \mu\dfrac{\mathrm{d}u}{\mathrm{d}y} = \left(\dfrac{h}{2} - y\right)\dfrac{\Delta p}{L} \pm \mu\dfrac{u_0}{h}$

当 $\Delta p = 0$ 时,流动为剪切流;当 $u_0 = 0$ 时,流动为压差流。

(2)环形缝隙流动

① 速度分布 $u = \dfrac{\Delta p}{4\mu L}\left[\dfrac{R_0^2\ln(r/r_0) - r_0^2\ln(r/R_0)}{\ln(R/r_0)} - r^2\right]$

② 流量 $$q = \int_{r_0}^{R_0} dq = \int_{r_0}^{R_0} 2\pi r u\, dr = \frac{\pi \Delta p}{8\mu L}\left[(R_0^4 - r_0^4) - \frac{(R_0^2 - r_0^2)^2}{\ln(R_0/r_0)}\right]$$

（3）倾斜平板间缝隙流动

① 压强分布 $$p = p_1 - \frac{6\mu q}{B\tan\alpha}\left(\frac{1}{h_1^2} - \frac{1}{h^2}\right)$$

② 流量 $$q = \frac{(p_1 - p_2)B}{6\mu L}\frac{(h_1 h_2)^2}{(h_1 + h_2)} = \frac{B\Delta p}{6\mu L}\frac{(h_1 h_2)^2}{(h_1 + h_2)}$$

（4）平行圆盘缝隙流动

① 压强公式 $$\Delta p = \frac{6\mu q}{\pi h^3}\ln\left(\frac{R_2}{R_1}\right)$$

② 流量 $$q = \frac{\pi h^3}{6\mu\ln\left(\dfrac{R_2}{R_1}\right)}\Delta p$$

思考与练习

8－1 两固定平行平板,间隙为 0.01mm,其中充满运动黏度为 $0.01\text{cm}^2/\text{s}$ 的水流。若平板两端压降为一个大气压,试求通过的流量和平均速度。已知平板宽度为 5cm,长度为 10cm。

8－2 如图所示为两平行平板,长 $l = 10\text{cm}$,宽度 $b = 10\text{cm}$,间隙 $\delta = 0.1\text{cm}$。若上平板以 $v = 1\text{m/s}$ 的速度沿 x 正向平移,压差 $\Delta p = p_1 - p_2 = 10\text{bar}$,液体的动力黏度为 1N·s/m^2,试求通过的液体流量。

8－3 已知某工作油缸的活塞直径 $D = 125\text{mm}$,长度 $l = 14\text{cm}$,环形间隙 $\delta = 0.08\text{mm}$(如图所示)。当压差 Δp 为 $9.8 \times 10^6\text{Pa}$ 时,测得泄漏流量为 1.25 L/min,其偏心值为多少?(油的动力黏度为 0.0784Pa·s)

8－4 $d = 20\text{mm}$ 的活塞在 $F = 40\text{N}$ 的作用下下落,油液通过高 $h = 0.1\text{mm}$,长 $l = 70\text{mm}$ 的间隙从油缸中排出到周围的空间。设活塞与油缸同心,试确定当活塞下降 $s = 0.1\text{m}$ 时所需要的时间(油的动力黏度 $\mu = 0.078\text{Pa·s}$)。

8－5 如图所示,轴向柱塞泵滑履与斜盘间隙 $h = 0.1\text{mm}$,$D_1 = 20\text{mm}$,$D_2 = 46\text{mm}$,$p_1 = 160$ 工业大气压,$p_2 = 1.5$ 工业大气压,油的动力黏度 $\mu = 0.057\text{Pa·s}$,若不计进口起始段影响,试确定斜盘与滑履间隙的流量和压强分布。

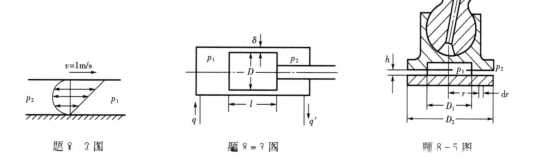

题 8－2 图　　　　　　　题 8－3 图　　　　　　　题 8－5 图

第 9 章　　气体的一元流动

本章学习目的和任务

（1）掌握可压缩气体的伯努利方程。

（2）理解声速和马赫数概念。

（3）掌握一元气体的流动特性，能分析流速、流通面积、压强和马赫数等参数的相互关系。

（4）掌握气体在两种不同的热力管道（等温管道和绝热管道）中的流动特性。

本章重点

声速，马赫数，可压气体的伯努利方程，等温管道流动，绝热管道流动。

本章难点

声速的导出，管道流动参数的计算。

由于气体的可压缩性很大，尤其是在高速流动的过程中，不但压强会发生变化，密度也会显著地变化，这和前面研究液体的章节中，视密度为常数的情况有很大的不同。

气体动力学研究又称可压缩流体动力学，研究可压缩性流体的运动规律在航天航空中有广泛的应用。随着研究技术的日益成熟，气体动力学在其他领域也有相应的应用。本章将简要介绍气体的一元流动。

9.1　气体的伯努利方程

在气体流动速度不太快的情况下，其压力变化不大，则气体各点的密度变化也不大，因此可把其密度视为常数，即把气体看成是不可压缩流体。这和第 4 章研究理想不可压缩流体相似，所以理想流体伯努利方程完全适用于此，即

$$\frac{p_1}{\rho g} + z_1 + \frac{v_1^2}{2g} = \frac{p_2}{\rho g} + z_2 + \frac{v_2^2}{2g} \qquad (9-1-1)$$

式中：p_1、p_2——流动气体两点的压强；

v_1、v_2——流动气体两点的流速。

在气体动力学中，以 ρg 乘式（9-1-1）后，气体伯努利方程的各项表示成压强的形式，即

$$p_1 + \rho g z_1 + \frac{\rho v_1^2}{2} = p_2 + \rho g z_2 + \frac{\rho v_2^2}{2} \qquad (9-1-2)$$

由于气体的密度一般都很小,在大多数情况下 $\rho g z_1$ 和 $\rho g z_2$ 很接近,因此式(9-1-2)可以表示为

$$p_1 + \frac{\rho v_1^2}{2} = p_2 + \frac{\rho v_2^2}{2} \qquad (9-1-3)$$

前面已经提到,气体压缩性很大,在流动速度较快时,气体各点压强和密度都有很大的变化,式(9-1-3)就不适用了,因此必须综合考虑热力学等知识,重新导出可压缩流体的伯努利方程,推导如下:

如图 9-1 所示,设一维稳定流动的气体,在上面任取一段微小长度 ds,两边气流断面 1 和断面 2 的断面面积、流速、压强、密度及温度分别为 A、v、p、ρ、T,$A+dA$、$v+dv$、$p+dp$、$\rho+d\rho$、$T+dT$。

取流段 1—2 作为自由体,在时间 dt 内,这段自由体所做的功为

$$W = pAv\,dt - (p+dp)(A+dA)(v+dv)\,dt \qquad (9-1-4)$$

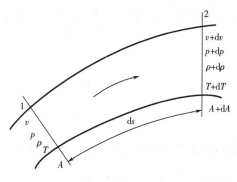

图 9-1　ds 微元流段

根据恒流源的连续性方程式,有 $\rho v A = C$(常数),所以式(9-1-4)可写成

$$W = \frac{p}{\rho}C\,dt - \frac{p+dp}{\rho+d\rho}C\,dt = \left(\frac{p}{\rho} - \frac{p+dp}{\rho+d\rho}\right)C\,dt$$

由于在微元内,可认为 ρ 和 $\rho+d\rho$ 很接近,则上式可化简为

$$W = \left(\frac{p-p-dp}{\rho}\right)C\,dt = -\frac{dp}{\rho}C\,dt \qquad (9-1-5)$$

对 1—2 自由体进行动能分析,其动能变化量为

$$\Delta E = \frac{1}{2}m_2(v+dv)^2 - \frac{1}{2}m_1 v^2 \qquad (9-1-6)$$

同样地,根据恒流源的连续性方程式 $\rho v A = C$(常数),故有 $m_1 = m_2 = \rho v A\,dt = C\,dt$,上式就可以写成

$$\Delta E = \frac{1}{2} C dt (2v dv) = C v dt dv \qquad (9-1-7)$$

根据功能原理有 $W = \Delta E$，化简得

$$\frac{dp}{\rho} + v dv = 0 \qquad (9-1-8)$$

该式就是一元气体恒定流的运动微分方程

对式(9-1-8)进行积分，得一元气体恒定流的能量方程

$$\int \frac{dp}{\rho} + \frac{v^2}{2} = C \qquad (9-1-9)$$

式中：C—— 常数。

上式表明了气体的密度不是常数，而是压强(和温度)的函数，气体流动密度的变化和热力学过程有关，对上式的研究要用到热力学的知识。下面简要介绍在工程中常见的等温流动和绝热流动的方程。

1. 等温过程

等温过程是保持温度不变的热力学过程。因 $\frac{p}{\rho} = RT$，其中 T 为定值，则有 $\frac{p}{\rho} = C$(常数)，代入式(9-1-9)并积分，得

$$\frac{p}{\rho} \ln p + \frac{v^2}{2} = C \qquad (9-1-10)$$

2. 绝热过程

绝热过程是指与外界没有热交换的热力学过程。可逆、绝热过程称为等熵过程。绝热过程方程 $\frac{p}{\rho^\gamma} = C$(常数)，代入式(9-1-9)并积分，得

$$\frac{\gamma}{\gamma - 1} \frac{p}{\rho} + \frac{v^2}{2} = C \qquad (9-1-11)$$

式中：γ—— 绝热指数。

9.2   声速和马赫数

9.2.1   声速

微小扰动波在介质中的传播速度称为声速。如弹拨琴弦时弦振动了空气，其压强和密度都发生了微弱的变化，并以波的形式在介质中传播。人耳能接收到的振动频率有限，而声速并不限于人耳能接收的声音传播速度。

如图 9-2 所示，截面面积为 A 的活塞在充满静止空气的等径长管内运动，$v = 0$ 时 $(t = 0)$，管内压强为 p，空气密度为 ρ，温度为 T；若以微小速度 dv 向右推进时间 dt，压缩空

气后,压强、密度和温度分别变成了 $p+\mathrm{d}p$,$\rho+\mathrm{d}\rho$ 和 $T+\mathrm{d}T$。活塞向右移动了 $\mathrm{d}v\mathrm{d}t$,活塞微小扰动产生的声速传播了 $c\mathrm{d}t$,c 即为声速。

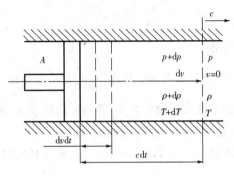

图 9-2　微小扰动波的传播

取上面的控制体,列连续性方程得

$$\rho c\,\mathrm{d}tA = (\rho + \mathrm{d}\rho)(c - \mathrm{d}v)\mathrm{d}tA \tag{9-2-1}$$

化简并略去高阶无穷小项,得

$$\rho\mathrm{d}v = c\mathrm{d}\rho \tag{9-2-2}$$

又由动量定理,得

$$pA - (p + \mathrm{d}p)A = \rho cA\left[(c - \mathrm{d}v) - c\right] \tag{9-2-3}$$

同样化简并略去高阶无穷小项,得

$$\mathrm{d}p = \rho c\,\mathrm{d}v \tag{9-2-4}$$

联立式(9-2-2)和式(9-2-4),得

$$c = \sqrt{\frac{\mathrm{d}p}{\mathrm{d}\rho}} \tag{9-2-5}$$

上式即为声速方程式的微分形式。

由于微小扰动波的传播速度很快,其引起的温度变化也很微弱,在研究微小扰动时,可认为其压缩或膨胀过程是绝热且可逆的,这就是热力学中的等熵过程,则有绝热方程为

$$\frac{p}{\rho^{\gamma}} = C(\text{常数}) \tag{9-2-6}$$

式中:γ——绝热指数。

上式可写为

$$p = C\rho^{\gamma} \tag{9-2-7}$$

上式两边对 ρ 求导,得

$$\frac{\mathrm{d}p}{\mathrm{d}\rho} = C\gamma\rho^{\gamma-1} = \frac{p}{\rho^{\gamma}}\gamma\rho^{\gamma-1} = \gamma\frac{p}{\rho} \tag{9-2-8}$$

又由理想气体状态方程 $\dfrac{p}{\rho}=R_g T$ 和式(9-2-8)、式(9-2-5)联立,得

$$c=\sqrt{\gamma\frac{p}{\rho}}=\sqrt{\gamma R_g T} \qquad (9-2-9)$$

综合上述分析,有以下结论:

(1) 由式(9-2-5)得,密度对压强的变化率 $\dfrac{d\rho}{dp}$ 反映了流体的压缩性, $\dfrac{d\rho}{dp}$ 越大,则 $\dfrac{dp}{d\rho}$ 越小,声速 c 也越小;反之,声速 c 越大。由此可知,声速 c 反映了流体的可压缩性,即声速 c 越小,流体越容易压缩;声速 c 越大,流体越不易压缩。

(2) 特别地,对于空气来说, $\gamma=1.4, R_g=287.1\text{J}/(\text{kg}\cdot\text{K})$,则空气中的声速为

$$c=20.05\sqrt{T}\,\text{m/s} \qquad (9-2-10)$$

(3) 从式(9-2-9)可看出,声速 c 不但和绝热指数 γ 有关,也和气体的常数 R_g 和热力学温度 T 有关。所以不同气体的声速一般不同,相同气体在不同热力学温度下的声速也不同。

9.2.2　马赫数

为了研究的方便,引入气体流动的当地速度 v 与同地介质中声速 c 的比值,称为马赫数,以符号 Ma 表示

$$Ma=\frac{v}{c} \qquad (9-2-11)$$

马赫数是气体动力学中较常采用的参数之一,它也反映了气体在流动时可压缩的程度。马赫数越大,表示气体可压缩的程度越大,气体为可压缩流体;马赫数越小,表示气体可压缩性小,当达到一定程度时,气体可近似看作不可压缩流体。

根据马赫数 Ma 的取值,可分为:

(1) $v=c$,即 $Ma=1$ 时,称为声速流动;

(2) $v>c$,即 $Ma>1$ 时,称为超声速流动;

(3) $v<c$,即 $Ma<1$ 时,称为亚声速流动。

下面讨论微小扰动波的传播规律,可分为四种情况:

(1) 如图9-3(a)所示, $v=0$,扰动源静止。扰动波将以声速向四周对称传播,波面为一同心球面,经一定时间后,扰动波布满整个空间。

(2) 如图9-3(b)所示, $v<c$,扰动源以亚声速向右移动。扰动波以声速向外传播,由于扰动源移动速度小于声速,只要时间足够,扰动波也能布满整个空间。

(3) 如图9-3(c)所示, $v=c$,扰动源以声速向右移动。由于扰动源移动速度等于声速,因此扰动波只能传播到扰动源的下游半平面。

(4) 如图9-3(d)所示, $v>c$,扰动源以超声速向右移动。由于扰动源移动速度大于声速,整个扰动波的球形波面被带向扰动源的下游,因此扰动波只能传播到扰动源的下游区

域,其区域为一个以扰动源为顶点的圆锥面内,称该圆锥为马赫锥。锥的半顶角 θ 称为马赫角,从图中可以看出

$$\sin\theta = \frac{c}{v} = \frac{1}{Ma} \tag{9-2-12}$$

上面分析了扰动源分别在静止以及亚声速、声速和超声速状态向右移动时,微小扰动波的传播规律。由此可知,$0 \leqslant Ma < 1$,即振源在静止或以亚声速移动的情况下,扰动波能传播到整个空间;而 $Ma \geqslant 1$,即振源以声速或超声速移动时,扰动波只能传播到一半空间或一圆锥面内。

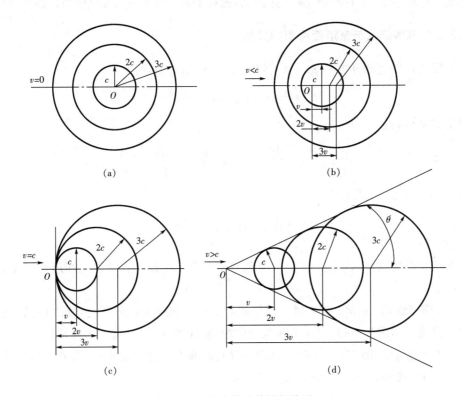

图 9-3　微小扰动传播规律图

9.3　一元气流的流动特性

在引入了声速和马赫数的概念后,可压缩气体的流动有其自身的特性。这里我们介绍两个重要特性。

9.3.1　气体流速与密度的关系

由式(9-1-8)和式(9-2-5),得

$$v\,\mathrm{d}v = -\frac{\mathrm{d}p}{\rho} = -\frac{\mathrm{d}p}{\mathrm{d}\rho}\frac{\mathrm{d}\rho}{\rho} = -c^2\,\frac{\mathrm{d}\rho}{\rho} \tag{9-3-1}$$

将马赫数 $Ma = \dfrac{v}{c}$ 代入上式,有

$$\frac{\mathrm{d}\rho}{\rho} = -Ma^2 \frac{\mathrm{d}v}{v} \qquad\qquad (9-3-2)$$

上式表明了密度相对变化量和速度相对变化量之间的关系。从该式可以看出,等式中有个负号,表示两者的相对变化量是相反的。即加速的气流,其密度会减小,从而使压强降低、气体膨胀;反之,减速气流密度增大,导致压强增大、气体压缩。马赫数 Ma 为两者相对变化量的系数。因此,当 $Ma > 1$ 时,即气体超声速流动,密度的相对变化量大于速度的相对变化量;当 $Ma < 1$ 时,即气体亚声速流动,密度的相对变化量小于速度的相对变化量。

9.3.2　气体流速与流道断面积的关系

对一元气流的连续性方程 $\rho vA = C$(常数),两边取对数,得

$$\ln(\rho vA) = \ln\rho + \ln v + \ln A = 0$$

对上式微分,得

$$\frac{\mathrm{d}\rho}{\rho} + \frac{\mathrm{d}v}{v} + \frac{\mathrm{d}A}{A} = 0 \quad 或 \quad \frac{\mathrm{d}\rho}{\rho} = -\frac{\mathrm{d}v}{v} - \frac{\mathrm{d}A}{A} \qquad (9-3-3)$$

将式(9-3-2)代入上式,得

$$\frac{\mathrm{d}A}{A} = (Ma^2 - 1)\frac{\mathrm{d}v}{v} \qquad\qquad (9-3-4)$$

从上式我们可以看到,$Ma = 1$ 是一个临界点。下面讨论其在亚声速和超声速流动下的情况。

(1)亚声速流动,即 $Ma < 1$ 时。面积相对变化量和速度相对变化量反向发展,说明了气体在亚声速下加速流动时,过流断面逐渐收缩;减速流动时,过流断面逐渐扩大。

(2)超声速流动,即 $Ma > 1$ 时。这种情况正好和亚声速流动相反,沿流线加速时,过流断面逐渐扩大;减速流动时,过流断面逐渐收缩。

上式表明,亚声速和超声速流动在加速或减速流动时的情况截然相反。

9.4　气体在管道中的等温流动

实际工程中,许多工业输气管道,如天然气、煤气等管道很长,且大部分长期暴露在外界中,管道中的气体能和外界进行充分的热交换,所以其温度基本与周边环境一样,该类气体管道可视为等温管道。

9.4.1　基本方程

气体在实际管道中流动要受到摩擦阻力,故存在流程损失,但在流动中,气体压强、密度都有所改变,所以不能直接应用达西公式,只能在微小 $\mathrm{d}s$ 段上应用,即

$$\mathrm{d}h_\mathrm{f} = \lambda \frac{\mathrm{d}s}{D} \frac{v^2}{2} \tag{9-4-1}$$

对于前面推导出的可压缩流体方程式(9-1-8),在工业管道中加上摩擦损失后就可以写成

$$\frac{\mathrm{d}p}{\rho} + v\mathrm{d}v + \lambda \frac{v^2}{2D}\mathrm{d}s = 0 \tag{9-4-2}$$

式中:λ—— 沿程阻力系数。

上式就是气体运动微分方程。

根据连续性方程,有 $\rho_1 v_1 A_1 = \rho_2 v_2 A_2 = \rho v A$,对于等径管道,因 $A_1 = A_2 = A$,得

$$\frac{v}{v_1} = \frac{\rho_1}{\rho} \tag{9-4-3}$$

又由热力学等温过程方程 $\dfrac{p}{\rho} = C$,即 $\rho = C^{-1}p$ 和 $\rho_1 = C^{-1}p_1$,有

$$\frac{v}{v_1} = \frac{\rho_1}{\rho} = \frac{p_1}{p} \text{ 或 } \rho = \frac{p\rho_1}{p_1} \text{ 和 } v = \frac{p_1 v_1}{p} \tag{9-4-4}$$

将式(9-4-4)代入式(9-4-2)并改写为

$$\frac{p\mathrm{d}p}{p_1 \rho_1 v_1^2} + \frac{\mathrm{d}v}{v} + \lambda \frac{\mathrm{d}s}{2D} = 0 \tag{9-4-5}$$

如图9-4所示,设在等温管道中,取一微小流段 $\mathrm{d}s$,在1—2段对式(9-4-5)进行定积分,得

$$\frac{1}{p_1 \rho_1 v_1^2} \int_{p_1}^{p_2} p\mathrm{d}p + \int_{v_1}^{v_2} \frac{\mathrm{d}v}{v} + \frac{\lambda}{2D} \int_0^l \mathrm{d}s = 0$$

对上式积分得

$$p_1^2 - p_2^2 = p_1 \rho_1 v_1^2 \left(2\ln \frac{v_2}{v_1} + \frac{\lambda l}{D}\right) \tag{9-4-6}$$

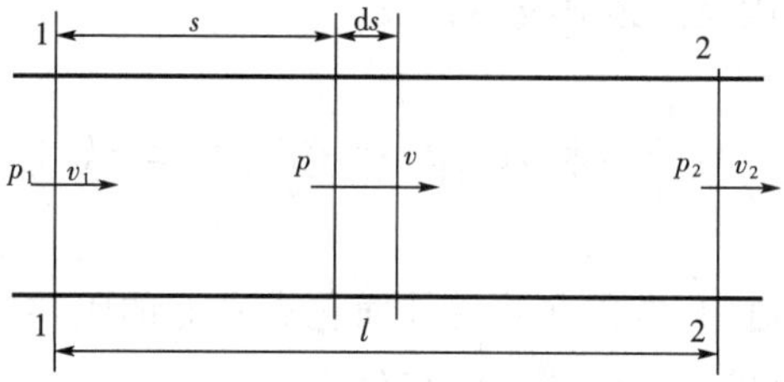

图 9-4　微元管流

若管道较长,且气流速度变化不大,则可以认为 $2\ln \dfrac{v_2}{v_1} \ll \dfrac{\lambda l}{D}$,略去对数项,上式可写成

$$p_2 = \sqrt{p_1^2 - p_1 \rho_1 v_1^2 \left(\frac{\lambda l}{D}\right)} \tag{9-4-7}$$

$$v_1 = \sqrt{\frac{D}{p_1\rho_1\lambda l}(p_1^2 - p_2^2)} \qquad (9-4-8)$$

质量流量公式为

$$q_m = \rho_1 v_1 \frac{\pi D^2}{4} = \sqrt{\frac{\rho_1 \pi^2 D^5}{16 p_1 \lambda l}(p_1^2 - p_2^2)} \qquad (9-4-9)$$

上面各式就是计算等温管道压强、流速和流量的公式。

9.4.2　流动特征分析

前面已经给出了气体连续性方程 $\rho v A = C$,其中 A 不变,则有 $\rho v = C'$,对该式取对数并微分,得

$$\frac{\mathrm{d}\rho}{\rho} + \frac{\mathrm{d}v}{v} = 0 \qquad (9-4-10)$$

由热力学方程 $\dfrac{p}{\rho} = R_g T = C$,微分得

$$\frac{\mathrm{d}p}{p} = \frac{\mathrm{d}\rho}{\rho} \qquad (9-4-11)$$

联立式(9-4-10)和式(9-4-11),并代入声速公式 $c = \sqrt{\gamma \dfrac{p}{\rho}}$,马赫数 $Ma = \dfrac{v}{c}$,整理得

$$\frac{\mathrm{d}v}{v} = \frac{\gamma Ma^2}{(1-\gamma Ma^2)}\frac{\lambda \mathrm{d}s}{2D} \qquad (9-4-12)$$

从上式我们可以看出,如果 $Ma > \sqrt{1/\gamma}$,即 $1 - \gamma Ma^2 < 0, \mathrm{d}s > 0$,则 $\mathrm{d}v < 0$;又对于大多数气体的指数常数 $\gamma > 1$,且工程实际等温管道中气流的速度不可能无限增大,$1 - \gamma Ma^2$ 不可能等于或小于 0,所以只有 $Ma < \sqrt{1/\gamma}$ 时,计算式才有效;$Ma > \sqrt{1/\gamma}$ 时,只能按 $Ma = \sqrt{1/\gamma}$(极限值)计算,用该极限值计算的管长又称为最大管长,即实际管长超过最大管长时,进口断面的流速将受到阻滞,必须减小管长。

9.5　气体在绝热管道中的流动

在实际的气体输送管道中,常常在管道外面包有良好的隔热材料使管内气流与外界不发生热交换,这样的管道可以当作绝热管流来处理。

9.5.1　基本方程

与分析等温管道一样,引入连续性方程和运动微分方程,并结合绝热过程方程 $\dfrac{p}{\rho^\gamma} = C$ 进行分析。改写运动微分方程式(9-4-2)为

$$\frac{\mathrm{d}p}{\rho v^2} + \frac{\mathrm{d}v}{v} + \lambda \frac{\mathrm{d}s}{2D} = 0 \qquad (9-5-1)$$

由 $\dfrac{p}{\rho^\gamma} = C($常数$)$ 和连续性方程 $\rho v = C($常数$)($面积 A 不变$)$ 得

$$\rho v^2 = \frac{\rho_1^2 v_1^2}{\rho} = \frac{p_1^{1/\gamma} \rho_1 v_1^2}{p^{1/\gamma}} \qquad (9-5-2)$$

代入上式得

$$\frac{p^{1/\gamma} \mathrm{d}p}{p_1^{1/\gamma} \rho_1 v_1^2} + \frac{\mathrm{d}v}{v} + \lambda \frac{\mathrm{d}s}{2D} = 0 \qquad (9-5-3)$$

如图 9 - 4 所示,在 1—2 间对上式定积分

$$\frac{1}{p_1^{1/\gamma} \rho_1 v_1^2} \int_{p_1}^{p_2} p^{1/\gamma} \mathrm{d}p + \int_{v_1}^{v_2} \frac{\mathrm{d}v}{v} + \frac{\lambda}{2D} \int_0^l \mathrm{d}s = 0 \qquad (9-5-4)$$

可得

$$p_1^{\frac{\gamma+1}{\gamma}} - p_2^{\frac{\gamma+1}{\gamma}} = p_1^{1/\gamma} \rho_1 v_1^2 \frac{\gamma+1}{\gamma} \left(\ln \frac{v_2}{v_1} + \frac{\lambda l}{2D} \right) \qquad (9-5-5)$$

考虑到管道较长,流速变化也不大,$\ln \dfrac{v_2}{v_1} \ll \dfrac{\lambda s}{2D}$,略去对数项,上式可写成

$$p_2^{\frac{\gamma+1}{\gamma}} = p_1^{\frac{\gamma+1}{\gamma}} - p_1^{1/\gamma} \rho_1 v_1^2 \frac{\gamma+1}{\gamma} \frac{\lambda l}{2D} \qquad (9-5-6)$$

$$v_1 = \sqrt{\frac{\dfrac{\gamma}{\gamma+1} \dfrac{p_1}{\rho_1} \left[1 - \left(\dfrac{p_2}{p_1} \right)^{\frac{\gamma+1}{\gamma}} \right]}{\dfrac{\lambda l}{2D}}} \qquad (9-5-7)$$

质量流量为

$$q_m = \rho_1 v_1 \frac{\pi D^2}{4} = \sqrt{\frac{\pi^2 D^5}{8\lambda l} \frac{\gamma}{\gamma+1} p_1 \rho_1 \left[1 - \left(\frac{p_2}{p_1} \right)^{\frac{\gamma+1}{\gamma}} \right]} \qquad (9-5-8)$$

9.5.2　流动特征分析

用和等温管流相似的推导方法,可以得到

$$\frac{\mathrm{d}v}{v} = \frac{Ma}{1 - Ma^2} \frac{\lambda \mathrm{d}s}{2D} \qquad (9-5-9)$$

以上各式就是绝热管流的压强、速度和流量的计算公式。同样地,与等温管流一样,当 $Ma < 1$ 时,可直接用公式计算;当 $Ma > 1$ 时,实际流动只能按 $Ma = 1$ 来计算。

按 $Ma = 1$ 计算得出的管长称为绝热管流的最大管长,如实际管长大于最大管长,流动将发生阻滞,必须减小管长。

9.6　气体的两种状态

9.6.1　滞止参数

在气体流动的计算中,一般都是由一个已知断面上的参数求出另一个断面上的参数。为了计算的方便,我们假定在流动过程中的某个断面上,气流的速度以无摩擦的绝热过程(即等熵过程)降低至零,该断面的气流状态就称为滞止状态,相应的气流参数称为滞止参数。如气体从大容器流入管道,由于容器断面比管道断面大很多,可认为容器中的气流速度为零,气流参数可认为是滞止参数;或气体绕过物体时,驻点的速度为零,驻点处的流动参数也可认为是滞止参数。滞止参数常用下标"0"标识,如 p_0、ρ_0、T_0 分别表示滞止压强、滞止密度、滞止温度。

由绝热过程方程式(9-1-11),按滞止参数的定义,可得滞止参数和某一断面的运动参数间的关系为

$$\frac{\gamma}{\gamma-1}\frac{p_0}{\rho_0}=\frac{\gamma}{\gamma-1}\frac{p}{\rho}+\frac{v^2}{2} \tag{9-6-1}$$

又由完全气体状态方程 $\dfrac{p}{\rho}=R_g T$ 得

$$\frac{\gamma}{\gamma-1}R_g T_0=\frac{\gamma}{\gamma-1}R_g T+\frac{v^2}{2} \tag{9-6-2}$$

即

$$\frac{T_0}{T}=1+\frac{v^2}{2R_g T}\frac{\gamma-1}{\gamma} \tag{9-6-3}$$

又声速 $c=\sqrt{\gamma R_g T}$,上式改写成马赫数的形式为

$$\frac{T_0}{T}=1+\frac{\gamma-1}{2}Ma^2 \tag{9-6-4}$$

上式就是滞止温度和断面上的温度参数的计算式。由绝热过程方程 $\dfrac{p}{\rho^\gamma}=C$(常数)和完全气体状态方程 $\dfrac{p}{\rho}=R_g T$,代入上式就可以导出断面上的压强、密度和滞止压强、滞止密度的关系如下

$$\frac{p_0}{p}=\left(\frac{T_0}{T}\right)^{\frac{\gamma}{\gamma-1}}=\left(1+\frac{\gamma-1}{2}Ma^2\right)^{\frac{\gamma}{\gamma-1}} \tag{9-6-5}$$

$$\frac{\rho_0}{\rho}=\left(\frac{T_0}{T}\right)^{\frac{1}{\gamma-1}}=\left(1+\frac{\gamma-1}{2}Ma^2\right)^{\frac{1}{\gamma-1}} \tag{9-6-6}$$

在等熵条件下温度降到绝对零度时,速度达到最大(v_{max})的状态,称为最大速度状态。

由于在地面上不可能制造绝对零度的环境,因此最大速度状态只具有理论意义,反映气流的总能量大小。将 $T=0$ 代入式(9-6-2)得

$$v_{\max}=\sqrt{\frac{2\gamma R_{g}T_{0}}{\gamma-1}}=\sqrt{\frac{2}{\gamma-1}}c_{0} \tag{9-6-7}$$

式中:c_{0}—— 滞止声速,$c_{0}=\sqrt{\gamma R_{g}T_{0}}$。

上式表示了极限流速和滞止声速的关系。根据上面的式子,只需知道滞止参数和某一断面的马赫数,就可以求该断面的运动参数。

9.6.2　临界状态参数

气体从当地状态等熵地改变速度使之达到声速时(即 $Ma=1$),所具有的状态称为与该当地状态对应的临界状态,相应的状态参数称为临界参数,与滞止状态一样,临界状态可以是在流动中实际存在的,也可以是假想的状态。临界状态参数常用下标"$*$"表示,如 T_{*}、p_{*} 分别称为临界温度、临界压强等。在等熵流中所有的临界参数都是常数,因此可作为参考状态参数。

根据临界状态的定义,将 $Ma=1$ 代入式(9-6-4),得临界温度比为

$$\frac{T_{0}}{T_{*}}=1+\frac{\gamma-1}{2}=\frac{\gamma+1}{2} \tag{9-6-8}$$

代入式(9-6-5)和式(9-6-6),就可以得出临界压比、临界密度比分别为

$$\frac{p_{0}}{p_{*}}=\left(\frac{\gamma+1}{2}\right)^{\frac{\gamma}{\gamma-1}} \tag{9-6-9}$$

$$\frac{\rho_{0}}{\rho_{*}}=\left(\frac{\gamma+1}{2}\right)^{\frac{1}{\gamma-1}} \tag{9-6-10}$$

从上面的公式可以看出,对于一定的气体,临界状态参数与滞止参数的比值是定值。空气 $\gamma=1.4$,则 $\frac{T_{*}}{T_{0}}=0.8333$,$\frac{p_{*}}{p_{0}}=0.5283$,$\frac{\rho_{*}}{\rho_{0}}=0.6339$。根据这些临界比值就可以判断出流场中是否存在临界截面。

临界截面上的声速称为临界声速 c_{*}。由式(9-6-7)和 $\frac{c_{*}}{c_{0}}=\frac{\sqrt{\gamma R_{g}T_{*}}}{\sqrt{\gamma R_{g}T_{0}}}=\sqrt{\frac{2}{\gamma+1}}$ 得

$$c_{*}=\sqrt{\frac{2}{\gamma+1}}c_{0}=\sqrt{\frac{\gamma-1}{\gamma+1}}v_{\max} \tag{9-6-11}$$

或

$$c_{*}=\sqrt{\gamma R_{g}T_{*}}=\sqrt{\frac{2\gamma R_{g}}{\gamma+1}T_{0}} \tag{9-6-12}$$

式(9-6-11)为临界声速 c_{*} 和极限速度 $v_{\max}$ 的关系式。从式(9-6-12)可以看出,对于一定的气体,临界声速 c_{*} 取决于总温。式中的临界声速 c_{*} 即为 $Ma=1$ 时的当地声速,是

研究气体流动时的一个重要参数。

【例题9-1】 空气在管道中做绝热、无摩擦流动,某截面上的流动参数为 $T=333\mathrm{K}$,$p=207\mathrm{kPa}$,$v=152\mathrm{m/s}$,试求临界参数 T_*、p_*、ρ_*。

【解】 绝热、无摩擦流动就是等熵流动。先求马赫数 Ma,再求 T_*、p_*、ρ_*。空气的 $\gamma=1.4$,$R_g=287(\mathrm{J/kg \cdot K})$。

$$Ma=\frac{v}{\sqrt{\gamma R_g T}}=0.4155$$

$$\frac{T_*}{T}=\frac{T_0/T}{T_0/T_*}=\frac{1+\frac{\gamma-1}{2}Ma^2}{1+\frac{\gamma-1}{2}}=0.8621,\ T_*=287.08(\mathrm{K})$$

$$\frac{p_*}{p}=\left(\frac{T_*}{T}\right)^{\frac{\gamma}{\gamma-1}}=0.5949,\ p_*=123.15(\mathrm{kPa})$$

$$\rho_*=\frac{p_*}{R_g T_*}=1.4947(\mathrm{kg \cdot m^3})$$

9.7 喷管的计算和分析

工程中采用的喷管有两种,一种是可获得亚声速流或声速流的收缩喷管,另一种是能获得超声速的拉瓦尔喷管。本节将以完全气体为研究对象,研究收缩喷管和拉瓦尔喷管在设计工况下的流动问题。

9.7.1 收缩喷管

如图9-5所示,气体从一大容器通过收缩喷管出流,由于容器比出流口要大得多,可将其中的气流速度看作零,则容器内的运动参数表示滞止参数,分别为 p_0、ρ_0、T_0,喷管出口处的气流参数分别为 p、ρ、T、v。由滞止参数中得出的能量方程式(9-6-1)得

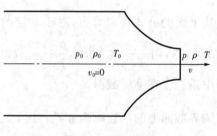

图9-5 收缩喷管

$$v=\sqrt{\frac{2\gamma}{\gamma-1}\frac{p_0}{\rho_0}\left(1-\frac{p}{p_0}\frac{\rho_0}{\rho}\right)} \qquad (9-7-1)$$

又由绝热过程方程 $\frac{p}{\rho^\gamma}=C$(常数)和完全气体状态方程 $\frac{p}{\rho}=R_g T$,上式可写成

$$v=\sqrt{\frac{2\gamma}{\gamma-1}\frac{p_0}{\rho_0}\left[1-\left(\frac{p_0}{\rho_0}\right)^{\frac{\gamma-1}{\gamma}}\right]}=\sqrt{\frac{2\gamma}{\gamma-1}R_g T_0\left[1-\left(\frac{p_0}{\rho_0}\right)^{\frac{\gamma-1}{\gamma}}\right]} \qquad (9-7-2)$$

上式即喷管出流的速度公式,也称圣维南(Saint Venant)定律。此式对超声速情况也同样成立。

通过喷管的质量流量

$$q_m = A\rho v = A\rho_0 v \left(\frac{p}{p_0}\right)^{1/\gamma} \tag{9-7-3}$$

代入上式得

$$q_m = A\rho v = A\sqrt{\frac{2\gamma}{\gamma-1}p_0\rho_0\left[\left(\frac{p}{p_0}\right)^{\frac{2}{\gamma}} - \left(\frac{p}{p_0}\right)^{\frac{\gamma+1}{\gamma}}\right]} \tag{9-7-4}$$

从上面的各个公式可以看出,对于一定的气体,在收缩喷管出口未达到临界状态前,压降比 p/p_0 越大,出口速度越大,流量也越大,且收缩喷管出口处的气流速度最高可达到当地声速,即出口气流处于临界状态(即 $Ma = 1$)。此时的出口处压强为

$$p = p_0\left(\frac{2}{\gamma+1}\right)^{\frac{\gamma}{\gamma-1}} = p_* \tag{9-7-5}$$

此时气流速度也达到极限速度

$$v = v_* = \sqrt{\frac{2\gamma}{\gamma+1}\frac{p_0}{\rho_0}} = \sqrt{\frac{2\gamma R_g T_0}{\gamma+1}} = \sqrt{\frac{2}{\gamma+1}}c_0 = c_* \tag{9-7-6}$$

则流过喷管的极限质量流量为

$$q_m = q_{m*} = A\left(\frac{2}{\gamma+1}\right)^{\frac{\gamma+1}{2(\gamma-1)}}\sqrt{\gamma p_0 \rho_0} \tag{9-7-7}$$

9.7.2　拉瓦尔喷管

如图 9-6 所示为拉瓦尔喷管,其作用是能使气流加速到超声速,拉瓦尔喷管广泛应用于蒸汽轮机、燃气轮机、超声速风洞、冲压式喷气发动机和火箭等动力装置中。本节将讨论拉瓦尔喷管出口流速和流量的计算。

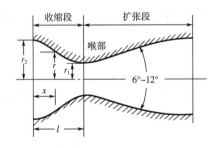

图 9-6　拉瓦尔喷管

假定拉瓦尔喷管内的气体做绝热等熵流动,喷管进口的气流处于滞止状态。按照与收缩喷管相似的推导方法所推导出的喷管出口处的气流速度同收缩喷管气流速度公式(9-7-2),即同样适用圣维南定律。

拉瓦尔喷管的质量流量计算公式也仍然可采用式(9-7-7),需要注意的是,式(9-7-7)中的截面积 A 要用喉部截面积 $A_t = A_*$ 代替,即通过喷管的流量就是喉部能通过的流量的最大值

$$q_{m*} = A_t \left(\frac{2}{\gamma+1} \right)^{\frac{\gamma+1}{2(\gamma-1)}} \sqrt{\gamma p_0 \rho_0} \tag{9-7-8}$$

由连续性方程得

$$\frac{A}{A_t} = \frac{A}{A_*} = \frac{\rho_* c_*}{\rho v} \tag{9-7-9}$$

式中：A—— 喷管出口处截面积。

根据式(9-7-9)就可以在已知出口截面积 A 的情况下求喉部截面积 A_t。

【例题 9-2】 空气在缩放喷管内流动，气流的滞止参数为 $p_0 = 10^6 \mathrm{Pa}$，$T_0 = 350\mathrm{K}$，出口截面积 $A = 0.001\mathrm{m}^2$，背压 $p_e = 9.3 \times 10^5 \mathrm{Pa}$。如果要求喉部的马赫数达到 $Ma_1 = 0.6$，试求喉部面积。

【解】 管内为亚音速流动，出口压强等于背压：$p = p_e$。利用喉部和出口的质量流量相等的条件确定喉部面积 A_1。

出口参数

$$\frac{T_0}{T} = \left(\frac{p_0}{p} \right)^{\frac{\gamma-1}{\gamma}} = 1.0210, T = 342.8\mathrm{K}$$

$$\frac{T_0}{T} = 1 + \frac{\gamma-1}{2} Ma^2, Ma = 0.3240$$

$$\rho = \frac{p}{R_g T} = 9.4528\mathrm{kg/m}^3$$

$$v = Ma \cdot c = Ma \sqrt{\gamma R_g T} = 120.25\mathrm{m/s}$$

喉部参数

$$Ma_1 = 0.6$$

$$\frac{T_0}{T_1} = 1 + \frac{\gamma-1}{2} Ma_1 = 1.072, T_1 = 326.5\mathrm{K}$$

$$\frac{p_0}{p_1} = \left(\frac{T_0}{T_1} \right)^{\frac{\gamma}{\gamma-1}} = 1.2755, p_1 = 0.784 \times 10^6 \mathrm{Pa}$$

$$\rho_1 = \frac{p_1}{R_g T_1} = 8.3666\mathrm{kg/m}^3$$

$$v_1 = Ma_1 \sqrt{\gamma R_g T_1} = 217.32\mathrm{m/s}$$

$$A_1 = A \frac{\rho v}{\rho_1 v_1} = 0.6252 \times 10^{-3}\mathrm{m}^2$$

本 章 小 结

（1）被视为不可压缩气体的伯努利方程

$$p_1 + \frac{\rho v_1^2}{2} = p_2 + \frac{\rho v_2^2}{2}$$

可压缩一元气体恒定流的运动微分方程

$$\frac{\mathrm{d}p}{\rho} + v\mathrm{d}v = 0$$

① 等温过程

$$\frac{p}{\rho}\ln p + \frac{v^2}{2} = C$$

② 绝热过程

$$\frac{\gamma}{\gamma - 1}\frac{p}{\rho} + \frac{v^2}{2} = C$$

（2）微小扰动波在介质中的传播速度称为声速，公式为 $c = \sqrt{\gamma\dfrac{p}{\rho}} = \sqrt{\gamma R_g T}$

马赫数 $Ma = \dfrac{v}{c}$。$Ma = 1$ 时，称为声速流动；$Ma > 1$ 时，称为超声速流动；$Ma < 1$ 时，称为亚声速流动。

（3）气体流速与密度的关系

$$\frac{\mathrm{d}\rho}{\rho} = -Ma^2\frac{\mathrm{d}v}{v}$$

气体流速与流道断面积的关系 $\dfrac{\mathrm{d}A}{A} = (Ma^2 - 1)\dfrac{\mathrm{d}v}{v}$

（4）等温流动的基本方程

① 压强 $p_2 = \sqrt{p_1^2 - p_1\rho_1 v_1^2\left(\dfrac{\lambda l}{D}\right)}$

② 速度 $v_1 = \sqrt{\dfrac{D}{p_1\rho_1\lambda l}(p_1^2 - p_2^2)}$

③ 流量 $q_m = \rho_1 v_1 \dfrac{\pi D^2}{4} = \sqrt{\dfrac{\rho_1 \pi^2 D^5}{16 p_1 \lambda l}(p_1^2 - p_2^2)}$

以上各式只有 $Ma < \sqrt{1/\gamma}$ 时，才能直接计算；$Ma > \sqrt{1/\gamma}$ 时，按 $Ma = \sqrt{1/\gamma}$ 计算，此时算出的管长称为等温过程的最大管长。

（5）绝热流动的基本方程

① 压强 $p_2^{\frac{\gamma+1}{\gamma}} = p_1^{\frac{\gamma+1}{\gamma}} - p_1^{1/\gamma}\rho_1 v_1^2 \dfrac{\gamma+1}{\gamma}\dfrac{\lambda l}{2D}$

② 速度 $v_1 = \sqrt{\dfrac{\dfrac{\gamma}{\gamma+1}\dfrac{p_1}{\rho_1}\left[1-\left(\dfrac{p_2}{p_1}\right)^{\frac{\gamma+1}{\gamma}}\right]}{\dfrac{\lambda l}{2D}}}$

③ 流量 $q_m = \rho_1 v_1 \dfrac{\pi D^2}{4} = \sqrt{\dfrac{\pi^2 D^5}{8\lambda l}\dfrac{\gamma}{\gamma+1}p_1\rho_1\left[1-\left(\dfrac{p_2}{p_1}\right)^{\frac{\gamma+1}{\gamma}}\right]}$

和等温过程类似,以上各式只有在 $Ma < 1$ 时才能直接用于计算;$Ma > 1$ 时,按 $Ma = 1$ 计算,此时算出的管长称为绝热过程的最大管长。

思考与练习

9-1 分析理想气体绝热流动的伯努利方程中各项的意义,并与不可压缩流体的伯努利方程进行比较。

9-2 请说明当地速度、当地声速、滞止声速、临界声速各自的意义以及它们之间的关系。

9-3 在什么条件下可把管流视为绝热流动或等温流动?

9-4 在超声速流动中,速度随断面增大而增大的关系,其物理实质是什么?

9-5 为什么等温管流在出口断面上的马赫数 $Ma \leqslant \sqrt{\dfrac{1}{\gamma}}$?

9-6 为什么绝热管流在出口断面上的马赫数只能是 $Ma \leqslant 1$?

9-7 空气做绝热流动,如果某处速度 $v_1 = 140\text{m/s}$,温度 $t_1 = 75℃$,试求气流的滞止温度。

9-8 大气温度 T 随海拔高度 z 变化的关系式是 $T = T_0 - 0.0065z$,$T_0 = 288\text{K}$,一架飞机在 10km 高空以 900km/h 速度飞行,求其飞行的马赫数。

9-9 空气气流在两处的参数分别为 $p_1 = 3 \times 10^5 \text{Pa}$,$t_1 = 100℃$,$p_2 = 10^5 \text{Pa}$,$t_2 = 10℃$,求熵增 $s_2 - s_1$。

9-10 用一个真空容器将空气吸入其内,当地气温为 $20℃$,试求容器内可能出现的气流最大速度。

9-11 封闭容器中的氮气[$\gamma = 1.4$,$R = 297\text{J/(kg·K)}$,$C_p = 104\text{J/(kg·K)}$]的滞止参数为 $p_0 = 4 \times 10^5 \text{Pa}$,$t_0 = 25℃$,气体从收缩喷管流出,出口直径 $d = 50\text{mm}$,背压为 $p_e = 10^5 \text{Pa}$,求氮气的质量流量。

9-12 空气气流在缩放管流动,进口的压强和温度为 $p_1 = 1.25 \times 10^5 \text{Pa}$,$T_1 = 290\text{K}$,直径 $d_1 = 75\text{mm}$,喉部压强 $p_2 = 1.04 \times 10^5 \text{Pa}$,直径 $d_2 = 25\text{mm}$,求质量流量。

9-13 空气在缩放喷管流动,进口处压强 $p_1 = 3 \times 10^5 \text{Pa}$,$T_1 = 400\text{K}$,面积 $A = 20\text{cm}^2$,出口压强 $p_2 = 1.4 \times 10^5 \text{Pa}$,设计质量流量为 0.8kg/s,求出口和喉部面积。

9-14 滞止参数为 $p_0 = 5 \times 10^5 \text{Pa}$,$T_0 = 65.5℃$ 的空气流入一个缩放喷管,出口压强 $p_2 = 1.52 \times 10^5 \text{Pa}$,试求出口的马赫数 Ma 以及出口面积与喉部面积之比 A_2/A_*。滞止压强 $p_0 = 300\text{kPa}$,滞止温度 $T_0 = 330\text{K}$ 的空气流入一个拉瓦尔喷管,出口处温度为 $-13℃$,求出口马赫数 Ma。又若喉部面积 $A_* = 10\text{cm}^2$,求喷管的质量流量。

第 10 章　　流体相似法则

本章学习目的和任务

（1）掌握流动相似的基本概念。

（2）掌握动力相似准则，理解模型设计的基本方法。

（3）能应用量纲和谐原理进行量纲分析。

（4）理解几何、运动、动力、初始与边界条件相似的基本概念。

（5）掌握各种动力相似准则，特别是重力相似准则、黏性力相似准则，能灵活应用模型律进行模型设计。

（6）理解量纲与单位的基本概念，量纲的和谐原理。

（7）掌握量纲的基本分析方法：π 定理。

本章重点

重力相似准则，黏性力相似准则，模型设计，量纲和谐原理，瑞利法与 π 定理。

本章难点

动力相似准则，量纲分析方法：瑞利法与 π 定理。

　　复杂的工程问题很难仅仅依靠数学分析的方法求解，因此为了解决这类工程实际问题，需要广泛进行各种模拟实验。模拟实验是研究流体力学主要的方法之一，在前面章节中介绍的大部分理论知识都是由实验得出或发展起来的。而有些实物，比如飞机、轮船等，要测它们的各种参数耗资很大，甚至不可能实现，这时通常可以做一个比实物小的模型进行实验以测得实验数据，这时就存在原型与模型之间的相似问题。模型的尺寸如何设计？实验条件如何选择才能使原型和模型之间的流动是相似的？由模拟实验得出的各种数据，如模型所受的流体作用力及模型流场速度分布怎样才能有效地外推到实际流场中去？这就是本章要解决的问题。

10.1　相似原理

　　相似原理即在模型和原型的相似物理量之间建立相对应的比例关系，根据一一对应的比例关系所确定的量纲来指导实验。

10.1.1　相似的基本概念

流体力学的相似主要是指几何相似，以及由几何相似扩展出来的其他相似。由此，主要分为三种相似,即几何相似、运动相似和动力相似。在这里我们规定无上标的符号代表原型,有上标的符号代表模型。

1. 几何相似

几何相似即模型流动和原型流动在长度、面积和体积等几何量的尺寸上分别对应成一定的比例关系。

长度比例尺 $$\lambda_l = \frac{l}{l'} \qquad (10-1-1)$$

面积比例尺 $$\lambda_A = \frac{A}{A'} = \frac{l^2}{l'^2} = \lambda_l^2 \qquad (10-1-2)$$

体积比例尺 $$\lambda_V = \frac{V}{V'} = \frac{l^3}{l'^3} = \lambda_l^3 \qquad (10-1-3)$$

可以看出,上面三个比例尺都可由长度比例尺 λ_l 表征,称 λ_l 为基本比例尺。同时满足上述比例尺关系的就称为几何相似。

2. 运动相似

运动相似指两个流动体(模型和原型)对应点上,对应时刻的速度(以及由速度扩展的其他物理量)方向相同,大小成比例。

速度比例尺 $$\lambda_v = \frac{v_y}{v_y'} \qquad (10-1-4)$$

时间比例尺 $$\lambda_t = \frac{t}{t'} = \frac{l/v_y}{l'/v_y'} = \frac{\lambda_l}{\lambda_v} \qquad (10-1-5)$$

加速度比例尺 $$\lambda_a = \frac{a}{a'} = \frac{v_y/t}{v_y'/t'} = \frac{\lambda_v}{\lambda_t} = \frac{\lambda_v^2}{\lambda_l} \qquad (10-1-6)$$

体积流量比例尺 $$\lambda_Q = \frac{Q}{q'} = \frac{l^3/t}{l'^3/t'} = \frac{\lambda_l^3}{\lambda_t} = \lambda_l^2 \lambda_v \qquad (10-1-7)$$

角速度比例尺 $$\lambda_\omega = \frac{\omega}{\omega'} = \frac{v_y/l}{v_y'/l'} = \frac{\lambda_v}{\lambda_l} \qquad (10-1-8)$$

运动黏度比例尺 $$\lambda_\nu = \frac{\nu}{\nu'} = \frac{l^2/t}{l'^2/t'} = \frac{\lambda_l^2}{\lambda_t} = \lambda_l \lambda_v \qquad (10-1-9)$$

由上可知,确定了长度比例尺 λ_l 和速度比例尺 λ_v 后,其他运动相似的比例尺也就确定了。速度比例尺 λ_v 也称为基本比例尺。

3. 动力相似

动力相似指两个流动体(模型和原型)相应点处的质点上,对应时刻受到方向相同、大小成比例的力的作用,即它们的动力相似表现为

密度比例尺 $$\lambda_\rho = \frac{\rho}{\rho'} \qquad (10-1-10)$$

质量比例尺 $\qquad\qquad \lambda_m = \dfrac{m}{m'} = \dfrac{\rho V}{\rho' V'} = \lambda_\rho \lambda_l^3$ $\qquad\qquad$ (10 - 1 - 11)

力的比例尺 $\qquad\qquad \lambda_F = \dfrac{F}{F'} = \dfrac{ma}{m'a'} = \lambda_m \lambda_a = \lambda_\rho \lambda_l^2 \lambda_v^2$ $\qquad$ (10 - 1 - 12)

力矩比例尺 $\qquad\qquad \lambda_M = \dfrac{M}{M'} = \dfrac{Fl}{F'l'} = \lambda_F \lambda_l = \lambda_\rho \lambda_l^3 \lambda_v^2$ $\qquad$ (10 - 1 - 13)

压强比例尺 $\qquad\qquad \lambda_p = \dfrac{p}{p'} = \dfrac{F/A}{F'/A'} = \dfrac{\lambda_F}{\lambda_A} = \lambda_\rho \lambda_v^2$ $\qquad\quad$ (10 - 1 - 14)

功率比例尺 $\qquad\qquad \lambda_P = \dfrac{P}{P'} = \dfrac{F v_y}{F' v_y'} = \lambda_F \lambda_u = \lambda_\rho \lambda_l^2 \lambda_v^3$ $\qquad$ (10 - 1 - 15)

动力黏度比例尺 $\qquad \lambda_\mu = \dfrac{\mu}{\mu'} = \dfrac{\rho \nu}{\rho' \nu'} = \lambda_\rho \lambda_\nu = \lambda_\rho \lambda_l \lambda_v$ $\qquad$ (10 - 1 - 16)

可以看出,上面各个比例尺都要由密度比例尺 λ_ρ、长度比例尺 λ_l 和速度比例尺 λ_v 确定,可见 λ_ρ 是动力相似的基本比例尺。

10.1.2　相似准则

有了模型和原型间的几何相似比例关系后,我们还要有能够保证两者间相似的条件或准则,称为相似准则。相似准则是流体力学实验必须考虑的理论问题,其表达了流动相似的约束关系。

一般地,流体的力学相似首先要满足几何相似,几何相似保证了两个流动存在对应点,几何相似是运动相似和动力相似的前提;动力相似是决定两个流动相似的关键;而运动相似是它们的表现形式。由于惯性力相似与否直接决定着运动是否相似,因而可将动力学相似改写为下列形式

$$\begin{cases} \dfrac{G}{G'} = \dfrac{F_I}{F_I'} \\[2mm] \dfrac{F_\mu}{F_\mu'} = \dfrac{F_I}{F_I'} \\[2mm] \dfrac{F_p}{F_p'} = \dfrac{F_I}{F_I'} \\[2mm] \dfrac{F_E}{F_E'} = \dfrac{F_I}{F_I'} \end{cases} \qquad (10 - 1 - 17)$$

上式分别表示重力 G 与惯性力相似、黏性力 F_μ 与惯性力相似、压力 F_p 与惯性力相似、弹性力 F_E 与惯性力相似。下面对这几种力学相似分别进行讨论。

1. 重力与惯性力相似准则(弗劳德准则)

重力 $G = mg = \rho g V = \rho g l^3$;

牛顿第二定律 $F_I = ma = \rho l^2 v^2$

由动力相似性,流体的重力相似可表示为 $\dfrac{F_I}{G} = \dfrac{F_I'}{G'}$,将上述公式代入为

$$\frac{\rho l^2 v^2}{\rho g l^3} = \frac{\rho' l'^2 v'^2}{\rho' g' l'^3}$$

即

$$\frac{v^2}{gl} = \frac{v'^2}{g'l'} \qquad\qquad (10-1-18)$$

两边开平方得

$$\frac{v}{\sqrt{gl}} = \frac{v'}{\sqrt{g'l'}} \qquad\qquad (10-1-19)$$

根据相似比例尺,有

$$\frac{\lambda_v^2}{\lambda_g \lambda_l} = 1 \qquad\qquad (10-1-20)$$

式中:λ_g—— 重力比例尺,一般在同一个地心引力流动下,$\lambda_g = 1$。

令 $\dfrac{v}{\sqrt{gl}} = Fr$,则称 Fr 为弗劳德数(Froude number),其表征惯性力与重力之比。 若 $Fr = Fr'$,则模型和原型的重力作用相似。

2. 黏性力与惯性力相似准则(雷诺准则)

由式(10-1-17) 可知

$$\frac{F_I}{F_\mu} = \frac{F_I'}{F_\mu'}$$

根据量纲分析

$$[F_\mu] = [\mu][A]\frac{du}{dy} = [\mu][l]^2[v]/[l] = [\mu][l][v]$$

则有 $F_\mu \sim \mu l v$,"$\sim$"表示"相当于",代入上式得

$$\frac{\rho v^2 l^2}{\rho \nu l v} = \frac{\rho' v'^2 l'^2}{\rho' \nu' l' v'}$$

即

$$\frac{vl}{\nu} = \frac{v'l'}{\nu'} \qquad\qquad (10-1-21)$$

令 $\dfrac{vl}{\nu} = Re$,这就是我们前面介绍过的雷诺数(Reynolds number),其代表惯性力与黏性力之比。 若 $Re = Re'$,则称模型和原型的黏性力相似。

3. 压力与惯性力相似准则(欧拉准则)

由式(10-1-17) 可知

$$\frac{F_I}{F_p} = \frac{F'_I}{F'_p}$$

这样得到的比值属于同一个流场。

从原型、模型流动中各取边长为 l 和 l' 的两个立方体,研究这两个立方体所受的压力与惯性力。立方体所受到的有效压力是两个表面上的压力差,因此此处的压力用压差大小表示为

$$F_p = \Delta p l^2$$

代入上式得

$$\frac{\Delta p l^2}{\rho v^2 l^2} = \frac{\Delta p' l'^2}{\rho' v'^2 l'^2} \tag{10 - 1 - 22}$$

如果设

$$Eu = \frac{\Delta p}{p v^2} \tag{10 - 1 - 23}$$

则式(10 - 1 - 23) 可写为

$$Eu = Eu'$$

式中:Eu —— 欧拉数,它表示压力差与惯性力的相对比值,又称为压力相似准数,其表征压力与惯性力之比。当模型和原型相应的欧拉数相等时,则压力相似。

4. 弹性力与惯性力相似准则(柯西准则)

弹性力 $F_E = K l^2$(K 为流体的体积模量);

由动力相似性,流体的弹性力相似可表示为 $\dfrac{F_I}{F_E} = \dfrac{F'_I}{F'_E}$,代入为

$$\frac{\rho l^2 v^2}{K l^2} = \frac{\rho' l'^2 v'^2}{K' l'^2}$$

即

$$\frac{\rho v^2}{K} = \frac{\rho' v'^2}{K'} \tag{10 - 1 - 24}$$

令 $\dfrac{\rho v^2}{K} = Ca$,就称为柯西数(Cauchy number),其表征惯性力与弹性力之比。若模型和原型的柯西数相等,则两者弹性力相似。

而 $\dfrac{K}{\rho} = c^2$,所以上式为

$$\frac{v^2}{c^2} = \frac{v'^2}{c'^2}$$

即

$$Ma = Ma' \tag{10 - 1 - 25}$$

所以,弹性力的相似准数就是马赫数 Ma,只要对应点的马赫数相等,就能保证两流场的弹性力与惯性力相似。马赫数反映了惯性力与弹性力的相对比值。

综上所述,如果两个不可压缩流动满足力学相似,则它们必满足

$$\begin{cases} Fr = Fr' \\ Eu = Eu' \\ Re = Re' \end{cases} \qquad (10-1-26)$$

如果是可压缩流动,则还应满足 $Ma = Ma'$。据此判断两个流动是否相似,显然比一一检查比例常数要方便得多。

对于不可压缩流动,相似准数为 Eu、Fr 和 Re。根据相似定理:由定性物理量组成的相似准数,相互间存在着函数关系。所以在三个准则数 Eu、Fr 和 Re 中,必有一个是被动的。在大多数流动中,通常欧拉数 Eu 是被动的准则数,即

$$Eu = f(Fr, Re) \qquad (10-1-27)$$

这样,对于不可压缩流动,只要满足两流场的 Re、Fr 相等,则 Eu 相等也就满足了,从而就能实现两流场的动力相似。

10.2　量纲分析

10.2.1　量纲分析基础

1. 量纲的基本概念

在流体力学中,我们经常遇到的物理量有长度、时间、质量、速度、加速度、力等,这些物理量都是由两个因素构成的,其一为表示物理属性的因素,称为量纲或因次;另一个因素为这个物理量的量度标准,就是我们通常称的单位。并且物理量的量纲是唯一确定的,而单位可定义为多种,例如长度,其物理属性为线性几何量,量度单位规定有米、厘米等不同的标准。国际单位制的七个基本单位:米(m)、千克(kg)、秒(s)、开尔文(K)、安培(A)、坎德拉(cd)、摩尔(mol)。

物理量的量纲可以分为基本量纲和诱导量纲:基本量纲是指它们本身是相互独立的,不能相互表示;诱导量纲是指由基本量纲推导出来的量纲。为了应用方便,工程流体力学中一般采用和国际单位制一致的量纲制,M-L-T 基本量纲制,即选取质量 M、长度 L 和时间 T 为基本量纲,其他物理量则为诱导量,可以表示为

$$\dim q = M^{\alpha} L^{\beta} T^{\gamma} \qquad (10-2-1)$$

式(10-2-1)称为量纲公式。量纲系数 α、β、γ 确定物理量 q 的性质,且有

(1) 当 q 为几何量时,如长度 L、面积 A、体积 V 等,$\alpha = 0$、$\beta \neq 0$、$\gamma = 0$;

(2) 当 q 为运动学量时,如速度 v、流量 Q、运动黏性 υ 等,$\alpha = 0$、$\beta \neq 0$、$\gamma \neq 0$;

(3) 当 q 为动力学量时,如质量 m、力 F、密度 ρ、动力黏度 μ 等,$\alpha \neq 0$、$\beta \neq 0$、$\gamma \neq 0$。

例如:速度 $v_y = \dfrac{\mathrm{d}l}{\mathrm{d}t}$,则 $\dim v_y = LT^{-1}$

密度 $\rho = \dfrac{\mathrm{d}m}{\mathrm{d}V}$,则 $\dim \rho = ML^{-3}$

力 $F = ma$,则 $\dim F = MLT^{-2}$

当式(10-2-1)中的系数 $\alpha=0$、$\beta=0$、$\gamma=0$ 时,$\dim q=1$,就称该物理量是无量纲量或纯数。无量纲量可以是由两个相同量纲相比后得出的,如线应变 $\varepsilon = \dfrac{\Delta l}{l}$,$\dim \varepsilon = \dfrac{L}{L} = 1$;也可以是几个物理量综合比较后的结果,如雷诺数 $Re = \dfrac{v_y d}{\nu}$,$\dim Re = \dfrac{(LT^{-1})L}{L^2 T^{-1}} = 1$。

2. 量纲和谐原理

在工程流体中,相互有关系的物理量能组成物理方程,不论其在形式上的变化如何,凡能正确反映客观规律的物理方程,各项的量纲必须一致,这就是量纲一致性原则,称为量纲和谐原理。量纲和谐原理是进行量纲分析的基础。例如恒定总流的伯努利方程

$$z_1 + \frac{p_1}{\rho g} + \frac{a_1 v_1^2}{2g} = z_2 + \frac{p_2}{\rho g} + \frac{a_2 v_2^2}{2g} + h_w \qquad (10-2-2)$$

上式中的各项量纲都是长度量纲 L,因此该式符合量纲和谐原理。如果上式各项都同乘 ρg,各项的量纲都变为 $ML^{-1}T^{-2}$。故无论物理方程形式如何变化,各项的量纲都是一致的。因此我们在推导一个新的物理关系式后,首先要对各项的量纲进行检验,看其是否符合量纲和谐原理;如不符合量纲和谐原理,就要检查一下该关系式的正确性,因为该式极可能在推导过程中发生了错误。下节我们将讨论量纲的主要分析方法。

10.2.2　瑞利法

量纲分析法是依据物理方程的量纲一致性找出方程物理量之间的联系,假定一个未知的函数关系,然后运用量纲一致性原理确定物理量间关系的结构形式。量纲分析法可分为两种,一种称瑞利(Rayleigh)法,适用于解决较简单的问题;另一种称 π 定理,是一种具有普遍性的方法。两种方法都是以量纲和谐原理作为基础的,本小节首先介绍瑞利法。

瑞利法的基本原理是一个物理过程同几个物理量有关,其中的某一个物理量 y 是其他物理量 $x_1,x_2,\cdots,x_n$ 的一个函数

$$y = f(x_1, x_2, \cdots, x_n) \qquad (10-2-3)$$

物理量 y 可表示为其他物理量 $x_1,x_2,\cdots,x_n$ 的指数乘积

$$y = k x_1^{a_1} x_2^{a_2} x_3^{a_3} \cdots x_n^{a_n} \qquad (10-2-4)$$

式中:k—— 无量纲系数。

有物理量 y 的量纲等于其他物理量 $x_1,x_2,\cdots,x_n$ 的量纲的幂乘积

$$\dim y = \dim(x_1^{a_1} x_2^{a_2} \cdots x_n^{a_n}) \qquad (10-2-5)$$

上式中的指数 $a_1,\cdots,a_n$ 根据量纲和谐原理确定后,就可得出表述该物理过程的方程式。

10.2.3　π 定理

π 定理是更为普遍的量纲分析方法,由美国物理学家白金汉(Buckingham)提出,又称为白金汉定理。π 定理的基本原理为:

在某一个物理过程中包含 n 个物理量 $x_1, x_2, \cdots, x_n$,即

$$f(x_1, x_2, \cdots, x_n) = 0 \qquad (10-2-6)$$

其中有 m 个基本量,即量纲相互独立。则该物理过程可以由 $(n-m)$ 个无量纲所表达的关系式来表示。即

$$f(\pi_1, \pi_2, \cdots \pi_{n-m}) = 0 \qquad (10-2-7)$$

式中的无量纲项常用 π_i 表示,故称为 π 定理。

下面简要介绍 π 定理的应用步骤:

(1)首先确定物理过程中包含的物理量 $x_1, x_2, \cdots, x_n$,从中选取 m 个基本的物理量,一般可从几何学量、运动学量和动力学量中各取一个作为基本物理量,如选长度(x_1)、速度(x_2)和密度(x_3)。可表示为

$$f(x_1, x_2, \cdots, x_n) = 0$$

和

$$\begin{cases} \dim x_1 = M^{\alpha_1} L^{\beta_1} T^{\gamma_1} \\ \dim x_2 = M^{\alpha_2} L^{\beta_2} T^{\gamma_2} \\ \dim x_3 = M^{\alpha_3} L^{\beta_3} T^{\gamma_3} \end{cases}$$

满足基本量量纲独立的条件是量纲式中的指数行列式不等于零,即

$$\begin{vmatrix} \alpha_1 & \beta_1 & \gamma_1 \\ \alpha_2 & \beta_2 & \gamma_2 \\ \alpha_3 & \beta_3 & \gamma_3 \end{vmatrix} \neq 0 \qquad (10-2-8)$$

(2)其余物理量依次用基本量表示出来,得

$$\pi_1 = \frac{x_4}{x_1^{\alpha_1} x_2^{\beta_1} x_3^{\gamma_1}}$$

$$\pi_2 = \frac{x_5}{x_1^{\alpha_2} x_2^{\beta_2} x_3^{\gamma_2}}$$

$$\cdots\cdots$$

$$\pi_{n-3} = \frac{x_n}{x_1^{\alpha_{n-3}} x_2^{\beta_{n-3}} x_3^{\gamma_{n-3}}}$$

从中定出各项基本量的指数 α、β、γ。整理方程即可得出所求的物理方程式。

【**例题 10-1**】　判别流动状态的关键指标为临界速度,根据实验得知 v_{cr} 与 d,ρ,μ 有关,即 $v_{cr}=f(d,\rho,\mu)$,试推导相应的表达式。

【**解**】　由上述因次和谐原理

$$v_{cr}=kd^{x_1}\rho^{x_2}\mu^{x_3}$$

则,按因次关系

$$[LT^{-1}]=[L]^{x_1}[ML^{-3}]^{x_2}[ML^{-1}T^{-1}]^{x_3}$$

两端因次必相等,得

$$x_1=-1,x_2=-1,x_3=1$$

$$v_{cr}=kd^{-1}\rho^{-1}\mu \quad 即 \quad v_{cr}=k\frac{\mu}{\rho d}$$

整理后,$k=\dfrac{\rho v_{cr}d}{\mu}=Re$,这就是雷诺数表达式。

【**例题 10-2**】　沿管道单位长度的压降 Δp 与液体的密度 ρ、黏度 μ、流速 v、半径 r 有关,试用 π 定理给出它们的关系式。

【**解**】　根据题意有 $\qquad \dfrac{\Delta p}{l}=f(v,r,\rho,\mu)$

用 π 定理,得

$$\frac{\dfrac{\Delta p}{l}}{v^a r^b \rho^c}=f(1,1,1,\frac{\mu}{v^{a_4} r^{b_4} \rho^{c_4}})$$

其中

$$\pi=\frac{\dfrac{\Delta p}{l}}{v^a r^b \rho^c};\pi_4=\frac{\mu}{v^{a_4} r^{b_4} \rho^{c_4}}$$

应用因次和谐原理,得

$$\pi=\frac{\dfrac{\Delta p}{l}}{v^2 r^{-1} \rho};\pi_4=\frac{\mu}{v r \rho}$$

于是,得

$$\frac{\Delta p}{v^2 \dfrac{l}{r}\rho}=f(\frac{\mu}{v r \rho})=f(\frac{1}{Re})=\lambda$$

整理后,得

$$\frac{\Delta p}{l}=\lambda\rho\frac{l}{r}v^2$$

式中: λ —— 管道阻力系数;

Re —— 雷诺数, $Re = \dfrac{vr\rho}{\mu}$。

10.3　模型律

模型律是根据相似原理来建立的,即通过制成和原型尺寸相似的模型进行实验研究。由于相似准则一般很难同时满足,因此只能放弃某些相似准则来建立模拟实验,抓住实验中的主要矛盾,忽略次要矛盾,称为近似模拟实验。下面介绍工程中常用的三种模型律。

10.3.1　雷诺模型律

黏性力起主要作用的管道流动,如管中涉及压流动、潜体绕流、液压技术等方面,应按雷诺准则来设计模型实验。原型和模型流动雷诺数相等这个相似条件,称为雷诺模型律。雷诺相似准则为

$$\frac{vl}{\nu} = \frac{v'l'}{\nu'} \tag{10-3-1}$$

若模型和原型用同一种液体,则雷诺相似准则可写成 $vl = v'l'$,得 $\lambda_l = \dfrac{1}{\lambda_v}$,表明长度比例尺是速度比例尺的倒数。按照雷诺数相等来调整两流场的速度比例和长度比例,就称其是按雷诺模型律进行设计的。按雷诺模型律设计的各物理量的比例常数见表 10-1 的"黏性力相似雷诺模型律" 栏中。

表 10-1　力学相似及模型律的比例常数

模型法	力学相似	重力相似 弗诺德模型律	黏性力相似 雷诺模型律	压力相似 欧拉模型律
相似准则	$Fr = Fr'$ $Eu = Eu'$ $Re = Re'$	$\dfrac{v}{\sqrt{gl}} = \dfrac{v'}{\sqrt{gl'}}$	$\dfrac{vl}{\nu} = \dfrac{v'l'}{\nu'}$	$\dfrac{p}{\rho v} = \dfrac{p'}{\rho'v'}$
比例常数的约束关系	λ_l、λ_v、λ_ρ 各自独立	$\lambda_v = \lambda_l^{1/2}$	$\lambda_v = \lambda_\nu/\lambda_l$	$\lambda_p = \lambda_\rho\lambda_v^2$
长度比例常数 λ_l	基本比例常数	基本比例常数	基本比例常数	
面积比例常数 λ_A	λ_l^2	λ_l^2	λ_l^2	
体积比例常数 λ_V	λ_l^3	λ_l^3	λ_l^3	
速度比例常数 λ_v	基本比例常数	$\lambda_l^{1/2}$	λ_v/λ_l	
时间比例常数 λ_t	λ_l/λ_v	$\lambda_l^{1/2}$	λ_l^2/λ_v	与"力学相似" 栏相同
加速度比例常数 λ_a	λ_v^2/λ_l	1	λ_v^2/λ_l^3	
流量比例常数 λ_Q	$\lambda_l^2\lambda_v$	$\lambda_l^{5/2}$	$\lambda_l\lambda_v$	
运动黏度系数比例常数 λ_ν	$\lambda_l\lambda_v$	$\lambda_l^{3/2}$	基本比例常数	
角速度比例常数 λ_ω	λ_v/λ_l	$\lambda_l^{-1/2}$	λ_v/λ_l^2	

（续表）

模型法	力学相似	重力相似 弗诺德模型律	黏性力相似 雷诺模型律	压力相似 欧拉模型律
密度比例常数 λ_ρ	基本比例常数	基本比例常数	基本比例常数	
质量比例常数 λ_m	$\lambda_\rho \lambda_l^3$	$\lambda_\rho \lambda_l^3$	$\lambda_\rho \lambda_l^3$	
力的比例常数 λ_F	$\lambda_\rho \lambda_l^2 \lambda_v^2$	$\lambda_\rho \lambda_l^3$	$\lambda_\rho \lambda_v^2$	
力矩比例常数 λ_M	$\lambda_\rho \lambda_l^3 \lambda_v^2$	$\lambda_\rho \lambda_l^4$	$\lambda_\rho \lambda_l \lambda_v^2$	
功、能比例常数 λ_E	$\lambda_\rho \lambda_l^3 \lambda_v^2$	$\lambda_\rho \lambda_l^4$	$\lambda_\rho \lambda_l \lambda_v^2$	与"力学相似"栏相同
压强（应力）比例常数 λ_P	$\lambda_\rho \lambda_v^2$	$\lambda_\rho \lambda_l$	$\lambda_\rho \lambda_v^2 / \lambda_l^2$	
动力黏度系数比例常数 λ_μ	$\lambda_\rho \lambda_l \lambda_v$	$\lambda_\rho \lambda_l^{3/2}$	$\lambda_\rho \lambda_v$	
功率比例常数 λ_N	$\lambda_\rho \lambda_l^2 \lambda_v^3$	$\lambda_\rho \lambda_l^{7/2}$	$\lambda_\rho \lambda_v^3 / \lambda_l$	
无量纲系数比例常数 λ_C	1	1	1	
适用范围	原理论证，自模区的管流等	水工结构，明渠水流，波浪阻力，闸孔出流等	管中流动，液压技术，孔口出流，水力机械等	自动模型区的管流，风洞实验，气体绕流等

例如管中的有压流动为流体在压差作用下克服管道摩擦而产生的流动，此时黏性力决定了压差的大小，决定着管中的流动性质，而重力在此时显得无足轻重，因此应采用雷诺模型律进行实验设计。

10.3.2　弗劳德模型律

原型与模型流动弗劳德数相等这个相似条件，称为弗诺德模型律。在重力处于主要地位的流动中，应按弗劳德准则设计模拟实验。其在水利工程中应用非常广泛，如堰顶溢流、闸孔出流、明渠水流等。弗劳德准则为

$$\frac{v^2}{gl} = \frac{v'^2}{gl'} \tag{10-3-2}$$

一般的模型与原型的重力加速度 g 一样，则

$$\frac{v^2}{l} = \frac{v'^2}{l'} \tag{10-3-3}$$

又得 $\lambda_l = \lambda_v^2$，表明长度比例尺与速度比例尺成平方正比关系。

10.3.3　欧拉模型律

原型与模型流动欧拉数相等这个相似条件，称为欧拉模型律。当雷诺数 Re 超过一定数值后，黏性力将不随 Re 变化，此时流动阻力的大小与 Re 无关，Re 升高将不再影响流动现象，即黏性力的作用效果不再变化。这个流动范围称为自动模型区。若模型和原型都处在

自动模型区，雷诺准则失去判别相似的作用，只要几何相似就能自动实现黏性力相似。在自动模型区的管中流动，或者气体流动，其重力的影响也可忽略，所以只要考虑表征压力和惯性力之比的欧拉准则即可。由欧拉相似准则得

$$\frac{p}{\rho v^2} = \frac{p'}{\rho' v'^2} \text{ 或 } \lambda_p = \lambda_\rho \lambda_v^2 \tag{10-3-4}$$

上式表明在设计欧拉模拟实验时，需要选取密度和速度比例尺，此外，几何相似就要求选取长度比例尺一致。即几何相似、动力相似和运动相似的三个基本比例尺都要选取。欧拉模拟实验主要应用在自动模型区的管中流动、风洞实验以及气体绕流等。

【例题 10-3】　某车间长 30m，宽 15m，高 10m，用直径为 0.6m 的风口送风，风口风速为 8m/s。采用模型实验研究车间内送风流动，如果长度比例常数取 5，试确定模型的尺寸及出口风速。（阻力平方区的临界雷诺数为 5×10^4）

【解】　这属于气体射流问题，此时重力与浮力相平衡，不显示作用，应考虑黏性力与惯性力作用，按雷诺模型律设计。

（1）模型尺寸

由于 $\lambda_l = 5$，因此模型长为 30/5=6(m)，模型宽为 15/5=3(m)，模型高为 10/5=2(m)，风口直径为 0.6/5=0.12(m)。

（2）模型出口风速

用空气的动力黏度 $\nu = 0.0000157 \text{m}^2/\text{s}$ 可算得原型 Re 为

$$Re = \frac{0.6 \times 8}{0.0000157} = 3.06 \times 10^7$$

气流处于阻力平方区，因此不需再受模型律限制，只需使模型的雷诺数也大到使其进入阻力平方区。阻力平方区的最低雷诺数 $Re = 5 \times 10^4$，与此相应的模型气流出口流速 v' 为

$$\frac{v' \times 0.12}{0.0000157} = 50000$$

$$v' = 6.5 \text{m/s}$$

流速比例常数为

$$\lambda_v = \frac{8}{6.5} = 1.23$$

假定模型空间内所测得的流速为 4m/s，则原型相应点的流速为

$$v = v' \times \lambda_v = 4 \times 1.23 = 4.92 (\text{m/s})$$

上题中假设原型的雷诺数没有大到能使其进入阻力平方区，则按雷诺模型律设计速度比例常数为

$$\lambda_v = \frac{1}{\lambda_l} = \frac{1}{5}$$

则

$$v' = 5v = 5 \times 8 = 40 (\text{m/s})$$

【**例题 10-4**】　如图 10-1 所示的弧形闸门下的水流,已知水深 $H = 4\text{m}$。

（1）试求 $\lambda_p = 1, \lambda_l = 10$ 的模型上的水深 H'。

（2）在模型上测得流量 $Q' = 155\text{L/s}$,收缩断面的速度 $v' = 1.3\text{m/s}$,作用在闸门上的力 $F' = 50\text{N}$,力矩 $M' = 100\text{N·m}$。试求实型流动上的流量 Q、收缩断面上的流速 v、作用在闸门上的力 F 和力矩 M。

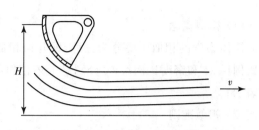

图 10-1　弧形闸门的水流

【**解**】　闸门下的水流是在重力作用下流动的,所以应采用弗劳德模型律进行设计。

（1）由 $\lambda_l = 10$,可得

$$H' = \frac{H}{\lambda_l} = \frac{4}{10} = 0.4 (\text{m})$$

（2）$\lambda_Q = \lambda_l^2 \lambda_v$,由弗劳德模型律可知

$$\lambda_v = \lambda_l^{1/2} = \sqrt{10}$$

所以 $\lambda_Q = \lambda_l^{5/2} = 10^{5/2}$

实型上的流量

$$Q = \lambda_Q Q' = 10^{5/2} \times 0.155 = 49 (\text{m}^3/\text{s})$$

实型收缩断面的速度

$$v = \lambda_v v' = \sqrt{10} \times 1.3 = 4.11 (\text{m/s})$$

对于实型闸门上的力,因为

$$\lambda_F = \lambda_p \lambda_l^2 \lambda_v^2 = \lambda_p \lambda_l^3 = 1 \times 10^3 = 1000$$

所以

$$F = \lambda_F F' = 1000 \times 50 = 5 \times 10^4 (\text{N})$$

对实型间门上的力矩,因为

$$\lambda_M = \lambda_p \lambda_l^3 \lambda_v^2 = \lambda_p \lambda_l^4 = 1 \times 10^4 = 10^4$$

所以

$$M = \lambda_M M' = 10^4 \times 75 = 7.5 \times 10^5 (\text{N·m})$$

本 章 小 结

（1）相似概念

流体力学的相似主要分为三种，即几何相似、运动相似和动力相似。长度比例尺 λ_l、速度比例尺 λ_v 和密度比例尺 λ_ρ 分别是上述相似的基本比例尺。其他比例尺都可由基本比例尺表示。

（2）相似准则

有了模型和原型间的几何相似比例关系后，我们还要有能够保证两者间相似的条件或准则，称之为相似准则。主要包括：

① 弗劳德准则

$Fr = \dfrac{v}{\sqrt{gl}}$ 称为弗劳德数（Froude number），表征惯性力与重力之比。

② 雷诺准则

$Re = \dfrac{vl}{\nu}$，这就是我们前面介绍过的雷诺数（Reynolds number），代表惯性力与黏性力之比。

③ 欧拉准则

$Eu = \dfrac{p}{\rho v^2}$ 就称为欧拉数（Euler number），表征压力与惯性力之比。

弗劳德数、雷诺数、欧拉数称为基本相似准则数，只要模型和原型的对应相似准则数相等，这两个流动体就呈力学相似。

（3）量纲的基本概念

物理量都是由两个因素构成的，一个表示物理属性，称之为量纲或因次；另一个因素是这个物理量的量度标准，就是我们通常所称的单位。其中物理量的量纲又可分为基本量纲和诱导量纲。通常选取质量 M、长度 L 和时间 T，即 $M-L-T$ 为基本量纲制。可表示为

$$\dim q = M^\alpha L^\beta T^\gamma$$

上式称为量纲公式。量纲系数 α、β、γ 确定物理量 q 的性质。

量纲和谐原理可表述为，凡能正确反映客观规律的物理方程，各项的量纲必须是一致的，这就是量纲一致性原则。量纲和谐原理是进行量纲分析的基础。

（4）量纲分析法

量纲分析法可分为两种，一种称瑞利（Rayleigh）法；另一种称 π 定理。

① 瑞利法

物理量 y 可表示为其他物理量 $x_1, x_2, \cdots, x_n$ 的指数乘积

$$y = k x_1^{a_1} x_2^{a_2} x_3^{a_3} \cdots x_n^{a_n}$$

式中：k 为无量纲系数，$a_1, \cdots, a_n$ 可由量纲和谐原理确定。

② π 定理

π 定理是更为普遍的量纲分析方法,在某一个物理过程中包含 n 个物理量 $x_1, x_2, \cdots,$ x_n,即

$$f(x_1, x_2, \cdots, x_n) = 0$$

其中有 m 个是基本量,即量纲相互独立,则该物理过程可以由 $(n-m)$ 个无量纲所表达的关系式来表示,即

$$f(\pi_1, \pi_2, \cdots, \pi_{n-m}) = 0$$

式中:无量纲项常用 π_i 表示,故称为 π 定理。

根据数学知识,从上面两式就可以求出各项基本量的指数,从而得出所要的物理方程。

(5) 模型律

模型律是根据相似原理来建立的,即通过制作和原型相似的尺寸模型进行实验研究。常用的模型律有:

① 雷诺模型律;

② 弗劳德模型律;

③ 欧拉模型律。

思考与练习

10 - 1　π 定理主要解决了什么问题?

10 - 2　相似理论有什么意义? 有哪些相似准则?

10 - 3　为什么组成无量纲量的物理量的指数只能是有理数?

10 - 4　为什么当有量纲量函数式表达为无量纲量函数式时,变量数会减少? 减少了几个?

10 - 5　为什么有量纲量函数式一定能表达为无量纲量函数式? 如何把微分方程转变为无量纲量函数式?

10 - 6　试将下列各组物理量组合成无量纲量:

(1) τ_0、v_y、ρ;　　(2) Δp、v_y、ρ、g;　　(3) Δp、v_y、ρ、g;

(4) v_y、l、ρ、σ;　　(5) v_y、l、t;　　(6) ρ、v_y、μ、l

10 - 7　如果一个球通过流体时运动阻力是流体的密度 ρ、黏度 μ、球的半径 r 及速度 v 的函数,试用量纲分析法证明阻力 R 可用下式表示,即

$$R = \frac{\mu^2}{\rho} F\left(\frac{\rho v r}{\mu}\right)$$

10 - 8　假设流量 q 与管径 D、喉道直径 d、流体密度 ρ、压强差 Δp 及流体的动力黏度系数 μ 有关,试用 π 定理分析文丘里管的流量表达式。

10 - 9　若模型流动与原型流动同时满足 Re 相似率和 Fr 相似率,试确定两种流动介质运动黏性系数的关系。

10 - 10　当水温为 30℃,平均速度为 1.5m/s 时,直径为 0.3m 的水平管线某段的压强降为

68.95kN/m²。如果用比例为 6 的模型管线，以空气为工作流体，当平均流速为 30m/s 时，要求在相应段产生 55.2kN/m² 的压强降。请计算力学相似所要求的空气压强，设空气温度为 20℃。

10-11　液体在水平圆管中做恒定流动，管道截面沿程不变，管径为 D，由于阻力作用，压强将沿流程下降，通过观察，已知两个相距为 l 的断面间的压强差 Δp 与断面平均流速 V、流体密度 ρ、动力黏性系数 μ 以及管壁表面的平均粗糙度 δ 等因素有关。假设管道很长，管道进出口的影响不计，试用 π 定理求 Δp 的一般表达式。

10-12　通过汽轮机叶片的气流会产生噪声，假设产生噪声的功率为 P，它与旋转速度 ω、叶轮直径 D、空气密度 ρ、声速 c 有关，试证明汽轮机噪声功率满足 $P = \rho \omega^2 D^5 f(\omega D/c)$。

10-13　水流围绕一桥墩流动时，将产生绕流阻力 F_D，该阻力和桥墩的宽度 b（或柱墩直径 D）、水流速度 V、水的密度 ρ、动力黏性系数 μ 及重力加速度 g 有关。试用 π 定理推导绕流阻力表示式。

第 11 章　　计算流体力学入门

本章学习目的和任务

（1）了解计算流体力学发展历程以及常用的计算流体力学模拟软件。

（2）理解描述流动问题的控制方程，理解计算流体力学中初始条件和边界条件的概念。

（3）了解数值离散的概念，理解几种经典的数值离散方法。

（4）了解空间离散理论，理解空间离散过程中的网格划分方法。

（5）通过熟悉典型的计算流体力学软件，掌握计算流体力学模拟的主要流程、典型方法。

（6）熟悉、理解典型的数值模拟结果的分析方法，为后续工程问题的分析奠定基础。

本章重点

计算流体力学的原理，数值离散方法，计算流体力学模拟、分析的主要流程。

本章难点

数值离散方法，数值模拟结果分析。

计算流体力学采用数值方法直接求解描述流体运动基本规律的非线性数学方程组，通过数值模拟方法研究流体运动的规律。计算流体力学采用的数值模拟方法是除流体力学理论分析、实验研究方法外的第三种研究方法，它的兴起促进了实验研究和理论分析方法的发展。计算流体力学能够给出较完整的定量结果，并能将实验研究和理论分析方法联系起来，为简化流动模型的建立提供了更多的依据。在工程设计中，通过计算流体力学进行设计参数的评估与优化，可显著减少试验次数，进而降低研究成本。计算流体力学是当前流体力学领域的热门学科，本章将对计算流体力学的相关内容进行介绍。

11.1　计算流体力学发展简介

计算流体力学的发展与计算机技术的发展直接相关，这是因为采用数值方法模拟物理问题的复杂程度，解决问题的广度、深度和所能给出数值解的精度都与计算机的速度、内存和显卡（如图像输出的能力）等直接相关。D. R. Chapman 将计算流体力学的发展进程分为四个阶段：（1）求解线性无黏流方程，如小扰动位势流方程；（2）求解非线性无黏流方程，如 Euler 方程；（3）求解黏性流动的 N-S 方程，对于其中的湍流问题采用雷诺平均方程；（4）求解非定常全湍流的 N-S 方程,对湍流的模拟采用大涡模拟或直接数值模拟方法。这就是按求解的数学方程逐步逼近非定常全 N-S 方程的过程。

随着计算流体力学算法的发展、计算机性能的提升,计算流体力学所求解问题的深度和广度不断发展。它不但可以用于研究一些物理问题的机理,解决实际流动中的各种问题,而且可用于发现新的物理现象。例如,人们通过在槽道湍流的直接数值模拟中发现了倒马蹄涡,并经实验研究证实。近年来人们采用直接数值模拟和大涡模拟的方法在湍流方面取得了众多研究成果。将数值模拟方法与实验研究相结合是突破流体力学湍流难题的重要途径。

实际工程需求是促进计算流体力学发展的重要助力。从 20 世纪 40 年代开始,随着喷气式飞机、超声速导弹的出现,人类在气体动力学中提出了很多需要解决的问题。例如,飞行器以高超声速飞行时,为了防热,需以钝头为前缘形状,故高超声速钝体绕流成为 20 世纪 50 年代末 60 年代初的重要气体动力学问题,该问题难以用线性理论解决。在该背景下,通过计算流体力学数值方法求解 Euler 方程和 N-S 方程,该问题得以解决。当前,采用合适的网格生成技术和有效的计算方法,通过求解三维 Euler 方程和三维 N-S 方程,可以进行包括飞行器超声速无黏、黏性流动在内的众多流动参数的求解。

计算流体力学模拟需要相应的程序代码。早期的程序代码主要用于科学研究和特定工程问题设计。随着计算流体力学的蓬勃发展,计算流体力学的模拟代码变得软件化和商业化。计算流体力学商业软件通过对不同类程序代码进行整合、封装和用户界面开发,使得不同的用户能够较快地掌握流动问题的数值模拟技能,进而进行科学研究或工程设计研究。自从 1981 年英国 CHAM 公司首先推出求解流动与传热问题的商业软件 PHOENICS 以来,在国际软件产业中迅速形成了通称为 CFD 软件的产业市场。目前国际上比较著名的几个大型商业软件包括 ANSYS Workbench 旗下的 Fluent、CFX 软件,PHOENICS 软件,STAR-CD 软件等。此外,近年来,开源计算流体力学软件如 Open-FOAM、风雷软件(PHengLEI)在科研机构和工程部门正得到广泛应用并得到迅速发展。

11.2　描述流动的控制方程

流动现象大量地出现在自然界和工程领域中。虽然流动现象千变万化,但流动过程都受到三个基本物理规律的支配,即质量守恒定律、动量守恒定律及能量守恒定律。这些守恒定律的数学表达式——偏微分方程通常被称为控制方程,而使一个过程区别于另一个过程的单值性条件通常被称为初始条件及边界条件。本节简要介绍描述流动的控制方程以及初始条件和边界条件等概念。

11.2.1　描述流动问题的控制方程

设在如图 11-1 所示的三维直角坐标系中有一流动过程,流体的速度矢量 u 在三个坐标上的分量分别为 u_x、u_y、u_z,压力为 p,流体密度为 ρ。这里,为一般化起见,u_x、u_y、u_z、p 及 ρ 都是空间坐标及时间的函数。对图中所示的微元体积 $\mathrm{d}x\mathrm{d}y\mathrm{d}z$,应用质量守恒定律、动量守恒定律及能量守恒定律,可得出三个守恒定律的数学表达式。实际问题中控制方程分为守恒型与非守恒型,这里介绍守恒型的控制方程。

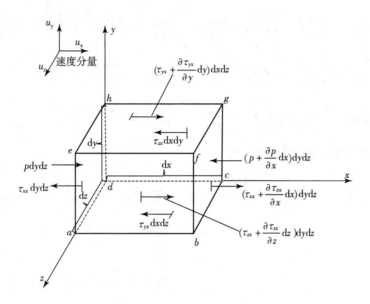

图 11-1　三维流动示意图

其中连续性方程为

$$\frac{\partial \rho}{\partial t} + \frac{\partial (\rho u_x)}{\partial x} + \frac{\partial (\rho u_y)}{\partial y} + \frac{\partial (\rho u_z)}{\partial z} = 0 \qquad (11-2-1)$$

第 2,3,4 项是单位时间内通过单位面积的流体质量的散度。带入汉密尔顿算子,$\nabla = \frac{\partial}{\partial x}\boldsymbol{i} + \frac{\partial}{\partial y}\boldsymbol{j} + \frac{\partial}{\partial z}\boldsymbol{k}$,式(11-2-1)可简化为

$$\frac{\partial \rho}{\partial t} + \nabla \cdot (\rho \boldsymbol{U}) = 0 \qquad (11-2-2)$$

动量方程从本质上是描述黏性流体动力学的 N-S 方程,对图 11-1 所示的微元体,分别在三个坐标方向上应用牛顿第二定律($F = ma$),通过公式推导,可得 3 个速度分量的动量方程如下:

x 方向

$$\frac{\partial (\rho u_x)}{\partial t} + \nabla \cdot (\rho u_x \boldsymbol{U}) = -\frac{\partial p}{\partial x} + \frac{\partial \tau_{xx}}{\partial x} + \frac{\partial \tau_{yx}}{\partial y} + \frac{\partial \tau_{zx}}{\partial z} + \rho f_x \qquad (11-2-3)$$

y 方向

$$\frac{\partial (\rho u_y)}{\partial t} + \nabla \cdot (\rho u_y \boldsymbol{U}) = -\frac{\partial p}{\partial y} + \frac{\partial \tau_{xy}}{\partial x} + \frac{\partial \tau_{yy}}{\partial y} + \frac{\partial \tau_{zy}}{\partial z} + \rho f_y \qquad (11-2-4)$$

z 方向

$$\frac{\partial (\rho u_z)}{\partial t} + \nabla \cdot (\rho u_z \boldsymbol{U}) = -\frac{\partial p}{\partial z} + \frac{\partial \tau_{xz}}{\partial x} + \frac{\partial \tau_{yz}}{\partial y} + \frac{\partial \tau_{zz}}{\partial z} + \rho f_z \qquad (11-2-5)$$

对于不可压缩流动,引入本书 4.2 节中牛顿切应力公式及 Stokes 表达式,公式(11-2-3)～式(11-2-5)可转变为

$$
\begin{cases}
f_x - \dfrac{1}{\rho}\dfrac{\partial p}{\partial x} + \nu\,\mathbf{\nabla}^2 u_x = \dfrac{\mathrm{d}u_x}{\mathrm{d}t} = u_x\dfrac{\partial u_x}{\partial x} + u_y\dfrac{\partial u_x}{\partial y} + u_z\dfrac{\partial u_x}{\partial z} + \dfrac{\partial u_x}{\partial t} \\[2mm]
f_y - \dfrac{1}{\rho}\dfrac{\partial p}{\partial y} + \nu\,\mathbf{\nabla}^2 u_y = \dfrac{\mathrm{d}u_y}{\mathrm{d}t} = u_x\dfrac{\partial u_y}{\partial x} + u_y\dfrac{\partial u_y}{\partial y} + u_z\dfrac{\partial u_y}{\partial z} + \dfrac{\partial u_y}{\partial t} \\[2mm]
f_z - \dfrac{1}{\rho}\dfrac{\partial p}{\partial z} + \nu\,\mathbf{\nabla}^2 u_z = \dfrac{\mathrm{d}u_z}{\mathrm{d}t} = u_x\dfrac{\partial u_z}{\partial x} + u_y\dfrac{\partial u_z}{\partial y} + u_z\dfrac{\partial u_z}{\partial z} + \dfrac{\partial u_z}{\partial t}
\end{cases} \quad (11-2-6)
$$

对于流动的能量方程,对应形式为

$$
\begin{aligned}
\frac{\partial}{\partial t}\left[\rho\left(e+\frac{U^2}{2}\right)\right] + \mathbf{\nabla}\cdot\left[\rho\left(e+\frac{U^2}{2}\right)\mathbf{U}\right] = {}& \rho\dot{q} + \frac{\partial}{\partial x}\left(k\frac{\partial T}{\partial x}\right) + \frac{\partial}{\partial y}\left(k\frac{\partial T}{\partial y}\right) + \frac{\partial}{\partial z}\left(k\frac{\partial T}{\partial z}\right) \\
& - \frac{\partial(u_x p)}{\partial x} - \frac{\partial(u_y p)}{\partial y} - \frac{\partial(u_z p)}{\partial z} \\
& + \frac{\partial(u_x\tau_{xx})}{\partial x} + \frac{\partial(u_x\tau_{yx})}{\partial y} + \frac{\partial(u_x\tau_{zx})}{\partial z} \\
& + \frac{\partial(u_y\tau_{xy})}{\partial x} + \frac{\partial(u_y\tau_{yy})}{\partial y} + \frac{\partial(u_y\tau_{zy})}{\partial z} \\
& + \frac{\partial(u_z\tau_{xz})}{\partial x} + \frac{\partial(u_z\tau_{yz})}{\partial y} + \frac{\partial(u_z\tau_{zz})}{\partial z} + \rho\boldsymbol{f}\cdot\boldsymbol{U}
\end{aligned}
$$

$$(11-2-7)$$

式中:e—— 流体对应的内能;

T—— 流场温度;

k—— 热传导系数;

f—— 流体承受的外部的质量力。

对于上述流体控制方程,为了实际计算模拟的方便,通过变形和推导,可总结为以下通用形式,即

$$
\frac{\partial(\rho\varphi)}{\partial t} + \mathrm{div}(\rho\boldsymbol{U}\varphi) = \mathrm{div}(\Gamma_\varphi\,\mathrm{grad}\varphi) + S_\varphi \qquad (11-2-8)
$$

式中:φ—— 通用变量,可以代表 u_x、u_y、u_z、T 等求解变量;

Γ_φ—— 广义扩散系数;

S_φ—— 广义源项。这里引入"广义"二字,表示处在 Γ_φ 与 S_φ 位置上的项不必是原来物理意义上的量,而是数值计算模型方程中的一种定义,不同求解变量之间的区别除了边界条件与初始条件外,就在于 Γ_φ 与 S_φ 的表达式的不同。例如式(11-2-8)若表示质量守恒方程,只要令 $\varphi=1$,$S_\varphi=0$ 即可。这种方程的通用形式在 11.5 节中还将有相应的介绍。

11.2.2　初始条件和边界条件

上面所讨论的控制方程适用于所有牛顿流体的流动过程,在实际不同过程之间的区别是由初始条件及边界条件(统称为单值性条件)来规定的。控制方程及相应的初始与边界条件的组合构成了对一个物理过程完整的数学描述。其中初始条件是所研究现象在过程开始时刻的各个求解变量的空间分布,必须予以给定,对于稳态问题不需要初始条件。边界条件是在求解区域的边界上(包括流场中固壁、进出口等物理边界以及计算边界等)所求解的变量或其一阶导数随地点及时间的变化规律。

例如,在所研究区域的物理边界上,一般速度的边界条件设置方法如下:

在固体边界上对速度取无滑移边界条件,即在固体边界上流体的速度等于固体表面的速度,当固体表面静止时,有:$u_x = u_y = u_z = 0$。

对于其他物理量,如温度,也需要根据实际流动规律给出相应的边界条件。

此外,在实际的物理边界层外,还包括计算边界。计算边界是对流动问题进行数值计算时,因为计算需要而划定的但并不实际存在的边界。例如,假定流动是对称的,在实际流动中可以选择一半的流场区域进行数值模拟,通常采用对称边界处理类似问题。下面就以实际问题来讲解相应的控制方程和边界条件设置。

【例题 11-1】　图 11-2 所体现的是一个二维突然扩大截面的层流换热问题,不考虑流体的压缩性,请列出 CFD 计算该问题的控制方程和边界条件设置。

【解】　在分析实际问题时,按照对称流动假设,可沿对称面选择一半计算区域进行分析。对于图 11-2(b)中二维流动,其控制方程包括:

质量守恒方程　　$\dfrac{\partial u_x}{\partial x} + \dfrac{\partial u_y}{\partial y} = 0$

动量守恒方程

$$x\ 方向　　\frac{\partial(u_x u_x)}{\partial x} + \frac{\partial(u_y u_x)}{\partial y} = -\frac{1}{\rho}\frac{\partial p}{\partial x} + \nu\left(\frac{\partial^2 u_x}{\partial x^2} + \frac{\partial^2 u_x}{\partial y^2}\right)$$

$$y\ 方向　　\frac{\partial(u_y u_x)}{\partial x} + \frac{\partial(u_y u_y)}{\partial y} = -\frac{1}{\rho}\frac{\partial p}{\partial y} + \nu\left(\frac{\partial^2 u_y}{\partial x^2} + \frac{\partial^2 u_y}{\partial y^2}\right)$$

能量守恒方程　　$\dfrac{\partial(u_x T)}{\partial x} + \dfrac{\partial(u_y T)}{\partial y} = a\left(\dfrac{\partial^2 T}{\partial x^2} + \dfrac{\partial^2 T}{\partial y^2}\right)$

对应的初始和边界条件为:

进口截面 $\overline{de}$:u_x、u_y 及 T 随 y 的分布给定;

固体壁面 $\overline{eab}$:$u_x = u_y = 0$,$T = T_w$;

中心线 $\overline{cd}$:$\dfrac{\partial u_x}{\partial y} = 0$,$\dfrac{\partial T}{\partial y} = 0$,$u_y = 0$;

出口边界 $\overline{bc}$:通常需要从数学的角度给出 u_x、u_y 及 T 随 y 的分布,但在实际计算时,通常有相应的计算处理方法,感兴趣的读者可查阅与边界处理相关的文献。

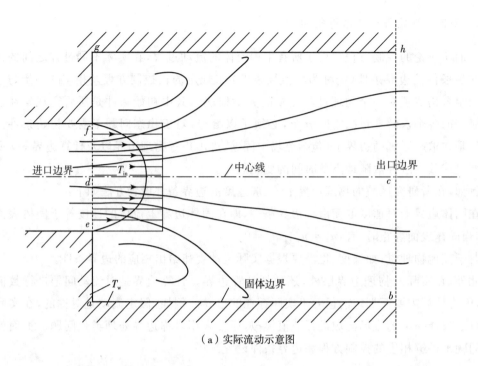

（a）实际流动示意图

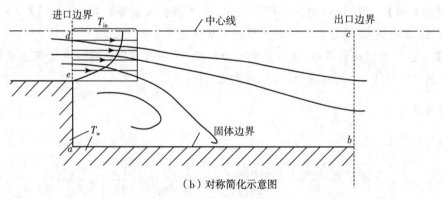

（b）对称简化示意图

图 11 - 2   实际流动以及流动简化分析示意图

11.3   数值离散方法

在计算流体力学中，研究流体运动规律的手段是采用数值离散方法，求解描述流体运动基本规律的数学方程，以数值模拟的结果为依据研究流体运动的物理特征。数值离散方法是计算流体力学的基础。本节介绍目前应用广泛的离散方法：有限差分法和有限体积法。

11.3.1   有限差分法

有限差分法是历史上最早被采用的数值方法，对于简单几何形状中的流动问题也是一种最容易实施的数值方法。其基本思想是:将求解区域用与坐标轴平行的一系列网格线的交点所组成的点的集合来代替,在每个节点上,将控制方程中每一个导数用相应的差分表达式来代替,从而在每个节点上形成一个代数方程,每个方程中包括了本节点及其附近一些节点上的未知值,求解这些代数方程就可获得所需的数值解。由于各阶导数的差分表达式可以从 Taylor 展开式导出,这种方法又称建立离散方程的 Taylor 展开法。

以热传导方程为例,具体如下:

$$\frac{\partial u}{\partial t} - k\frac{\partial^2 u}{\partial x^2} = 0, k = \mathrm{const} > 0$$

$$u(x,0) = \varphi(x) \quad (-\infty < x < +\infty, t \geqslant 0) \tag{11-3-1}$$

取求解域为

$$0 \leqslant x \leqslant 1, 0 \leqslant t \leqslant T \tag{11-3-2}$$

初始值和边界条件为

$$u(x,0) = \varphi(x) \quad (0 \leqslant x \leqslant 1)$$

$$u(0,t) = a, u(1,t) = b \tag{11-3-3}$$

为了采用有限差分法求解问题,首先要求在求解域内,以差分网格或差分节点将连续的求解域化为有限的离散点集。最简单的差分离散是划分固定的等距差分网格。有限差分网格示意图如图 11-3 所示。

设求解区域内某一点 (x_j, t_n) 在网格节点上,且网格坐标为 (j,n),则以 u_j^n 表示 $t_n = n\Delta t, x_j = j\Delta x (n=1,2,\cdots,N; j=1, 2,\cdots,M), u(x_j, t_n)$ 处在差分方程中的近似解。其中 Δx 和 Δt 分别为 x 和 t 方向的网格步长,M 和 N 为求解域在 x 和 t 方向的网格节点数。下面先讨论导数的差分逼近式。

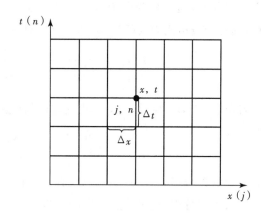

图 11-3　有限差分网格示意图

根据导数定义,若 $u(x,t)$ 在 (x_0,t_0) 点连续,则有

$$\frac{\partial u}{\partial x} = \lim_{\Delta x \to 0} \frac{1}{\Delta x}\left[u(x_0 + \Delta x, t_0) - u(x_0, t_0)\right] \tag{11-3-4}$$

若 Δx 为有界小量,设 $u(x,t)$ 在区间 $x_0 \leqslant x \leqslant x_0 + \Delta x$ 内连续,则根据中值定理,在此区间内存在一个点 ξ,使得

$$\frac{\partial u}{\partial x}\Big|_{x=\xi} = \frac{1}{\Delta x}\left[u(x_0 + \Delta x, t_0) - u(x_0, t_0)\right] \tag{11-3-5}$$

这就是偏导数差分逼近式的依据。将 $u(x_0 + \Delta x, t_0)$ 在 (x_0, t_0) 点按泰勒级数展开，则有

$$u(x_0 + \Delta x, t_0) = u(x_0, t_0) + \frac{\partial u}{\partial x}\bigg|_0 \Delta x + \frac{\partial^2 u}{\partial x^2}\bigg|_0 \frac{(\Delta x)^2}{2!} + \cdots \qquad (11-3-6)$$

或写为

$$\frac{\partial u}{\partial x} = \frac{u_{j+1}^n - u_j^n}{\Delta x} - \frac{\partial^2 u}{\partial x^2}\bigg|_0 \frac{\Delta x}{2!} + \cdots \qquad (11-3-7)$$

上式等号右端中的第一项为偏导数 $\partial u/\partial x$ 在 (j, n) 点上的差分逼近式或称差分表达式，其他项为截断误差，即导数与差分表达式之间的差。截断误差的阶数是截断误差中最低阶导数项中 Δx 的幂次数。对于差分表达式而言，其精度是截断误差首项分步长的幂次数。例如，若将式 (11-3-7) 写成如下的差分形式

$$\left(\frac{\partial u}{\partial x}\right)_j^n = \frac{u_{j+1}^n - u_j^n}{\Delta x} + o(\Delta x) \qquad (11-3-8)$$

通常称差分表达式以一阶精度逼近偏导数。由于表达式在求解导数时是向 x 方向前方点进行差分的，通常称为向前差分。事实上，也可采用 (j, n) 与 $(j-1, n)$ 两点的参数进行计算，其对应表达式为式 (11-3-9)，这时称为向后差分，即

$$\left(\frac{\partial u}{\partial x}\right)_j^n = \frac{u_j^n - u_{j-1}^n}{\Delta x} + o(\Delta x) \qquad (11-3-9)$$

若用 $(j+1, n)$ 与 $(j-1, n)$ 两点构造相应的差分表达式，对应公式为

$$\left(\frac{\partial u}{\partial x}\right)_j^n = \frac{u_{j+1}^n - u_{j-1}^n}{2\Delta x} + o(\Delta x^2) \qquad (11-3-10)$$

此时的差分形式称为中心差分，其对应精度为二阶精度。

在有限差分中，通过构造不同的离散点，可以构造高于二阶精度的差分表达式，通常统称为高阶精度。

11.3.2　有限体积法

描述流体运动的微分方程是根据流体运动的质量、动量和能量守恒定律推导出来的。上述有限差分法是从描述这些基本守恒定律的微分方程出发构造离散方程，而有限体积法是以积分型守恒方程为出发点，通过对流体运动的体积域的离散来构造积分型离散方程。这种方法便于模拟具有复杂边界区域的流体运动。

在有限体积法中将所计算的区域划分成一系列控制体积，每个控制体积都有一个节点作为代表。通过将守恒型的控制方程对控制体积做积分来导出离散方程。对于一维或二维问题，控制体积对应节点代表的线段或矩形区域。对于有限体积方法，这里分别从计算区域的离散化和控制方程的离散化进行讲述。

1. 计算区域的离散化

计算区域的离散化是将计算的区域划分成许多个互不重叠的子区域,确定每个子区域中的节点位置及该节点所代表的控制体积。对于有限体积法,其离散区域包括以下四种要素。

节点:需要求解的未知物理量的几何位置;

控制体积:应用控制方程或守恒定律的最小几何单位,每个控制体积对应1个节点;

界面:定义了与各节点相对应的控制体积的界面位置;

网格线(grid line):连接相邻两节点面形成的曲线簇。

按照上述概念,一般把节点看成是控制体积的代表。在离散过程中,将一个控制体积上的物理量定义并存储在该节点处。图11-4给出了一维流动问题的有限体积法计算网格。

2. 控制方程的离散化

在11.2节中的控制方程都可以写成如下的
通用形式:

$$\frac{\partial(\rho\varphi)}{\partial t} + \mathrm{div}(\rho \boldsymbol{U}\varphi) = \mathrm{div}(\Gamma_\varphi \mathrm{grad}\varphi) + S_\varphi$$

$$(11-3-11)$$

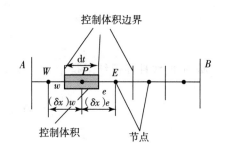

图11-4 一维流动的有限体积法计算网格

式中:div——散度;

grad——梯度。

对于图11-4表述的一维稳态问题,其控制方程如式(11-3-12)所示

$$\frac{\mathrm{d}(\rho u\varphi)}{\mathrm{d}x} = \frac{\mathrm{d}}{\mathrm{d}x}\left(\Gamma\frac{\mathrm{d}\varphi}{\mathrm{d}x}\right) + S \qquad (11-3-12)$$

式中:从左到右各项分别为对流项、扩散项和源项;φ 是广义变量,可以为速度、温度或浓度等一些待求的物理量;Γ 是相应的广义扩散系数;S 是广义源项;变量 φ 在端点 A 和 B 的边界值为已知量。

有限体积法的关键是在控制体积上积分控制方程,以在控制体积节点上产生离散的方程。对一维模型方程(11-3-11),在如图11-4所示的控制体积 P 上进行积分,有

$$\int_{\Delta V}\frac{\mathrm{d}(\rho u\varphi)}{\mathrm{d}x}\mathrm{d}V = \int_{\Delta V}\frac{\mathrm{d}}{\mathrm{d}x}\left(\Gamma\frac{\mathrm{d}\varphi}{\mathrm{d}x}\right)\mathrm{d}V + \int_{\Delta V}S\mathrm{d}V \qquad (11-3-13)$$

式中:ΔV 是控制体积的体积值。当控制体积很微小时,ΔV 可以表示为 $\Delta x \cdot A$,这里的 A 是控制体积界面的面积,从而有

$$(\rho u\varphi A)_e - (\rho u\varphi A)_w = \left(\Gamma A\frac{\mathrm{d}\varphi}{\mathrm{d}x}\right)_e - \left(\Gamma A\frac{\mathrm{d}\varphi}{\mathrm{d}x}\right)_w + S \cdot \Delta V \qquad (11-3-14)$$

　　从上式可以看到,对流项和扩散项均已转化为控制体积界面上的值。有限体积法显著的特点之一就是在离散方程中具有明确的物理插值,即界面的物理量要通过插值的方式由节点的物理量来表示。

　　为了建立所需要形式的离散方程,需要找出表示式(11-3-13)中界面 e 和 w 处的 ρ、u、Γ、φ 和 $\dfrac{\mathrm{d}\varphi}{\mathrm{d}x}$。在有限体积法中规定,$\rho$、$u$、$\Gamma$、$\varphi$ 和 $\dfrac{\mathrm{d}\varphi}{\mathrm{d}x}$ 等物理量均是在节点处被定义和计算的。因此,为了计算界面上的这些物理参数(包括其导数),需要一个物理参数在节点间的近似分布。可以想象,线性近似是用来计算界面物性值的最直接,也是最简单的方式,这种分布叫作中心差分。如果网格是均匀的,则单个物理参数(以扩散系数 Γ 为例)的线性插值结果是

$$\begin{cases} \Gamma_e = \dfrac{\Gamma_P + \Gamma_E}{2} \\[3mm] \Gamma_w = \dfrac{\Gamma_W + \Gamma_E}{2} \end{cases} \qquad (11-3-15)$$

　　$\rho u \varphi A$ 的线性插值结果是

$$\begin{cases} (\rho u \varphi A)_e = (\rho u)_e A_e \dfrac{\varphi_P + \varphi_E}{2} \\[3mm] (\rho u \varphi A)_w = (\rho u)_w A_w \dfrac{\varphi_W + \varphi_P}{2} \end{cases} \qquad (11-3-16)$$

　　与梯度项相关的扩散通量的线性插值结果是

$$\begin{cases} \left(\Gamma A \dfrac{\mathrm{d}\varphi}{\mathrm{d}x}\right)_e = \Gamma_e A_e \left[\dfrac{\varphi_E - \varphi_P}{(\delta x)_e}\right] \\[3mm] \left(\Gamma A \dfrac{\mathrm{d}\varphi}{\mathrm{d}x}\right)_w = \Gamma_w A_w \left[\dfrac{\varphi_P - \varphi_W}{(\delta x)_w}\right] \end{cases} \qquad (11-3-17)$$

　　对于源项 S,它通常是时间和物理量 φ 的函数。为了简化处理,将 S 转化为如下线性方式,即

$$S = S_C + S_P \varphi_P \qquad (11-3-18)$$

式中:S_C 是常数;S_P 是随时间和物理量 φ 变化的项。将式(11-3-16)～式(11-3-18)代入方程(11-3-14),有

$$(\rho u)_e A_e \dfrac{\varphi_P + \varphi_E}{2} - (\rho u)_w A_w \dfrac{\varphi_W + \varphi_P}{2}$$
$$= \Gamma_e A_e \left[\dfrac{\varphi_E - \varphi_P}{(\delta x)_e}\right] - \Gamma_w A_w \left[\dfrac{\varphi_P - \varphi_W}{(\delta x)_w}\right] + (S_C + S_P \varphi_P) \cdot \Delta V \qquad (11-3-19)$$

整理后得

$$\left(\frac{\Gamma_e}{(\delta x)_e}A_e + \frac{\Gamma_w}{(\delta x)_w}A_w - S_P \cdot \Delta V\right)\varphi_P$$

$$= \left[\frac{\Gamma_w}{(\delta x)_w}A_w + \frac{(\rho u)_w}{2}A_w\right]\varphi_w + \left[\frac{\Gamma_e}{(\delta x)_e}A_e - \frac{(\rho u)_e}{2}A_e\right]\varphi_E + S_C \cdot \Delta U$$

$$(11-3-20)$$

对于一维问题,控制体积界面 e 和 w 处的面积分别为 A_e 和 A_w,二者均为 1,即单位面积。这样 $\Delta V = \Delta x$,式(11-3-20) 中可转化为

$$a_P \varphi_P = a_w \varphi_w + a_E \varphi_E + b$$

$$\begin{cases} a_w = \dfrac{\Gamma_w}{(\delta x)_w} + \dfrac{(\rho u)_w}{2} \\[3mm] a_E = \dfrac{\Gamma_e}{(\delta x)_e} + \dfrac{(\rho u)_e}{2} \\[3mm] a_P = a_E + a_w + \dfrac{(\rho u)_e}{2} - \dfrac{(\rho u)_w}{2} - S_P \cdot \Delta x \\[3mm] b = S_C \cdot \Delta x \end{cases} \qquad (11-3-21)$$

方程(11-3-21) 即为方程(11-3-12) 的离散形式,每个节点上都可建立此离散方程,通过求解方程组,就可得到各物理量在各节点处的值。

本节主要介绍了有限差分法和有限体积法的基本理论,这些只是最基本的入门级离散方法,目前在数值离散方法上已有大量的科学研究著作。此外,除上述两种方法外,有限元法、有限分析法也有一定的应用,读者可查阅相应的文献进行深入了解。

11.4   计算网格

通过上节对离散方法的介绍,我们知道在利用计算流体力学求解流动问题时,首先要将求解域离散成点或微元体积(单元)的集合;然后在此集合内构造一个代数方程组以逼近欲求解的偏微分方程组及其定解条件,最后求解得到代数方程组在整个求解域内的离散解。如何将求解域离散成适当的点或微元体积的集合,是网格生成技术所需要研究的问题。计算区域离散的网格有两类:结构网格和非结构网格。其中结构网格的节点排列有序,即当给出了一个节点的编号后,立即可以得到其相邻节点的编号,所有内部节点周围的网格数目相同。而非结构化网格的内部节点以一种不规则的方式布置在流场中,各节点周围的网格数目不尽相同。近年来,科技工作者也提出了无网格法并开展了相应的应用研究。本节主要介绍一些常见网格的分类及相应特点,对于具体的网格生成原理和方法,读者可查阅相关著作。

11.4.1   结构网格

建立上述关联信息的最简单方法是采用所谓的"结构网格"。结构网格可以用一个固

定的法则予以命名,如图 11 - 5 所示为一个二维结构网格示意图,其中 i,j 为网格节点编号方向,该网格所有节点都可以用 i,j 的编号来表示,如小圆的节点可以表示为 $i3j4$。

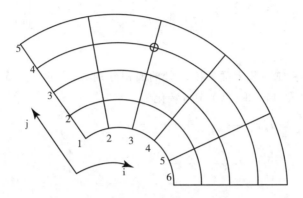

图 11 - 5   二维结构网格示意图

对于结构化网格,如图 11 - 6 所示,按拓扑结构的不同一般可以分为 O 型、C 型和 H 型三种。O 型拓扑结构适合于两端都是钝截面的物体、广椭圆形或椭圆形截面物体;C 型拓扑结构适合于一端是钝头而另一端是尖截面的物体,如锥形截面物体;H 型拓扑结构适合于两端都是尖截面的物体,如菱形截面的物体。

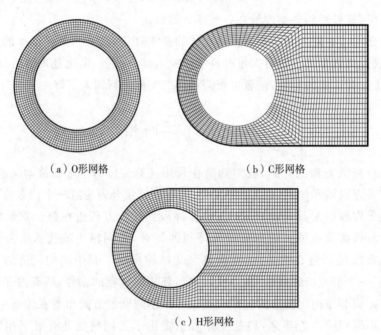

(a) O形网格   (b) C形网格

(c) H形网格

图 11 - 6   几种典型的结构化网格类型

结构化网格数据组织方便,计算效率和计算精度高。随着人类近几十年在结构网格生成技术方面的不断突破,目前主要飞机公司,如波音、空客等,用于军机、民机等气动设计的骨干软件都采用结构化网格;结构化网格的拓扑结构相当于矩形域内的均匀网格,其节点定义在每一层的网格线上,因而其存储比较简单,所需的存储空间也相对较小,但它对具有复杂几何外形的网格的生成比较困难。

11.4.2　非结构网格与混合网格

非结构网格节点之间的连接是无序的、不规则的,非结构化网格的节点位置不能用一个固定的法则予以有序的命名,如图 11-7 所示。

与结构化网格相比,非结构化网格有以下优点:

(1)能够离散具有复杂外形的区域,因为非结构网格单元可以在任意计算区域中完全填充整个空间,能相当精确地表示出物体的边界,从而保证了边界处的初始准确度。

(2)能够快速地在网格中增加删除节点,处理动边界问题时比较方便。

(3)能够很容易地采用自适应网格方法,从而提高解的质量。

当然,非结构网格的生成方法也存在缺陷,即它需要较大的内存空间和较长的 CPU 占用时间,计算精度较差,且不适于黏性流场的求解。目前,非结构网格已广泛应用于定常气动流场数值模拟之中。

针对结构网格和非结构网格的特性,混合网格在局部区域采用结构网格划分,而在剩余的区域采用非结构网格划分,继承了两种网格的优点,也弥补了两者的缺点。图 11-8 为混合网格示意图。在实际计算中,通常在区域边界较规整的区域采用结构网格绘制,而对三维曲面复杂边界采用非结构网格绘制。

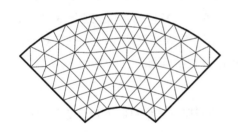　　　　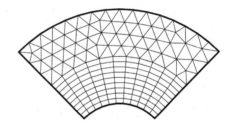

图 11-7　非结构网格示意图　　　　图 11-8　混合网格示意图

11.4.3　无网格方法

无网格方法是一种快速发展的数值计算方法,与常规网格方法相比,其摆脱了网格划分和关联性,使得该类方法在处理大变形问题、不连续问题和破碎问题上具有优势,例如波浪的爬升、翻转、破碎现象。国际上目前将基于点的近似构造试函数、不需要划分单元的各种数值方法称为无网格方法。与基于网格的有限元法一样,无网格方法的研究主要包括以下三个方面:试函数的构造、微分方程的离散和边界条件的施加。

无网格方法构造试函数的方法与基于网格的有限元不同。在由试函数求得形函数后,无网格方法建立求解方程的方法与有限元法相同。无网格方法的核心部分在于形函数的构造,这也是无网格方法与其他数值方法的根本区别所在。目前无网格方法中形成形函数的方法主要有:光滑粒子法(smoothed particle hydrodynamics method,简称 SPH)、移动最小二乘法(moving least - square approximation,简称 MLS)、重构核粒子法(Reproducing kernel particle method,简称 RKPM)、单位分解法(the partition of unity method)、径向基函数法(radial basis functions,简称 RBP)、点插值法(point interpolation method,简称 PIM)和移动 Kriging 插值法(moving Kriging interpolation method)等。

在上述方法中,光滑粒子流体动力学方法是最早出现的无网格粒子方法。与传统模拟方法不同,SPH 方法的计算区域采用一群粒子(Particle)来离散,在宏观上流体不具有连续性假设,但在微观上粒子比流体分子要大得多。SPH 方法在许多用传统模拟方法难以胜任的领域中,如强非线性波浪冲击、高速物体碰撞、裂纹发展破裂、水下爆炸等都可以进行有效的模拟。

11.4.4　网格质量的影响因素与控制

对于相同的计算区域,不同的网格划分形式会产生不同的单元参数分布,对于网格划分的优劣采用网格质量进行衡量。网格质量与具体问题的几何特性、流动特性及流场求解算法有关。网格质量影响单元间的通量计算,因此直接影响到计算精度和收敛的难易程度。网格质量的考核指标包括节点分布特性、光滑性及单元的形状等。

1. 节点分布特性

连续性区域被离散化使流动的特征解(剪切层、分离区域、激波、边界层和混合区域)与网格上节点的密度和分布直接相关。如边界层内的节点分布对边界层解(即网格近壁面间距)影响较大,这对计算壁面剪切应力和热导率的精度有重要意义。由于平均流动和湍流的强烈作用,湍流的数值计算结果往往比层流更容易受到网格的影响,因此网格的分辨率对于湍流计算也很重要。在近壁面区域,不同的近壁面模型需要不同的网格分辨率。在实际计算过程中,网格的疏密度需要进行校核,以确保得到准确可靠的计算结果。

2. 光滑性

邻近单元体积的快速变化会导致大截断误差。截断误差是指控制方程偏导数和离散估计之间的差值。Fluent 可以改变单元体积或网格体积梯度来精化网格,提供网格的光滑性。

3. 网格的形状

网格的形状(包括网格的扭曲度、网格的长细比和相邻网格的面积比或体积比)对数值解的精度有明显的影响。网格的扭曲度指该网格和具有同等体积的边界网格外形之间的差别,一般要求不大于 1,扭曲度太大会降低解的精度和稳定性。网格的长细比表示网格拉伸的度量,一般要求不大于 5∶1(边界层允许使用长细比更大的网格,一般不宜大于 100∶1)。对计算网格的一个最基本的要求是所有网格点的 Jacobian 必须为正值,即网格体积必须为正,其他最常用的网格质量度量参数包括扭角(skew angle)、纵横比(aspect ratio)以及弧长(arc length)等。

4. 流动相关性

分辨率、光滑性、单元的形状对于解的精度和稳定性的影响强烈依赖于所模拟的流场。比如,在流动开始的区域可以有过度歪斜的网格,但在具有大流动梯度的区域内,过度歪斜的网格可能会使整个计算精度降低。由于大梯度区域流动情况较为复杂,需要尽量保证整个流场内网格具有高质量和局部位置的网格数量(局部加密),即需要密度高、光滑性好、单元歪斜小的网格。

目前,工程计算中多采用成熟的商业软件作为求解器,因此大部分数值算法的工作由计算机完成。对于一些复杂模型的流动问题,网格的生成时间可占整个项目周期的 80% 以上。生成一套高质量的网格将会显著提高计算精度和收敛速度。此外,为保证实际模拟的精度,建议多采用结构网格进行计算区域的离散,或者是采用网格质量可控的非结构网格方法进行绘制。

11.5　数值计算过程

11.2 节介绍了描述流动过程的守恒型控制方程以及相应的初始、边界条件。在计算流体力学的数值计算过程中,为了算法设计和编程计算的方便性,通常采用一种通用形式的方程来表示控制方程,有助于在计算机程序中简化和组织逻辑结构。本节主要介绍用于数值计算的控制方程形式。此外,结合商业软件 ANSYS Fluent 的模拟界面,介绍实际数值计算的大致流程,以及数值计算准确性和可靠性的验证方法。

11.5.1　适用于计算流体力学的控制方程形式

在介绍控制方程的通用形式之前,首先分析 11.2 节中的控制方程,其左边都有一个散度项。这些项均包含了一些物理量通量的散度,如,

(1)ρU:质量通量;(2)$\rho u_x U$:x 方向动量通量;(3)$\rho u_y U$:y 方向动量通量;

(4)$\rho u_z U$:z 方向动量通量;(5)$\rho e U$:内能通量;(6)$\rho\left(e+\dfrac{U^2}{2}\right)U$:总能量通量。

由于上述方程是从空间位置固定的控制体(图 11.1 表示的微元体)推导出的,当控制体空间位置固定时,我们关心的是流入和流出控制体的质量流量、动量流量和能量流量。从这一角度,方程中重要的因变量是这些流量自身,并非 ρ、P、U 这些原始变量。这样可将控制方程组统一写成如下形式:

$$\frac{\partial \boldsymbol{U}}{\partial t}+\frac{\partial \boldsymbol{F}}{\partial x}+\frac{\partial \boldsymbol{G}}{\partial y}+\frac{\partial \boldsymbol{H}}{\partial z}=\boldsymbol{J} \qquad (11-5-1)$$

方程(11 - 5 - 1)中 $\boldsymbol{U}$、$\boldsymbol{F}$、$\boldsymbol{G}$、$\boldsymbol{H}$ 对应下面所示的列矢量:

$$\boldsymbol{U}=\begin{cases}\rho \\ \rho u_x \\ \rho u_y \\ \rho u_z \\ \rho\left(e+\dfrac{U^2}{2}\right)\end{cases} \qquad (11-5-2)$$

$$F = \begin{cases} \rho u_x \\ \rho u_x{}^2 + p - \tau_{xx} \\ \rho u_y u_x - \tau_{xy} \\ \rho u_z u_x - \tau_{xz} \\ \rho (e + \dfrac{U^2}{2}) u_x + p u_x - k \dfrac{\partial T}{\partial x} - u_x \tau_{xx} - u_y \tau_{xy} - u_z \tau_{xz} \end{cases} \qquad (11-5-3)$$

$$G = \begin{cases} \rho u_y \\ \rho u_x u_y - \tau_{yx} \\ \rho u_y{}^2 + p - \tau_{yy} \\ \rho u_z u_y - \tau_{yz} \\ \rho (e + \dfrac{U^2}{2}) u_y + p u_y - k \dfrac{\partial T}{\partial y} - u_x \tau_{yx} - u_y \tau_{yy} - u_z \tau_{yz} \end{cases} \qquad (11-5-4)$$

$$H = \begin{cases} \rho u_z \\ \rho u_x u_z - \tau_{zx} \\ \rho u_y u_z - \tau_{yz} \\ \rho u_z{}^2 + p - \tau_{zz} \\ \rho (e + \dfrac{U^2}{2}) u_z + p u_z - k \dfrac{\partial T}{\partial z} - u_x \tau_{zx} - u_y \tau_{zy} - u_z \tau_{zz} \end{cases} \qquad (11-5-5)$$

$$J = \begin{cases} 0 \\ \rho f_x \\ \rho f_y \\ \rho f_z \\ \rho (u_x f_x + u_y f_y + u_z f_z) + \rho \dot{q} \end{cases} \qquad (11-5-6)$$

在方程(11-5-1)中列矢量 E、G 和 H 被称为通量项(或通量矢量),J 代表源项(当体积力和体积热流可忽略时等于零),列矢量 U 被简称为解矢量。

进一步探讨方程(11-5-1)的含义。方程中含有时间导数项 $\partial U / \partial t$,因此可用于求解非定常流动。而对于定常流动,通常的求解方式是求解非定常方程,采用长时间的渐进解趋于定常状态。通常情况下,无论是求真正的瞬态解还是求定常问题的时间相关解,方程(11-5-1)的求解都采用了时间推进的形式,即相关的流场变量是按时间步推进求解的,

方程形式可转变为

$$\frac{\partial U}{\partial t} = J - \frac{\partial F}{\partial x} - \frac{\partial G}{\partial y} - \frac{\partial H}{\partial z} \qquad (11-5-7)$$

在方程(11-5-7)中，U 被称为解矢量，因为 U 的分量(ρ、ρu_x、ρu_y 等)通常就是每一时间步中被数值求解的函数。方程(11-5-7)右边的空间导数项可以被看作是通过某种方式已经求出的已知项，如可利用上一个时间步的结果来求解。请注意，在这种形式下，解出的是 U 的分量。也就是说，我们得到的是密度 ρ、乘积(ρu_x、ρu_y、ρu_z)和 $\rho(e + U^2/2)$ 的数值，这些被称为通量变量。在此基础上，对应的原始变量 u、v、w、e 再按照方程组(11-5-8)进行求解。

$$\begin{cases} \rho = \rho \\[2mm] u_x = \dfrac{\rho u_x}{\rho} \\[2mm] u_y = \dfrac{\rho u_y}{\rho} \\[2mm] u_z = \dfrac{\rho u_z}{\rho} \\[2mm] e = \dfrac{\rho(e + U^2/2)}{\rho} - \dfrac{u_x{}^2 + u_y{}^2 + u_z{}^2}{2} \end{cases} \qquad (11-5-8)$$

对于无黏流动，同样可将公式(11-5-1)转变式(11-5-7)的解矢量形式进行表述，对应右侧列矢量分量的表达式可以被简化。无黏流动中式(11-5-7)对应的各矢量分量的表达式为

$$\boldsymbol{U} = \begin{cases} \rho \\[2mm] \rho u_x \\[2mm] \rho u_y \\[2mm] \rho u_z \\[2mm] \rho\left(e + \dfrac{U^2}{2}\right) \end{cases} \qquad (11-5-9)$$

$$\boldsymbol{F} = \begin{cases} \rho u_x \\[2mm] \rho u_x{}^2 + p \\[2mm] \rho u_y u_x \\[2mm] \rho u_z u_x \\[2mm] \rho\left(e + \dfrac{U^2}{2}\right)u_x + p u_x \end{cases} \qquad (11-5-10)$$

$$G = \begin{cases} \rho u_y \\ \rho u_x u_y \\ \rho u_y{}^2 + p \\ \rho u_z u_y \\ \rho(e + \dfrac{U^2}{2})u_y + pu_y \end{cases} \qquad (11-5-11)$$

$$H = \begin{cases} \rho u_z \\ \rho u_x u_z \\ \rho u_y u_z \\ \rho u_z{}^2 + p \\ \rho(e + \dfrac{U^2}{2})u_z + pu_z \end{cases} \qquad (11-5-12)$$

$$J = \begin{cases} 0 \\ \rho f_x \\ \rho f_y \\ \rho f_z \\ \rho(u_x f_x + u_y f_y + u_z f_z) + \rho\dot{q} \end{cases} \qquad (11-5-13)$$

对于非定常无黏流的数值求解,同黏性流动相似,可解矢量是 U,可直接求出数值的函数是 ρ、ρu_x、ρu_y、ρu_z 和 $\rho(e + U^2/2)$。

此外,在 CFD 中,推进算法并不仅限于时间推进。在某些情况下,也可以沿着空间某一方向推进来求解定常流动。

$$\frac{\partial F}{\partial x} = J - \frac{\partial G}{\partial y} - \frac{\partial H}{\partial z} \qquad (11-5-14)$$

这里 F 是"解"矢量;我们可以认为方程(11-5-14)等号的右端项是已知的,如利用前一步即上游的前一个 x 位置的结果来估算右端项的值。

11.5.2　典型数值模拟流程

1. 商业软件模拟流程

上文给出了用计算流体力学求解流动控制方程的通用思路。在具体求解过程中还需要对计算域进行离散,对控制方程进行离散化处理,选择相应的流体介质参数和流动模型,处理相应的初始条件和边界条件。这其中每一项都包含复杂的数学公式推导或对于流动物理本质的解析。因此,对于大多数工程技术人员,直接对流动控制方程进行编程计算工作难度大、效率低；通常选择 CED 商业软件进行流动问题的模拟。因此，这里以当前广泛应用的 CFD 商业软件 ANSYS Fluent 为例，介绍典型的数值模拟流程。

从图 11-9 中可以看出利用商业软件 Fluent 进行计算流体力学的模拟过程。在开展计算之前首先需要绘制相应的计算网格，然后在软件界面中选择合适的求解器类型，对于二维问题选择二维（2D）或者二维双精度（2DDP）求解器，三维问题选择三维（3D）求解器，打开相应的软件界面。随后在软件中读入网格并检查网格质量，确定方程求解方式（如基于密度或压强的求解方法，定常流动或瞬态流动求解方式等）。随后根据流动类型选择相应的流动控制方程，如有黏/无黏流动、层流/湍流模型、热传导或化学反应模型，以及多孔介质或热交换等模型，并且确定流体的物理性质和固体边界的物理性质。在选定流动模型基础上，需要结合读入的网格设置流动的边界条件，并根据流动类型设置计算迭代过程中的控制参数。

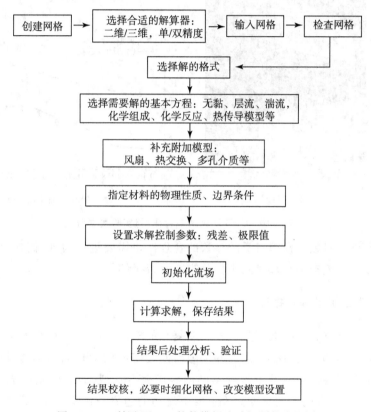

图 11-9　利用 Fluent 软件模拟流动问题的流程图

在完成上述设置后，相关计算模型、控制方程、流体性质、边界条件和控制参数均已确定。在开始计算前，还需要对计算流场进行初始化，即确定计算迭代的初始参数。初始参数可直接设置为实际流动的初始条件，或者是根据经验给定一定的便于达到最终流动结果的条件。设置好初始条件后，可以开始计算流场参数。对于计算结果是否完成，需要结合迭代过程中的残差以及监测流场参数的变化规律进行判断。例如，当迭代参数下降 3 个数量级，并且监测的参数稳定不变或者发生周期性改变时，通常认为计算完成。此时需要对计算结果进行处理分析，校核其可靠性并判断是否需要重新计算。

2. 数值模拟结果的可靠性

无论是自己编写的计算流体力学程序,还是商业的计算流体力学软件,其模拟结果的可靠性均需要进行检验。从理论方面而言,表征流体运动的 N-S 偏微分方程组的解是否唯一在数学上还没有定论。在数值模拟过程中,计算网格质量、流动模型的选择、边界条件以及求解参数的设置均可能影响到数值模拟结果的可靠性。因此,需要对数值模拟结果进行相关校核。通常而言,主要将数值模拟结果与流体力学经典理论或者实验测量数据进行对比分析,如果对比一致或结果在允许的偏差范围内,则认为计算是可靠的;反之,则是不可靠的。例如图 11-10 对比了通过数值模拟和实验测量的流场结构以及壁面压强数据,二者符合度较高,验证了计算的可靠性。

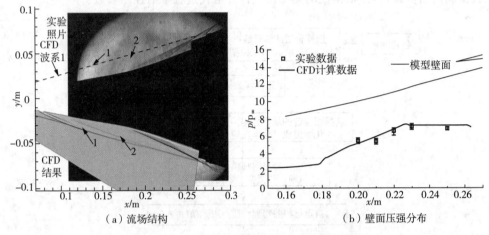

（a）流场结构　　　　　　　　　　　　　　　（b）壁面压强分布

图 11-10　CFD 计算结果验证:与实验数据对比

在实际研究中,对数值模拟自身的参数的合理性也需要进行验证,例如,计算网格节点的疏密程度,非定常流动中计算时间步长分辨率是否足够等。

11.5.3　湍流流动模拟概述

如本书第 5 章中的论述,湍流是一种高度复杂的三维非稳态不规则流动。在湍流中流体的各种物理参数,如速度、压力、温度等都随时间与空间的变化而发生随机的变化。从物理结构上说,可以把湍流看成是由各种不同的涡旋叠合而成的流动,这些涡旋的大小及旋转轴的方向是随机分布的。大尺度涡旋主要由流动的边界条件所决定,其尺寸可以与流场的大小相比拟,是引起低频脉动的原因;小尺度的涡旋主要由黏性力所决定,其尺寸可能只有流场尺度的千分之一的量级,其是引起高频脉动的原因。大尺度的涡旋破裂后形成小尺度的涡旋,较小尺度的涡旋破裂后形成更小尺度的涡旋。因而在充分发展的湍流区域内,流体涡旋的尺寸可以在相当宽的范围内发生连续的变化。大尺度的涡旋不断地从主流获得能量,通过涡旋之间的相互作用,能量逐渐向小尺寸的涡旋传递。最后由于流体黏性的作用,小尺度的涡旋不断消失,机械能就转化(或称耗散)为流体的热能。同时,由于边界的作用、扰动及速度梯度的作用,新的涡旋又不断产生,这就构成了湍流运动。流体内不同尺度涡旋的随机运动造成了湍流的一个重要特点 —— 物理量的脉动,一般认为,无论湍流运动多么复杂,非定常形式的 N - S 方程对于湍流的瞬时运动仍然是适用的。

湍流运动的数值计算,是目前计算流体力学中面临困难最多因而研究最活跃的领域之一。根据研究的目的和精细程度,湍流数值模拟可分为三个层次:一是基于雷诺平均 N - S 方程[Reynolds - averaged Navier Stokes(RANS) equations] 的模式理论;二是大涡模拟(large eddy simulation,LES);三是直接数值模拟(direct numerical simulation,DNS)。分别概述如下:

1. 基于 RANS 方程的模式理论

在这类方法里,将非稳态控制方程对时间作平均,在所得出的关于时均的物理量的控制方程中包含了脉动量乘积的时均值等未知量,于是所得方程的个数便小于未知量的个数。而且不可能依靠进一步的时均处理而使控制方程封闭。为了使方程组封闭,在早期采用以 Prandtl 混合长度理论为代表的半经验理论,这是早期的模式理论。20 世纪 60 年代以来新发展的模式理论主要分为两大类:一种是采用 Bousinessq 湍流黏性系数假设的框架,根据计算湍流黏性的微分方程数目,可将湍流模型分为零方程、一方程和二方程等。另一种是放弃上述涡黏性假设,直接建立起雷诺应力的微分方程,成为雷诺应用方程模型,在工程应用中,湍流黏性系数假设模型应用较广泛,例如经典的 Spalart - Allmaras 单方程湍流模型,$k - \varepsilon$ 两方程湍流模型,$k - \omega$ 两方程湍流模型等。

2. 大涡模拟

正如前述,湍流含有各种大小的空间和时间尺度。其中大尺度运动可以大到与平均流尺度有同样的量级,小尺度运动可小到 Kolmogorov 微尺度。大尺度运动含有更多能量,并且能对动量、能量和标量等进行更有效的输运,而小尺度运动含有的能量和对这些特性的输运能力要比大尺度弱得多。如果我们能精确地计算大尺度湍流脉动而对小尺度产生的影响采用建模的方法,显然是能够兼顾湍流精度和计算成本的,对实际问题的分析更有意义,这就是大涡模拟的思想。其中大尺度运动是各向异性的,与具体流动的边值条件紧密相关,因此对于大尺度运动的演化可通过相关的控制方程直接计算;而小尺度运动基本上不受外界条件的直接影响,具有局部各向同性的性质,小尺度脉动对大尺度的影响是通过建模使大尺度运动方程封闭的,这样的湍流计算就比 RANS 方程模拟精确得多。此外,因为小尺度脉动有局部各向同性,不受边界条件影响,所以它的建模更具有普适性。但是,能进行大涡模拟的条件是首先必须有足够大的 Re 数,使湍流充分发展,能把大尺度运动和小尺度运动的作用分开来,存在明显的惯性子区。其次,要有适当方法把大尺度运动从湍流场中过滤出来,这是通过引入一种所谓“滤波”的局部空间平均的方法实现的。此外,对于小尺度运动的建模,目前通常有 Smagorinsky 的亚网格尺度模型(SGS model)。

3. 直接数值模拟

直接数值模拟不需要任何的模型化和人为的经验模型,直接利用 N - S 方程计算各种湍流流动,这是研究者们最渴望的理想模拟,但其计算量也是最大的。目前直接数值模拟主要还是学者们用于研究湍流机理的工具,而不是工程师们用于工程设计的计算工具。其主要困难在于所需的计算机资源与现实计算机能力之间存在巨大差异。例如,以计算一个正立方体内的均匀各向同性湍流为例,为了准确计算湍流大尺度的运动,若以积分尺度 l 为大尺度湍流的量度,计算域在每个方向的线尺度 L 必须是积分尺度的若干倍。同时,直接数值模拟计算还必须能捕捉到最小尺度的运动,因为动能耗散主要在最小尺度下发生,在那里黏性起主导作用。因此,网格大小 Δ 必须要达到 Kolmogorov 微尺度 η。以均匀网格计算,每个方向上的网格数目 $N=L/\Delta$ 至少应大于 $1/\eta$。这样,经过分析,每一个方向的网格数应大于 $Re_L^{3/4}$,三个方向的网格总数应为 $N^3 > Re_L^{9/4}$,再考虑到时间步长与网格大小有关,网格越小,时间步长越小,所需计算机的内存是个天文数字(Re_L 是以脉动速度大小 u 和积分尺度 l 为特征速度和特征长度的湍流雷诺数,它大约是工程上用于计算宏观流动 Re 数的 1%)。当前直接数值模拟主要用于简单构型的科学研究工作。

尽管如此,直接数值模拟仍可以获取到大量的湍流信息,这些信息是非常有用的,为湍流基础研究提供了数据库,可以用这些信息产生各种统计信息量,对湍流生成、能量输运、湍流耗散等进行机理分析,甚至可以进行数值流动显示,使我们能形象地了解湍流中的拟序结构,加深对湍流的物理了解,对改进已有的湍流计算模型或构造新模型也有很大帮助。

11.6　计算结果的后处理

计算流体力学数值模拟得到的结果是一系列数据的集合。通过不同的数据结构,可将这些数据整理并输出成一定格式的文件。对数据文件进行可视化处理和分析,可直接展示流场结构形态和流动参数的变化规律,通常称为后处理分析。计算结果的后处理可通过自主编写代码进行运算分析,也可用相应的商业软件如 Tecplot、ANSYS CFD post 进行相应的处理,也可将二者结合以实现更好的处理效果。本节结合实际计算结果,简要介绍几种典型的后处理分析方法。

11.6.1　流场云图

流场云图通过不同的颜色或深浅来表征流动平面内流动参数的数值大小,进而展示流动参数的整体分布趋势并反映出流场结构。流场云图也可结合参数的等值线来表示。图 11-11 为声速欠膨胀气体射流流场的马赫数云图和等值线图,从图中可以看出,在喷管出口处,流动为声速流动,下游随着气流膨胀,流动会加速到超声速流动,产生复杂的激波与膨胀波结构,使得流动参数出现突变。

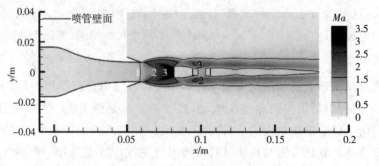

图 11-11　声速欠膨胀气体射流流场的马赫数云图和等值线图

　　流场云图能够直观展示流动的整体参数分布和流动结构。结合等值线,我们能够在一定程度上获得定量的流场信息。但从整体而言,流动云图不能够定量精确地反映流场参数规律。

11.6.2　流场参数曲线图

　　为定量分析流场中的参数分布规律,可在流场中提取某一曲线路径上的参数,绘制参数曲线图,从而可精确获取相应的参数数据。图 11-12 为图 11-11 中射流出口下游中心轴线和出口边缘沿流动方向的马赫数分布曲线,从图中可以精确地获得流向的参数数值。

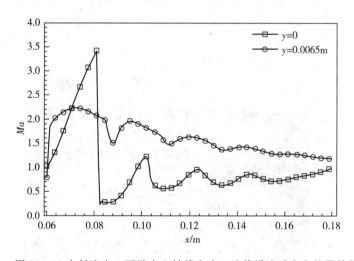

图 11-12　图 11-11 中射流出口下游中心轴线和出口边缘沿流动方向的马赫数分布曲线

　　注意,实际曲线的路径可以是人为给定的曲线,也可以是流线或等值线对应的空间路径,后者需要在数据处理时首先绘制出相应的流线或等值线,再提取流线或等值线上的参数数据。

11.6.3　流线图

　　流线图即利用流线的定义,通过曲线的形式展示流动方向在空间的变化过程。在流场内部,描述流线的坐标方向矢量分别对应该方向的速度分量;但在流动壁面附近,通常采用极限流线来表示壁面流线的变化,对应的流线方向矢量为该方向壁面切应力的分量。流线图可用于分析流动方向变化、流动结构(如分离区、旋涡)等方面。图 11-13 展示了某三维分离流动中流场内部分离区以及壁面分离区的范围。实际上,分离流动的流线分布遵循了一定的空间规律,在流体力学中有专门的三维分离流动的拓扑结构研究。

11.6.4　三维流场的平面切片分析

　　在三维流动分析中,常用输出终端如电脑屏幕、纸张的平面特性使得我们无法从三维的视角观测整体的流动结构。因此,需要对三维流动进行平面切片,通过不同位置的平面结构尽量复现三维流动结构特征。图 11-14 为大攻角来流,某种飞行器轴对称进气道三维流场不同流向位置的切片图,从图中可以看出以种工况下背风面流场中存在大范围的流动分离或低马赫数区域。在实际三维流动的平面分析中,需要合理选择切片的平面,通常在关键流动区域需要布置得密集一些。此外,也可以选择曲面或流动特征曲面进行流场展示。

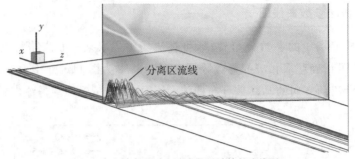

（a）内部流动,速度矢量计算的流线图

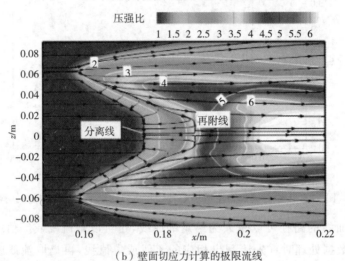

（b）壁面切应力计算的极限流线

图 11 - 13   分离流动的流线示意图

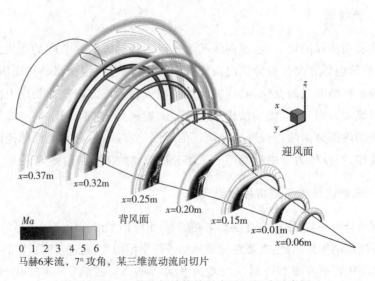

图 11 - 14   三维流场计算结果中平面切片示意图

本节介绍了几种常用的后处理分析方法,并以某一时刻的后处理结果进行了展示。在实际非定常流动分析时,还需要考虑流动随时间的变化规律,将时间-空间分析结合,感兴趣的读者可查找相关的论文和教材进行学习。

本 章 小 结

(1) 描述流动的控制方程

① 连续性方程

$$\frac{\partial \rho}{\partial t} + \boldsymbol{\nabla} \cdot (\rho \boldsymbol{U}) = 0$$

② 动量方程

$$\begin{cases} f_x - \dfrac{1}{\rho}\dfrac{\partial p}{\partial x} + \nu\,\nabla^2 u_x = \dfrac{\mathrm{d} u_x}{\mathrm{d} t} = u_x\,\dfrac{\partial u_x}{\partial x} + u_y\,\dfrac{\partial u_x}{\partial y} + u_z\,\dfrac{\partial u_x}{\partial z} + \dfrac{\partial u_x}{\partial t} \\[2mm] f_y - \dfrac{1}{\rho}\dfrac{\partial p}{\partial y} + \nu\,\nabla^2 u_y = \dfrac{\mathrm{d} u_y}{\mathrm{d} t} = u_x\,\dfrac{\partial u_y}{\partial x} + u_y\,\dfrac{\partial u_y}{\partial y} + u_z\,\dfrac{\partial u_y}{\partial z} + \dfrac{\partial u_y}{\partial t} \\[2mm] f_z - \dfrac{1}{\rho}\dfrac{\partial p}{\partial z} + \nu\,\nabla^2 u_z = \dfrac{\mathrm{d} u_z}{\mathrm{d} t} = u_x\,\dfrac{\partial u_z}{\partial x} + u_y\,\dfrac{\partial u_z}{\partial y} + u_z\,\dfrac{\partial u_z}{\partial z} + \dfrac{\partial u_z}{\partial t} \end{cases}$$

③ 能量方程

$$\begin{aligned} \frac{\partial}{\partial t}\left[\rho\left(e + \frac{U^2}{2}\right)\right] + \boldsymbol{\nabla} \cdot \left[\rho\left(e + \frac{U^2}{2}\right)\boldsymbol{U}\right] = {}& \rho\dot{q} + \frac{\partial}{\partial x}\left(k\frac{\partial T}{\partial x}\right) + \frac{\partial}{\partial y}\left(k\frac{\partial T}{\partial y}\right) + \frac{\partial}{\partial z}\left(k\frac{\partial T}{\partial z}\right) \\ & - \frac{\partial(u_x p)}{\partial x} - \frac{\partial(u_y p)}{\partial y} - \frac{\partial(u_z p)}{\partial z} \\ & + \frac{\partial(u_x \tau_{xx})}{\partial x} + \frac{\partial(u_x \tau_{yx})}{\partial y} + \frac{\partial(u_x \tau_{zx})}{\partial z} \\ & + \frac{\partial(u_y \tau_{xy})}{\partial x} + \frac{\partial(u_y \tau_{yy})}{\partial y} + \frac{\partial(u_y \tau_{zy})}{\partial z} \\ & + \frac{\partial(u_z \tau_{xz})}{\partial x} + \frac{\partial(u_z \tau_{yz})}{\partial y} + \frac{\partial(u_z \tau_{zz})}{\partial z} + \rho \boldsymbol{f} \cdot \boldsymbol{U} \end{aligned}$$

(2) 有限差分法和有限体积法

① 有限差分法:将求解区域用与坐标轴平行的一系列网格线的交点所组成的点的集合来代替,在每个节点上,将控制方程中每一个导数用相应的差分表达式来代替,从而在每个节点上形成一个代数方程,每个方程中包括了本节点及其附近一些节点上的未知值,求解这些代数方程就可获得所需的数值解。

② 有限体积法:有限体积法以积分型守恒方程为出发点,通过对流体运动的体积域的离散来构造积分型离散方程。这种方法便于模拟具有复杂边界区域的流体运动,在有限

体积法中将所计算的区域划分成一系列控制体积,每个控制体积都有一个节点作为代表。通过将守恒型的控制方程对控制体积做积分来导出离散方程。

(3) 计算网格

结构网格、非结构网格与混合网格的概念以及相关特点,网格质量影响因素和绘制的要点,常用的网格绘制软件等。

(4) 数值计算过程

控制方程的通用形式以及其中各项对应的物理意义。

$$\frac{\partial \mathbf{U}}{\partial t} + \frac{\partial \mathbf{F}}{\partial x} + \frac{\partial \mathbf{G}}{\partial y} + \frac{\partial \mathbf{H}}{\partial z} = \mathbf{J}$$

运用 CFD 软件进行仿真模拟的操作流程,计算结果可靠性验证原则等。

(5) 计算后处理方法

典型的后处理方法:流场云图、流场参数曲线图、流线图和三维切片;不同形式对应的特点和适用的场合;了解现有的后处理软件类别。

思考与练习

11-1 结合所学专业领域,调研计算流体力学的应用实例以及相关的计算流体力学软件。

11-2 参考图 11-3 的编号,判断差分构造公式 $\dfrac{(3u_{i+1,j} - u_{i,j}) - (3u_{i,j} - u_{i-1,j})}{2\Delta x}$ 离散 $\left(\dfrac{\partial u}{\partial x}\right)_j$ 对应的精度阶数。

11-3 调研 3 种网格绘制软件,并对比其特点。

11-4 对于一槽道水流,流动速度为 20m/s,槽道的长、宽、高分别为 1m、0.1m、0.1m。试估算直接数值模拟所需的网格数量。水的参数取标准大气压,摄氏温度 20℃。

11-5 列举 ANSYS Fluent 软件包含的 RANS 模型以及相应的适应问题类型。为什么说大涡模拟的模型相比 RANS 湍流模型更具普适性?

11-6 调研计算流体力学后处理分析的相关软件,并对比其特点。

附　录

本书物理量的符号、单位与量纲

常见物理量	符　号	单位名称(简称)	单位符号	量　纲
长　度	l,L	米	m	L
时　间	t,T	秒	s	T
质　量	m	千克	kg	M
力,压力	F	牛顿(牛)	N	MLT^{-2}
体　积	V	立方米,升	m^3,L	L^3
热力学温度	T	开尔文(开)	K	Θ
摄氏温度	t	摄氏度	℃	Θ
质点速度,平均速度	u,v	米每秒	m/s	LT^{-1}
加速度	a	米每二次方秒	m/s^2	LT^{-2}
功,能,热量	W,E,Q	焦耳(焦)	J	ML^2T^{-2}
功　率	N	瓦特(瓦)	W	ML^2T^{-3}
力　矩	T,M	牛·米	N·m	ML^2T^{-2}
转　速	n	转每分	r/min	T^{-1}
角速度	ω	弧度每秒	rad/s	T^{-1}
切应力,压强	τ,p	帕斯卡(帕,巴)	Pa,bar	$ML^{-1}T^{-2}$
密　度	ρ	千克每立方米	kg/m^3	ML^{-3}
比体积	v	立方米每千克	m^3/kg	L^3M^{-1}
体(膨)胀系数	β_t	负一次方开	K^{-1}	Θ^{-1}
等温压缩率	β_p	每帕	Pa^{-1}	LT^2M^{-1}
体积模量	K	帕	Pa	$ML^{-1}T^{-2}$
气体常数	R_g	焦耳每千克开	J/(kg·K)	—
比定压热容	c_p	焦耳每千克	J/(kg·K)	—
比定容热容	c_V	焦耳每千克	J/(kg·K)	—
动力黏度	μ	帕斯卡秒(帕秒)	Pa·s	$ML^{-1}T^{-1}$
运动黏度	ν	平方米每秒	m^2/s	L^2T^{-1}

（续表）

常见物理量	符　　号	单位名称(简称)	单位符号	量　　纲
恩氏度	$°E_t$	恩氏度	$°E$	—
黏温指数	λ	每开	K^{-1}	Θ^{-1}
黏压指数	α	每帕	Pa^{-1}	LT^2M^{-1}
速度梯度	$\dfrac{du}{dy}$	每秒	s^{-1}	T^{-1}
表面张力系数	σ	牛顿每米	N/m	LT^{-2}
汽化压强	p_v	帕	Pa	$ML^{-1}T^{-2}$
单位质量力	a_m	米每二次方秒	m/s^2	LT^{-2}
单位质量力的投影	f_x,f_y,f_z	米每二次方秒	m/s^2	LT^{-2}
气体绝热指数	γ	—	—	1
压力体体积	V_F	立方米	m^3	L^3
对流层温度下降率	β	开每米	K/m	ΘL^{-1}
同温层温度	T_d	开	K	Θ
汞柱高度	h	毫米	mm	L
水柱高度	h	米	m	L
惯性矩	I_m,I_c	四次方米	m^4	L^4
偏　距	ε	米	m	L
管壁上的应力	σ	帕	Pa	$ML^{-1}T^{-2}$
机械效率	η	—	—	1
超　高	Δh	米	m	L
物理量的质点导数	$\dfrac{dN}{dt}$	—	—	—
体积流量	q	立方米每秒,升每分	$m^3/s,L/min$	L^3T^{-1}
质量流量	q_m	千克每秒	kg/s	MT^{-1}
净通量	q_V	立方米每秒,升每分	$m^3/s,L/min$	L^3T^{-1}
断面上的平均速度	v	米每秒	m/s	LT^{-1}
动　能	T	焦耳	J	ML^2T^{-2}
动　量	p	牛顿·秒	$N·s$	MLT^{-1}
动能修正系数	α	—	—	1
动量修正系数	β	—	—	1
直线应变速度	θ	每秒	s^{-1}	T^{-1}
剪切变形角速度	ε	每秒	s^{-1}	T^{-1}

（续表）

常见物理量	符　号	单位名称(简称)	单位符号	量　纲
旋转角速度	ω	弧度每秒	rad/s	T^{-1}
水头损失	h_w	米	m	L
扬　程	H	米	m	L
驻点压强	p_0	帕	Pa	$ML^{-1}T^{-2}$
流速系数	C_v	—	—	1
流量系数	C_q	—	—	1
管壁上的切应力	τ_0	帕	Pa	$ML^{-1}T^{-2}$
相似比例尺	δ	—	—	1
弗劳德数	Fr	—	—	1
欧拉数	Eu	—	—	1
雷诺数	Re	—	—	1
马赫数	Ma	—	—	1
无量纲数	τ	—	—	1
沿程阻力系数	λ	—	—	1
局部阻力系数	ζ	—	—	1
绕流阻力系数	C_D	—	—	1
临界雷诺数	Re_c	—	—	1
水力直径	d_H	米	m	L
层流起始段长度	L	米	m	L
湍流时均速度	$\bar{u}$	米每秒	m/s	LT^{-1}
湍流脉动速度	u'	米每秒	m/s	LT^{-1}
混合长度	l'	米	m	L
湍动黏度	μ	帕·秒	Pa·s	$ML^{-1}T^{-1}$
黏性底层厚度	δ	米	m	L
绝对粗糙度	Δ	米	m	L
当量管长	l_e	米	m	L
当量阻力系数	ζ_e	—	—	—
管路总阻力系数	ζ	—	—	—
管路综合参数	K	二次方秒每五次方米	s^2/m^5	T^2L^{-5}
管材的弹性模量	E	帕	Pa	$ML^{-1}T^{-2}$

（续表）

常见物理量	符　号	单位名称(简称)	单位符号	量　纲
孔口收缩系数	C_c	—	—	—
气穴系数	σ	—	—	—
空气分离压强	p_g	帕	Pa	$ML^{-1}T^{-2}$
无泄漏缝隙	δ_0	米	m	L
最佳缝隙	δ_b	米	m	L
偏心矩	e	米	m	L
相对偏心矩	ε	—	—	1
平板宽度	B,b	米	m	L
承载系数	k	牛顿每米	N/m	MT^{-2}
声　速	c	米每秒	m/s	LT^{-1}
比　焓	h	焦耳每千克	J/kg	L^2T^{-2}
质量热力学能	e	焦耳每千克	J/kg	L^2T^{-2}
滞止温度	T_0	开	K	Θ
滞止压强	p_0	帕	Pa	$ML^{-1}T^{-2}$
临界声速	c_*	米每秒	m/s	LT^{-1}
临界压强	p_*	帕	Pa	$ML^{-1}T^{-2}$
临界密度	ρ_*	千克每立方米	kg/m³	ML^{-3}
最大速度	v_{max}	米每秒	m/s	LT^{-1}

参考文献

[1] 张也影. 流体力学[M]. 北京:高等教育出版社,1999.

[2] 林建中,阮晓东,陈邦国,等. 流体力学[M]. 北京:清华大学出版社,2005.

[3] 陈文艺,张伟. 流体力学[M]. 天津:天津大学出版社,2004.

[4] 江宏俊. 流体力学[M]. 北京:高等教育出版社,1985.

[5] 许贤良,王传礼,张军,等. 流体力学[M]. 北京:国防工业出版社,2006.

[6] 路甬祥. 液压气动技术手册[M]. 北京:机械工业出版社,2002.

[7] 筑地彻浩,山根隆一郎,白滨芳朗. 流体工学基础[M]. 日新出版社,2002.

[8] 赵孝保,周欣. 工程流体力学[M]. 南京:东南大学出版社,2004.

[9] 周享达. 工程流体力学[M]. 北京:冶金工业出版社,1986.

[10] 潘文金. 流体力学基础[M]. 北京:机械工业出版社,1984.

[11] 庄礼贤,尹协远,马晖扬. 流体力学[M]. 合肥:中国科学技术大学出版社,2009.

[12] KUNDU P K,COBEN I M. Fluid mechanics. Second edition[M]. San Diego:Academic Press, 2002.

[13] FINNEMORE E J,FRANZINI J B. Fluid mechanics with engineering applications. Tenth edition [M]. New York:McGraw-Hill Companies,2002.

[14] POZRIKIDIS C. Fluid Dynamics-Theory. Computation and numerical simulation[M]. Massachusetts: Kluwer Academic Publishers,2001.

[15] KREIDER J F. Handbook of heating. Ventilation and air conditioning[M]. Florida:CRC Press LLC, 2001.

[16] CHIN D A. Water-resources engineering[M]. New Jersey:Prentice-Hall Inc, 2000.

[17] TRITTON D J. Physical fluid dynamics[M]. New York:Oxford University Press,1998.

[18] 张鸿雁,张志政,王元,等. 流体力学. 2版[M]. 北京:科学出版社,2014.

[19] 赵汉中. 工程流体力学[M]. 武汉:华中科技大学出版社,2005.

[20] 陈文义,张伟. 流体力学[M]. 天津:天津大学出版社,2004.

[21] 贾月梅,赵秋霞,赵广慧. 流体力学[M]. 北京:国防工业出版社,2006.

[22] PRNADTL L,OSWATITACH K,WIEGHARDT K. 流体力学概论[M]. 郭永怀,陆士嘉,译. 北京:科学出版社,1964.

[23] 吴望一. 流体力学:下册[M]. 北京:北京大学出版社,1983.

[24] 傅德薰,马延文. 计算流体力学[M]. 北京:高等教育出版社,2002.

[25] 陶文铨. 数值传热学. 2版[M]. 西安:西安交通大学出版社,2001.

[26] 江帆,徐勇程,黄鹏. Fluent高级应用与实例分析. 2版[M]. 北京:清华大学出版社,2008.

[27] 程玉民. 无网格方法:上册[M]. 北京:科学出版社,2015.

[28] 张涵信,沈孟育. 计算流体力学 差分方法的原理和应用[M]. 北京:国防工业出版社,2003.

[29] 高文智. 鼻锥钝化轴对称高超声速进气道流动特性研究[D]. 合肥:中国科学技术大学,2015.

[30] 高文智,李祝飞,曹绕,等. V 形前缘对激波入射边界层流动影响的数值模拟与分析[J]. 推进技术,2019,40(11):2488 - 2497.

[31] ANDERSON J D. 计算流体力学入门(双语教学译注版)[M]. 李杰,许和勇,屈崑,译. 北京:清华大学出版社,2010.

[32] GAO W,CHEN J,LIU C,et al. Effects of vortex generators on unsteady unstarted flows of an axisymmetric inlet with nose bluntness[J]. Aerospace Science and Technology,2020,104:106021.

[33] 张涵信. 分离流与旋涡运动的结构分析[M]. 北京:国防工业出版社,2005.

[34] DAVIDSON P A. Turbulence:an introduction for scientists and engineers[M]. Oxford:Oxford University Press,2004.